大学计算机基础

（第二版）

主　编　张　荣

副主编　江先亮　叶苗群　朱　莹

　　　　杨任尔　叶绪伦　王艺睿

ZHEJIANG UNIVERSITY PRESS

浙江大学出版社

·杭州·

图书在版编目(CIP)数据

大学计算机基础 / 张荣主编. — 2 版. — 杭州：
浙江大学出版社,2022.8(2023.5 重印)

ISBN 978-7-308-22840-4

Ⅰ.①大… Ⅱ.①张… Ⅲ.①电子计算机—高等学校
—教材 Ⅳ.①TP3

中国版本图书馆 CIP 数据核字(2022)第 124343 号

内容简介

本书是结合目前计算机领域的最新发展和应用技术,根据大学计算机基础课程的教学目的和教学要求编写的。

全书共分为 7 章,主要内容包括:计算机概述、计算机硬件基础、计算机软件基础、计算机网络基础与应用、数据库管理系统及 Access、程序设计与计算思维、计算机发展新技术。教材内容完整丰富、层次分明、概念清晰,在重点介绍计算机基础知识、基本原理的同时,兼顾了内容的前瞻性和实用性。对操作性较强的内容在配套的实践教程中有详细的叙述。

本书可作为各级各类高等院校"大学计算机基础"课程的教材。

大学计算机基础(第二版)

DAXUE JISUANJI JICHU

主 编 张 荣

责任编辑	吴昌雷
责任校对	王 波
封面设计	林智广告
出版发行	浙江大学出版社
	(杭州市天目山路 148 号 邮政编码 310007)
	(网址:http://www.zjupress.com)
排 版	杭州晨特广告有限公司
印 刷	杭州宏雅印刷有限公司
开 本	787mm×1092mm 1/16
印 张	18.25
字 数	433 千
版 印 次	2022 年 8 月第 2 版 2023 年 5 月第 2 次印刷
书 号	ISBN 978-7-308-22840-4
定 价	48.00 元

前　言

　　今天,以计算机技术、微电子技术和通信技术为特征的信息技术已经成为主导社会发展的一个重要角色,成为提高国家竞争力和促进经济增长的关键,对全球经济转变、产业调整起着重要的作用。在"互联网+"不断发展的背景下,人工智能技术发展迅速,这进一步加大了计算机技术在社会各领域应用的深度和广度,推动了社会经济形态的不断演变,提升了全社会的创新力和生产力。大学生是未来经济发展的重要人才储备,社会对大学生计算机应用能力的要求也在不断提高。在培养大学生计算机应用能力的同时,本书旨在培养大学生对计算机的认知能力、利用计算机解决问题的能力、基于网络的协同学习和信息社会终身学习的能力,以及培养大学生基于互联网思维、计算思维的创新能力,这是新时期大学计算机基础教学的根本任务和基本要求。

　　本书作者长期从事计算机基础教学工作。本书及配套实践教程的内容组织和结构编排结合了作者在教学过程中的教学思路和教学设计思想。全书共分 7 章,分为计算机概述、计算机硬件基础、计算机软件基础、计算机网络基础与应用、数据库管理系统及 Access、程序设计与计算思维、计算机发展新技术。在计算机基础课程的基本教学要求基础上,本书在"大学计算机"课程框架下对本课程内容进行了改革。例如,在第 3 章增加了国产操作系统的介绍;针对当前网络环境中信息安全的重要性,在第 4 章对于信息安全从攻、防两个角度进行了较多的阐述;在第 6 章以 Python 语言为载体引导学生进行计算思维的建立,在第 7 章紧密跟踪计算机技术的最新发展动态,介绍大数据、区块链等最新计算机技术,同时,以 Windows 10 和 Office 2019 为主要平台设计了计算机操作系统、办公软件、数据库技术的实践教学内容。教材内容丰富,反映了计算机应用领域的最新技术,能够满足不同专业学生的教学设计和培养目标。

　　本书由张荣担任主编,第 1 章由张荣编写,第 2 章由朱莹编写,第 3 章、第

4 章由江先亮编写,第 5 章由叶苗群编写,第 6 章由杨任尔编写,第 7 章由张荣、叶绪伦和王艺睿共同编写。江宝钏,陈叶芳,高琳琳老师对本书的编写提出了许多宝贵意见和建议。感谢学校各级领导对本书出版提供的支持和帮助。对于在本书编写和出版过程中,浙江大学出版社给予的大力支持和帮助,在此一并表示感谢!

对于书中的疏漏和不足,恳请广大读者和同行、专家批评指正。同时欢迎同行交流和指导,促进本书内容的进一步完善。作者联系邮箱:zhangrong@nbu.edu.cn。

修订说明

本次修订主要针对原教材中存在的部分章节内容过于繁杂、知识点缺漏等问题进行了修订，同时改正了文字、图、表中存在的错误。张荣、叶苗群、江先亮参与了第 2 章、第 3 章、第 4 章、第 6 章的修订工作，主要修改内容包括：

（1）对第 2 章内容进行了调整和补充，增加了"2.1.3 指令、指令系统和程序"和"2.3.4 BIOS 和 CMOS"两个小节。

（2）对第 3 章内容进行了调整。对原教材中有关操作系统相对复杂的概念和工作原理进行删减与重新梳理，增加了"3.2 计算机语言概述"、"3.6 办公自动化软件"两节内容。

（3）对第 4 章内容进行了调整，主要包括对"4.1 计算机网络概述"内容做了删减，对其他节内容中重要的知识点做了必要的梳理和修订。

（4）去掉了原教材中第 6 章的"6.1 计算机语言概述"一节。

鉴于编著者的水平和经验，书中难免仍然存在失误和不足，恳请广大读者和同行、专家的批评指正。作者联系邮箱：zhangrong@nbu.edu.cn。

最后，在此感谢各位授课老师以及同学、读者在使用本书过程提出的宝贵意见和建议。

张荣

于宁波大学信息学院

2022 年 5 月

目　录

第1章　计算机概述 ………………………………………………………………… 1

　1.1　计算机的产生与发展 ……………………………………………………… 1

　　1.1.1　图灵机 ……………………………………………………………… 1

　　1.1.2　现代电子计算机的诞生 …………………………………………… 2

　　1.1.3　冯·诺依曼体系结构 ……………………………………………… 2

　　1.1.4　计算机的发展阶段 ………………………………………………… 3

　1.2　计算机的特点及分类 ……………………………………………………… 5

　　1.2.1　计算机的特点 ……………………………………………………… 5

　　1.2.2　计算机的分类 ……………………………………………………… 6

　1.3　计算机中数据的表示 ……………………………………………………… 7

　　1.3.1　数　制 ……………………………………………………………… 8

　　1.3.2　数制间的转换 ……………………………………………………… 10

　　1.3.3　数值型数据的表示 ………………………………………………… 11

　　1.3.4　文本信息的编码 …………………………………………………… 13

　1.4　多媒体数据的编码 ………………………………………………………… 16

　　1.4.1　音频编码 …………………………………………………………… 17

　　1.4.2　图像和图形编码 …………………………………………………… 19

　　1.4.3　视频编码 …………………………………………………………… 21

　1.5　计算机与信息社会 ………………………………………………………… 21

　　1.5.1　计算机的应用领域 ………………………………………………… 22

　　1.5.2　信息技术 …………………………………………………………… 23

　　1.5.3　信息社会 …………………………………………………………… 25

　　1.5.4　信息产业的发展 …………………………………………………… 26

　1.6　习　题 ……………………………………………………………………… 27

第2章　计算机硬件基础 …………………………………………………………… 30

　2.1　计算机系统组成与工作原理 ……………………………………………… 30

　　2.1.1　计算机系统组成 …………………………………………………… 30

　　2.1.2　计算机的工作原理 ………………………………………………… 31

　　2.1.3　指令、指令系统和程序 …………………………………………… 32

2.2 中央处理器 ··· 33

　2.2.1 CPU 的组成 ··· 33

　2.2.2 CPU 的主要性能指标 ··· 34

　2.2.3 多核技术 ··· 35

2.3 存储器 ·· 35

　2.3.1 存储器的类型 ··· 36

　2.3.2 存储系统的层次结构 ··· 36

　2.3.3 内　存 ·· 37

　2.3.4 BIOS 和 CMOS ·· 38

　2.3.5 外　存 ·· 40

　2.3.6 数据的存储 ·· 42

　2.3.7 存储器主要技术指标 ··· 44

2.4 输入设备和输出设备 ·· 45

　2.4.1 输入设备 ··· 45

　2.4.2 输出设备 ··· 46

2.5 主板和总线 ·· 47

　2.5.1 主　板 ·· 47

　2.5.2 总　线 ·· 49

2.6 习　题 ·· 50

第 3 章　计算机软件基础 ·· 55

3.1 计算机软件及发展 ··· 55

　3.1.1 计算机软件定义 ·· 55

　3.1.2 计算机软件的发展 ·· 56

3.2 计算机语言概述 ··· 57

　3.2.1 计算机程序设计语言 ··· 57

　3.2.2 语言处理程序 ··· 59

3.3 操作系统概述 ·· 59

　3.3.1 操作系统的基本概念 ··· 60

　3.3.2 操作系统的分类 ·· 62

　3.3.3 操作系统的结构 ·· 64

　3.3.4 操作系统的功能 ·· 65

　3.3.5 常见操作系统 ··· 75

3.4 Linux 操作系统 ·· 77

　3.4.1 Linux 操作系统的特点 ·· 77

3.4.2　常见的 Linux 操作系统 ……………………………………… 78

3.4.3　Linux 的目录和基本命令 …………………………………… 79

3.5　Windows 10 操作系统 ………………………………………………… 80

3.5.1　Windows 的桌面 …………………………………………… 80

3.5.2　Windows 10 的搜索功能 …………………………………… 81

3.5.3　Windows 10 的"开始"菜单与任务栏 …………………… 82

3.5.4　快捷方式 …………………………………………………… 83

3.5.5　窗口与菜单操作 …………………………………………… 84

3.5.6　Windows 10 文件管理 ……………………………………… 85

3.5.7　Windows 10 应用程序与系统配置管理 ………………… 88

3.5.8　Windows 10 使用技巧 ……………………………………… 93

3.6　办公自动化软件 ……………………………………………………… 94

3.6.1　文字处理软件 Word ………………………………………… 95

3.6.2　电子表格软件 Excel ………………………………………… 96

3.6.3　演示文稿软件 PowerPoint ………………………………… 97

3.6.4　其他办公软件 ……………………………………………… 99

3.7　习　题 …………………………………………………………………… 99

第4章　计算机网络基础与应用 ………………………………………… 103

4.1　计算机网络概述 ……………………………………………………… 103

4.1.1　计算机网络的产生和发展 ………………………………… 103

4.1.2　计算机网络的定义及功能 ………………………………… 105

4.1.3　计算机网络的分类 ………………………………………… 105

4.2　计算机网络组成 ……………………………………………………… 110

4.2.1　网络软件系统 ……………………………………………… 111

4.2.2　网络协议 …………………………………………………… 112

4.2.3　网络传输介质及设备 ……………………………………… 116

4.2.4　局域网组网 ………………………………………………… 119

4.3　互联网 Internet ………………………………………………………… 120

4.3.1　Internet 概述 ………………………………………………… 120

4.3.2　Internet 地址和域名 ………………………………………… 121

4.3.3　Internet 的接入 ……………………………………………… 124

4.3.4　Internet 服务 ………………………………………………… 129

4.4　物联网 …………………………………………………………………… 132

4.4.1　物联网的产生与发展 ……………………………………… 132

      4.4.2　物联网的应用 ·· 134

  4.5　网络信息安全 ·· 137

      4.5.1　信息安全概述 ·· 137

      4.5.2　计算机病毒 ·· 139

      4.5.3　黑客攻击手段 ·· 141

      4.5.4　防火墙的应用 ·· 144

      4.5.5　其他信息安全技术 ·· 146

      4.5.6　信息安全法规、政策与标准 ·· 148

  4.6　信息检索 ·· 149

      4.6.1　信息检索的基本概念 ·· 149

      4.6.2　常用的信息检索技术 ·· 151

      4.6.3　搜索引擎和数据库检索举例 ·· 154

  4.7　习　题 ·· 157

第5章　数据库管理系统及 Access ·· 160

  5.1　数据库系统概述 ·· 160

      5.1.1　数据库技术的产生与发展 ·· 160

      5.1.2　数据库系统 ·· 162

      5.1.3　数据库管理系统 ·· 164

  5.2　数据模型 ·· 165

      5.2.1　概念数据模型 ·· 166

      5.2.2　结构数据模型 ·· 168

  5.3　关系数据库 ·· 169

      5.3.1　关系模型 ·· 169

      5.3.2　关系运算 ·· 171

      5.3.3　关系完整性 ·· 172

      5.3.4　典型的关系数据库 ·· 173

  5.4　Access 2019 概述 ·· 174

      5.4.1　Access 对象 ·· 174

      5.4.2　Access 表达式 ·· 175

      5.4.3　新建、打开和关闭数据库 ·· 178

  5.5　Access 数据表设计 ·· 180

      5.5.1　表结构 ·· 180

      5.5.2　表的新建 ·· 184

      5.5.3　数据的录入与维护 ·· 188

5.5.4　数据表复制、删除与更名 ································· 192

5.5.5　数据的导入与导出 ···································· 193

5.5.6　表间关联操作 ·· 195

5.6　Access 查询、窗体和报表 ···································· 197

5.6.1　查　询 ··· 197

5.6.2　窗　体 ··· 202

5.6.3　报　表 ··· 208

5.7　结构化查询语言（SQL）······································ 211

5.7.1　SQL 的特点 ··· 211

5.7.2　SQL 数据定义 ······································· 212

5.7.3　SQL 数据操纵 ······································· 213

5.7.4　SQL 数据查询 ······································· 215

5.8　VBA 程序设计初步 ··· 217

5.8.1　什么是 VBA ··· 217

5.8.2　VBA 基本知识 ······································· 217

5.8.3　面向对象的程序设计 ··································· 219

5.8.4　程序设计的一般方法 ··································· 220

5.9　数据库应用系统开发 ·· 221

5.9.1　应用系统开发的一般过程 ······························· 221

5.9.2　应用系统主要功能模块的设计 ··························· 222

5.9.3　数据库设计步骤 ······································ 223

5.10　习　题 ··· 223

第6章　程序设计与计算思维 ·· 228

6.1　算法与计算思维 ··· 228

6.1.1　算法的定义 ··· 228

6.1.2　算法的表示方法 ······································ 229

6.1.3　计算思维 ··· 232

6.2　程序设计基础（以 Python 为例）································ 234

6.2.1　程序设计基本方法 ····································· 234

6.2.2　Python 语言概述 ······································ 235

6.2.3　Python 程序基础 ······································ 237

6.3　习　题 ··· 253

第7章　计算机发展新技术 ·· 256

7.1　大数据 ··· 256

7.1.1　大数据概述 ··· 256

7.1.2　大数据的应用 ··· 259

7.2　云计算 ··· 260

7.2.1　云计算概述 ··· 260

7.2.2　云计算的应用 ··· 262

7.3　人工智能 ··· 263

7.3.1　人工智能概述 ··· 263

7.3.2　人工智能的应用 ·· 264

7.4　区块链 ··· 266

7.4.1　区块链概述 ··· 266

7.4.2　区块链技术的应用 ·· 269

7.5　虚拟现实 ··· 271

7.5.1　虚拟现实概述 ··· 271

7.5.2　虚拟现实技术的应用 ·· 272

7.6　新型计算技术 ··· 273

7.6.1　量子计算 ··· 273

7.6.2　光子计算 ··· 274

7.6.3　生物计算 ··· 275

7.7　习　题 ··· 277

参考文献 ··· 279

第1章 计算机概述

计算机是人类最伟大的科学技术发明之一，它的出现对人类生产和生活产生了极其深刻的影响，大大推动了科学技术的发展和人类社会文明程度的提高。今天，计算机的应用已经渗透到人类日常生活的方方面面，对计算机基础知识和应用能力的掌握，已经成为一个现代人职业素养和能力高低的重要标志之一。

本章简述计算机的发展历程、特点及分类；阐述计算机的运行基础，包括数制和制数间的转换，数据在计算机中的表示等；简述计算机与现代信息社会的关系，包括计算机的应用领域，信息技术及信息产业的发展等。

1.1 计算机的产生与发展

伴随着人类社会的发展，计算工具的演化经历了由简单到复杂、由低级到高级的不同阶段。从远古的"结绳记事"到先秦的算筹，从元末的算盘到近代的计算尺、机械计算机，它们在不同的历史时期发挥了各自的历史作用。随着近代科技的发展，电子计算机在20世纪应运而生，成为人类文明史上一个具有划时代意义的重大事件。

1.1.1 图灵机

1936年，英国科学家图灵（Alan Turing）发表了一篇开创性的论文，论文中图灵提出了著名的"图灵机"设想。图灵机是一种理论模型，由一个控制器、一条可无限延伸的带子和一个读写头组成。图灵机中的带子(tape)用于临时存储，被划分成一个个的单元，每个单元只包含一个符号。带子的各个单元被读写头读写，这个读写头可以在带子上左右移动，如图1-1所示。

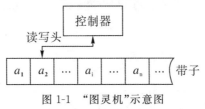

图1-1 "图灵机"示意图

图灵机的基本思想是用机器来模拟人们用纸笔进行数学运算的过程。在一串控制指令的控制下，读写头沿着纸带左右移动，它能读出当前所指单元上的符号，也能改变当前单元上的符号，经过有限步后图灵机停止移动，最后纸带上的内容就是预先设计的计算结果。

图灵机就是一个最简单的计算机模型，它的构造思想和运行原理提示了存储程序的原始思想,为现代电子计算机的逻辑工作方式奠定了基础。正是有了图灵的理论基础,人们才有可能在 20 世纪发明人类有史以来最伟大的发明——计算机。

1966 年,美国计算机协会(ACM)决定设立计算机界的第一个奖项——"图灵奖",以纪念这位计算机科学理论的奠基人,专门奖励在计算机科学研究中做出重要贡献、推动计算机技术发展的杰出科学家。"图灵奖"是目前计算机界最负盛名的奖项,被称为"计算机界诺贝尔奖"。

1.1.2 现代电子计算机的诞生

1946 年 2 月,世界上第一台电子数字计算机在美国宾夕法尼亚大学诞生,取名为 ENIAC(Electronic Numerical Integrator and Computer),即电子数字积分计算机。它由美国军方资助,用于美国陆军部的弹道研究实验室。ENIAC 一共使用了 17000 多个电子管,长 30.48 米,宽 6 米,高 2.4 米,占地面积 167 平方米,重量超过 30 吨,每小时耗电量 150 千瓦时,每秒钟可以进行 5000 次加法运算或 400 次乘法运算,如图 1-2 所示。这个体积庞大,耗电惊人的庞然大物,其运算速度不过几千次,但比当时已有的计算装置要快 1000 倍。ENIAC 的研制成功在现代电子计算机发展史上具有里程碑的意义,宣告了一个新时代的开始。

图 1-2 世界上第一台电子数字计算机 ENIAC

1.1.3 冯·诺依曼体系结构

冯·诺依曼(John Von Neumann,1903—1957),匈牙利裔美籍数学家,见图 1-3。1946 年,冯·诺依曼提出的程序存储方式的计算机体系结构对现代电子计算机的研制产生了重大影响,他被称为"现代计算机之父"。

图 1-3　"现代计算机之父"——冯·诺依曼

人们把冯·诺依曼提出的计算机模型称为冯·诺依曼体系结构,其主要思想可归纳为以下三点:

- 计算机硬件由运算器、控制器、存储器、输入设备和输出设备五大部分组成。
- 计算机程序和程序运行所需要的数据以二进制形式存放在计算机的存储器中。
- 计算机从存储器中取出指令,根据指令序列进行计算或操作,即程序存储方式。

在冯·诺依曼体系中,程序在执行之前要预先存放到计算机存储器中。程序是由有限数量的指令组成的。计算机执行程序时,控制器按顺序从主存储器中读取指令一条一条地执行。把指令存入计算机的存储器,省去了在机外编排程序的麻烦,保证了计算机能按事先存入的程序自动地进行运算。

世界上第一台按存储程序功能设计的计算机是 EDVAC(Electronic Discrete Variable Automatic Computer),即电子离散变量自动计算机,由冯·诺依曼领导设计,于 1952 年正式投入运行。与 ENIAC 不同,EDVAC 采用二进制编码,其硬件系统由运算器、逻辑控制装置、存储器、输入设备和输出设备五部分组成,是一台具有冯·诺依曼结构的计算机。

冯·诺依曼体系结构奠定了现代计算机的理论基础。直到今天,大多数计算机仍然采用冯·诺依曼型计算机的组织结构。尽管计算机系统已经从性能、运算速度、工作方式和应用领域等方面发生了重大变化,但仍没有从根本上突破冯·诺依曼体系结构的束缚。

1.1.4　计算机的发展阶段

计算机的发展与电子技术的发展密切相关,每当电子技术有突破性的发展,就会导致计算机的一次重大变革。因此,人们通常按照计算机中的主要功能部件所采用的电子器件的变革作为标志,将计算机的发展分为 4 个阶段。目前,人们正在开展对第五代计算机的研究。计算机发展的每一个阶段,在软硬件技术上都会有新的突破,在性能上都是一次质的飞跃。

1. 第一代计算机(1946 年—20 世纪 50 年代末):电子管计算机

第一代计算机的主要特征是采用电子管作为基本器件。内存储器采用水银延迟线。这代计算机体积庞大、耗电量大、运算速度低、内存容量小、价格昂贵。软件方面确定了程序设计的概念，主要采用机器语言，后期采用汇编语言，也出现了高级语言的雏形。第一代计算机主要用于军事研究和科学计算，为计算机技术的发展奠定了基础。

2. 第二代计算机(1958 年—20 世纪 60 年代末)：晶体管计算机

第二代计算机的主要特征是采用晶体管作为基本器件。内存储器大量使用磁性材料制成的磁芯存储器。与第一代电子管计算机相比，晶体管计算机的特点是体积缩小，能耗降低，使用寿命延长，运算速度提高，可靠性提高，价格不断下降。软件上广泛采用高级语言，并出现了早期的操作系统。第二代计算机的应用范围也进一步扩大，从军事与尖端技术领域延伸到气象、工程设计、数据处理以及其他科学研究领域。

3. 第三代计算机(1964 年—20 世纪 70 年代初)：中、小规模集成电路计算机

第三代计算机的主要特征是采用中、小规模集成电路作为基本器件。集成电路是在几平方毫米的芯片上，集中了几十个或上百个电子元件组成的逻辑电路。由于采用了集成电路，第三代计算机各方面性能都有了极大提高，体积缩小，寿命更长，能耗、价格进一步下降，运算速度和可靠性上进一步提高。同时，磁芯存储器进一步发展，并开始采用性能更好的半导体存储器，存储容量大大提高。软件上广泛使用操作系统，并出现了计算机网络，计算机的应用范围进一步扩大。

4. 第四代计算机(20 世纪 70 年代至今)：大规模和超大规模集成电路计算机

随着集成了上千甚至上万个电子元件的大规模集成电路（Very Large Scale Integration，VLSI）和超大规模集成电路（Ultra Large Scale Integration，ULSI）的出现，电子计算机的发展进入了第四代——大规模和超大规模集成电路计算机时代。中央处理器高度集成化是这一代计算机的主要特征。集成度很高的半导体存储器替代了磁芯存储器，微处理器和微型计算机在这一阶段获得了飞速发展。随着计算机性能的不断提高，价格大幅度降低，微型计算机已经广泛应用于社会生活的各个领域，走进了办公室和家庭。目前，一台微型计算机的内存储器容量可扩展到 8GB 以上，运算速度可达每秒几百万次，甚至上亿次基本运算。在这一时期，软件上产生了结构化程序设计和面向对象程序设计的思想。同时，数据库管理系统得到了广泛应用，计算机网络不断普及，以及近些年人工智能技术的迅猛发展，人们的工作、学习和生活方式发生了极大的改变。

5. 第五代计算机：智能计算机

今天的电子计算机以惊人的信息处理速度来完成人类无法完成的工作，但是，它仍不能满足某些科技领域的高速、高精度计算任务的要求。例如，核聚变反应的模拟实验、资源探测卫星发回的图像数据的实时解析、飞行器的风洞实验、天气预报、地震预测等。第五代计算机的研究目标是试图突破冯·诺依曼式的计算机体系结构，在新的理论和技术基础上创制新一代计算机。第五代计算机是把信息采集、存储、处理、通信同人工智能结合在一起的智能计算机系统。

1.2 计算机的特点及分类

今天的计算机不仅是一种计算工具,还可以模仿人脑的许多功能,代替人脑的某些思维活动。计算机与人脑有许多相似之处,如人脑有记忆细胞,计算机有可以存储数据和程序的存储器;人脑有神经中枢,处理信息并控制人的动作,计算机有中央处理器,可以处理信息并发出控制指令;人靠感官、四肢感受与处理信息并传递至神经中枢,计算机靠输入/输出设备接收与输出数据。

然而,人脑是经过上亿年进化所形成的复杂的自然结构,计算机则只是人造的电子器件,与人脑有着本质的不同。人类的大脑可以自然产生思想、感情、思维等心理过程,同时人类具有性格特征,人类大脑的工作容易受到情绪和外界环境压力的影响。计算机只是一些电子元件,它的工作不能离开事先设定的程序,不具有自我学习、观察、理解、感情、性格等这些高等功能。但是,正是依靠这些电子元件,今天的计算机在运算速度、计算精度以及记忆能力上已经达到了惊人的水平,甚至可以说更胜人类一筹。

1.2.1 计算机的特点

计算机可以存储各种信息,会按人们事先设计的程序自动完成计算、控制等许多工作。随着计算机技术的不断发展,现代电子计算机具有以下特点。

1.高速的运算能力

计算机采用了高速的电子器件和线路并利用了先进的计算技术,从而具有很高的运算速度。

例如,我国的超级计算机系统"神威·太湖之光",如图 1-4 所示,由国家并行计算机工程技术研究中心研制,安装在国家超级计算无锡中心。其最高运算速度达到 12.5 亿亿次/秒,1 分钟的计算能力相当于全球 70 多亿人同时用计算器不间断计算 32 年。

图 1-4 中国超级计算机系统"神威·太湖之光"

2.计算精确度高

电子计算机的计算精度在理论上不受限制。例如,利用计算机计算圆周率,目前可以算到小数点后上亿位。

3.超强的"记忆"能力

计算机具有存储容量大的特点,因此具有超强的"记忆"能力。同时,由于计算机具有内部记忆信息的能力,在运算过程中就可以不必每次都从外部去取数据,而只需事先将数据输入到内部的存储单元中,运算时即可直接从存储单元中获得数据,从而大大提高了运算速度。

4.复杂的逻辑判断能力

借助于逻辑运算,计算机能够进行各种基本的逻辑判断,并且根据判断的结果自动决定下一步该做什么。通过所编制程序获得的逻辑判断能力,计算机能够求解各种复杂的计算任务,进行各种过程控制和完成各类数据处理任务。

5.可靠性高

随着微电子技术和计算机科学技术的发展,现代电子计算机能够连续无故障运行几万甚至几十万小时以上,具有极高的可靠性。

6.网络与通信能力

由于网络和通信技术的迅猛发展,现在可以把全世界的计算机连成网络,实现软/硬件资源和信息资源的共享。

1.2.2 计算机的分类

按照计算机的综合性能来划分,一般可把计算机划分为巨型机、大型机、小型机、微型机、嵌入式计算机。

1.巨型机

巨型机(Super Computer)也称为超级计算机,是所有计算机中占地最大、性能最高、功能最强、速度最快的一类计算机,其存储量巨大、结构复杂、价格昂贵。超级计算机的研制水平标志着一个国家科技发展水平和综合国力,体现着国家经济发展的实力。在 2020年 11 月国际 TOP500 组织发布的世界超级计算机排名中,日本超级计算机"富岳"(Fugaku)以峰值每秒 44.2 亿亿次(442010 TFlop/s)浮点运算排名第一,我国的"神威·太湖之光"(见图 1-4)、"天河二号"超级计算机分列第四和第六名。超级计算机被称为"国之重器",主要用来承担重大的科学研究、国防尖端技术和国民经济领域的大型计算课题及数据处理任务,如天气预报、航天卫星、核武器、洲际导弹的研究,以及医学制药、基因工程等。

2.大型机

大型机(Mainframe)是计算机中通用性能最强,功能、速度、存储量仅次于巨型机的一类计算机。与主要用于数值计算(科学计算)的超级计算机不同,大型机主要用于非数值计算(数据处理)。大型机具有比较完善的指令系统和丰富的外部设备,很强的处理和管理数据的能力,一般用在大型企业、金融系统、高校、科研院所等。目前世界上应用最为广泛的大型机是 IBM 公司推出的 IBM 大型机系列。

3. 小型机

小型机(Mini Computer)是计算机中性能较好、价格便宜、应用领域非常广泛的一类计算机。小型机结构简单、使用和维护方便,备受中小企业欢迎,主要用于科学计算、数据处理和自动控制等。小型机的主要生产厂商有 IBM、HP、甲骨文,以及国产品牌浪潮、华为等。

4. 微型机

微型机也称为个人计算机(Personal Computer,PC),是应用领域最广泛、发展最快、最为普及的一类计算机,广泛应用于办公自动化、信息检索、家庭教育和娱乐等。微型机以其设计先进、软件丰富、功能齐全、体积小、价格便宜、灵活、性能好等优势而拥有广大的用户。目前,市场上的个人计算机品牌可谓众星云集,如畅销世界的我国著名计算机品牌联想。

5. 嵌入式计算机

嵌入式计算机是指嵌入到被控设备内部的专用计算机系统,实现被控设备的智能化。嵌入式计算机系统对功能、可靠性、成本、体积、功耗等有严格要求,具有软件代码小、高度自动化、响应速度快的特点,如图 1-5 所示。嵌入式计算机的应用领域非常广泛,我们在生活中使用的各种电器设备,如电冰箱、全自动洗衣机、空调、智能手机以及汽车导航、工业自动化仪表等,都采用了嵌入式计算机技术。随着物联网技术的发展,作为物联网重要技术组成的嵌入式计算机在各种智能终端中的应用变得更为广泛。

图 1-5　嵌入式计算机

1.3　计算机中数据的表示

计算机中存储的数据,分为数值数据和非数值数据。数值数据用来表示量的大小,有整数、小数,以及正负之分;非数值数据包括文字、图片、声音、视频等。所有的数据在计算机中都是以二进制数据表示的。这是因为,计算机硬件系统的实现是建立在数字电路基础上的,数字电路中的基本电路单元是门电路,门电路的输出为高或低电平,可以用二进制中的"1"或"0"来表示。计算机内部的数据采用二进制表示不仅技术实现简单,而且具有抗干扰强,可靠性高的优点。

1.3.1 数 制

1.数制的定义

数制,即进位计数制,是人们利用符号来计数的方法。在日常生活中我们经常用十进制数进行计数。除了十进制数,还有钟表计时中使用的六十进制(1分钟＝60秒),计算机中使用的二进制数等。

对于任意的 N 数制,其计数和运算都有共同的规律和特点:

(1)逢 N 进1。N 是指该数制中所有数字字符的个数,称为基数。如十进制的基数是10。

(2)位权表示。位权是指一个数字在某个固定位置上所代表的值,处在不同位置上的数字所代表的值不同,每个数字的位置决定了它的值或位权。如十进制中的999,左起第一个9的位权为百(10^2),第二个9的位权是十(10^1),第三个9的位权是1(10^0)。可以看出,位权是基数的若干次幂,其大小与相对小数点的位置有关,最右边数码的权最小,最左边数码的权最大。

因此,用任何一种数制表示的数都可以写成"按权展开"的多项式之和。如十进制数"123.45"可以表示为

$$123.45＝1×10^2＋2×10^1＋3×10^0＋4×10^{-1}＋5×10^{-2}$$

2.二进制数

(1)组成

二进制数由 0 和 1 两个数字字符组成。如 101,1100.01 等。

(2)运算规则

加法规则是"逢二进一",即

0＋0＝0,0＋1＝1,1＋0＝1,1＋1＝10(这里的 10 中的 1 是进位)

减法规则是"借一当二",即

0－0＝0,0－1＝1(有借位),1－0＝1,1－1＝0

乘法规则如下:

0×0＝0,0×1＝0,1×0＝0,1×1＝1

例如,计算 1010×101,根据计算规则:

$$\begin{array}{r} 1010 \\ \times\quad 101 \\ \hline 1010 \\ 0000 \\ 1010 \\ \hline 110010 \end{array}$$

计算结果是 110010,对应十进制数 $1\times2^5+1\times2^4+1\times2^1$,即 50。

从以上的计算可以看出,二进制运算相对简单,运算法则与十进制也相同,但缺点是数字冗长,书写上容易出错,不便于阅读。因此,尽管计算机内部的数据按二进制存储,但在日常表示中,我们常转换为十进制数,或者八进制数、十六进制数。

3.八进制数

(1)组成

八进制数由 0~7 共 8 个数字字符组成。如 77,57.1 等,

(2)运算规则

加法规则是"逢八进一",减法规则是"借一当八"。例如,八进制的 77,对应的十进制数为 $7\times8^1+7\times8^0$,即 63。

4.十六进制数

(1)组成

十六进制数由 0~9 以及 A、B、C、D、E、F 共 16 个数字字符组成。如 1A,FF.B 等,

(2)运算规则

加法规则是"逢十六进一",减法规则是"借一当十六"。例如,十六进制的 1A,对应的十进制数为 $1\times16^1+10\times16^0$,即 26。

表 1-1 列出了 0~15 这 16 个十进制数与二进制、八进制、十六进制的对应表示。

表 1-1　二进制、八进制、十六进制以及十进制的数字字符的对应关系

十进制	二进制	八进制	十六进制	十六进制	十进制	二进制	八进制
0	0000	0	0	8	8	1000	10
1	0001	1	1	9	9	1001	11
2	0010	2	2	A	10	1010	12
3	0011	3	3	B	11	1011	13
4	0100	4	4	C	12	1100	14
5	0101	5	5	D	13	1101	15
6	0110	6	6	E	14	1110	16
7	0111	7	7	F	15	1111	17

书写时,为防止发生混淆,可以用下角标的形式,如 $(1011.101)_2$,$(77.1)_8$ 表示不同进制的数据以进行区分,也可以用后跟字母的形式来表示不同进制的数据,D 表示十进制

数（如 1289.1D），B 表示二进制数（如 1101.01B），O 表示八进制数（如 375.23O），H 表示十六进制数（如 12AF.FFH）。

1.3.2　数制间的转换

数制间的转换就是把数由一种数制转换为另一种数制。二进制、八进制、十六进制以及十进制都是计算机领域中常用的数制。由于计算机采用二进制，但用计算机解决问题时，人们习惯使用的是十进制数，输入计算机中的数据以及输出的数据，我们都希望用十进制来表示，这就需要十进制与二进制之间的相互转换。在编程或平时的应用中，也会采用八进制和十六进制数，这是因为二进制数据太长，不易阅读和记忆，而二进制与八进制、十六进制之间的转换却较为简单、容易，且八进制和十六进制数也比较容易理解和记忆。尽管这些进制之间的转换工作都可以由计算机来完成，我们还是有必要理解及掌握这些进制之间的相互转换规则。

1. 非十进制转换为十进制数

将非十进制数转换成十进制数的方法是按权展开，再把各项相加。

【例 1-1】　将二进制数 1011.101 转换成十进制数。

$$(1011.101)_2 = 1\times2^3+0\times2^2+1\times2^1+1\times2^0+1\times2^{-1}+0\times2^{-2}+1\times2^{-3}$$
$$=8+2+1+0.5+0.125=(11.625)_{10}$$

【例 1-2】　将八进制数 17.6 转换成十进制数。

$$(17.6)_8 = 1\times8^1+7\times8^0+6\times8^{-1}=8+7+0.75=(15.75)_{10}$$

【例 1-3】　将十六进制数 FA.8 转换成十进制数。

$$(FA.8)_{16}=15\times16^1+10\times16^0+8\times16^{-1}=250+0.5=(250.5)_{10}$$

2. 十进制数转换为非十进制数

将十数制数转换成非十进制数是将该数的整数部分和小数部分分别转换。其中的整数部分采用"除基数取余数"法，即用十进制整数除以要转换成的数制的基数，直到商数等于零为止，将每次得到的余数自下而上排列（第一次得到的余数作为转换后的最低位，最后得到的余数作为最高位）；小数部分采用"乘基数取整数"法，即用十进制小数乘基数，当乘积值为 0 或达到所要求的精度时，将整数部分由上而下排列（第一次得到的整数为非十进制小数部分的最高位，最后一次得到的整数为非十进制小数部分的最低位）。

【例 1-4】　将十进制数 75.625 转换成二进制数。

整数部分，采用除以 2 取余数的方法，如图 1-6(a)所示；小数部分采用乘以 2 取整数的方法，如图 1-6(b)所示。

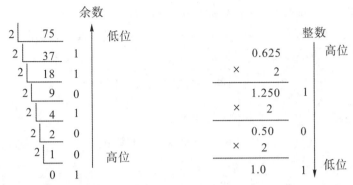

（a）十进制整数转换为二进制整数　　（b）十进制小数转换为二进制小数

图 1-6　十进制数转换为二进制数

所以，$(75.625)_{10}=(1001011.101)_2$。

3.二进制数与八进制、十六进制数之间的相互转换

将二进制数转换为八进制和十六进制数的方法是：从小数点开始，分别向左或向右，每三位或四位二进制数形成一位八进制和十六进制数，高位或低位不足三位时则在前面或后面补零。反之，将八进制或十六进制转换为二进制的方法是将每一位八进制或十六进制数拆分成三位或四位二进制数，如图 1-7 所示。

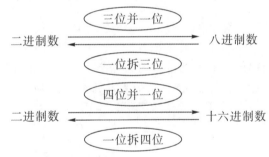

图 1-7　二进制数与八进制数、十六进制数之间的相互转换方法

【例 1-5】　将二进制数 1001011.101 转换成八进制数。

$(1001011.101)_2=(001\ 001\ 011.101)_2=(113.5)_8$

【例 1-6】　将二进制数 1001011.101 转换成十六进制数。

$(1001011.101)_2=(0100\ 1011.1010)_2=(4B.A)_{16}$

【例 1-7】　将十六进制数 407F.7B2 转换成二进制数。

$(407F.7B2)_{16}=(0100\ 0000\ 0111\ 1111.0111\ 1011\ 0010)_2$

$=(100000001111111.01111011001)_2$

1.3.3　数值型数据的表示

1.机器数与真值

在计算机中所有的信息都必须用 0 或 1 来表示。因此，数值型数据中的正负号也必须以 0 或 1 表示。通常把一个数的最高位定义为符号位，用 0 表示正，1 表示负。这种连

同数字与符号组合在一起的二进制数称为机器数,而把机器数在计算机外部以正负号表示的数称为真值。例如,十进制数 12,真值数为($+0001100$)$_2$,其机器数为 00001100,存放在机器中如图 1-8 所示。

符号位

图 1-8　十进制数 12 的机器数

2. 定点数

对于数值型数据中小数点,在计算机中又是如何表示的呢? 在机器中对小数点的位置进行了相应的规定。根据小数点的位置是否固定,计算机中的数据分为定点数和浮点数两种类型。定点数用固定长度(如 16 位或 32 位)的二进制位来表示,并将小数点固定在某一位置,因此,又分为定点整数和定点小数。

(1) 定点整数

定点整数是指小数点固定在数值最低位,也就是数据的最右面。这时,符号位后面所有的位数表示的是一个整数。例如,定点整数"-3"的表示如图 1-9 所示。

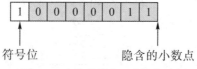

符号位　　　　　　隐含的小数点

图 1-9　定点整数"-3"的表示

有时,数据是不带符号的,称为无符号的数据类型。对于无符号的定点整数,所有的二进制位都表示数值。如无符号整数"131"的表示如图 1-10 所示。

隐含的小数点

图 1-10　无符号整数"131"的定点表示

在计算机中,整数会采用不同的位数来表示,如 8 位(占 1 个字节),16 位(占 2 个字节)和 32 位(占 4 个字节)等。

(2) 定点小数

定点小数是指小数点隐含并固定在最高数据位的左边,也就是符号位的后面。例如,定点整数"$+0.5$"的表示如图 1-11 所示。

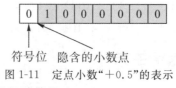

符号位　隐含的小数点

图 1-11　定点小数"$+0.5$"的表示

定点表示法主要用在早期的计算机中。

3. 浮点数

浮点数是指小数点位置不固定的数,它既有整数部分又有小数部分。为了在计算机中存放方便和提高精度,必须先进行规格化。数据规格化时,将数据分成阶码和尾数两部分,采用科学记数法的形式表示。如图 1-12 所示。

| 阶符 | 阶码 | 数符 | 尾数 |

图 1-12　浮点数的表示方法

例如,二进制数−11.01 的规格化表示形式为−0.1101×2$^{(+10)}$,其浮点数的存储形式如图 1-13 所示。

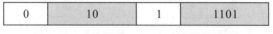

| 0 | 10 | 1 | 1101 |

图 1-13　二进制数−11.01 的浮点数表示

1.3.4　文本信息的编码

计算机中的数据除了数值型的数据,还有大量非数值型的数据,如文本、声音、图形图像、视频等。这些非数值型的数据在计算机中是用二进制的编码来表示的。

文本(Text)是计算机中最常见的一种数据形式。文本信息包括西文字符、汉字以及其他各国文字和各种符号。由于文本的形式不同,使用的编码也不同。

1.西文字符编码

西文字符包括字母、数字和标点符号,每一个符号都以一个唯一的二进制位序列来表示。最常用的文本编码是 ASCII 码(American Standard Code for Information Interchange,美国标准信息交换码),它是基于英文的编码。ASCII 码采用一个字节进行编码,有 7 位码(标准 ASCII)和 8 位码(扩展 ASCII)两种版本。国际通用的是 7 位 ASCII 码,用一个字节的低 7 位表示一个字符的编码,最高位置为 0,其编码范围是 0000000B〜1111111B,共有 2^7=128 个不同的编码值,相应地表示 128 个不同的字符。标准的 7 位 ASCII 码字符集见表 1-2。表中 B7B6B5B4B3B2B1 表示 ASCII 码由高到低的 7 位。

表 1-2　标准的 7 位 ASCII 码字符集

B4B3B2B1	B7B6B5							
	000	001	010	011	100	101	110	111
0000	NUL	DLE	SP	0	@	P	'	p
0001	SOH	DC1	!	1	A	Q	a	q
0010	STX	DC2	"	2	B	R	b	r
0011	ETX	DC3	#	3	C	S	c	s
0100	EOT	DC4	$	4	D	T	d	t
0101	ENQ	NAK	%	5	E	U	e	u
0110	ACK	SYN	&	6	F	V	f	v
0111	BEL	ETB	,	7	G	W	g	w
1000	BS	CAN	)	8	H	X	h	x

续表

B4B3B2B1	B7B6B5							
	000	001	010	011	100	101	110	111
1001	HT	EM	(	9	I	Y	i	y
1010	LF	SUB	*	:	J	Z	j	z
1011	VT	ESC	+	;	K	[	k	{
1100	FF	FS	'	<	L	\	l	|
1101	CR	GS	−	=	M	]	m	}
1110	SO	RS	.	>	N	^	n	~
1111	SI	US	/	?	O	_	o	DEL

　　7 位 ASCII 码表示的是英文的大小写字母、阿拉伯数字、标点符号及控制字符的编码。其中，0000000～0100000（对应十进制 ASCII 值为 0～32）及 1111111（对应十进制 ASCII 值为 127）的为控制字符，主要包括键盘上的空格、换行、F1 键等功能字符；0100001～1111110（对应十进制 ASCII 值为 33～126）为字符编码，包括数字字符 0～9（十进制 ASCII 值为 48～57），英文的 26 个大写字母 A～Z（十进制 ASCII 值为 65～90），英文的 26 个小写字母 a～z（十进制 ASCII 值为 97～122），其他为西文的标点符号以及运算符号等，共 94 个字符编码。

　　扩展的 ASCII 码使用一个字节中的 8 位二进制进行编码，编码范围为 00000000B～11111111B，可表示 $2^8=256$ 个不同字符的编码。其中 00000000B～01111111B 为基本部分，即标准 ASCII 码 0～127，10000000B～11111111B 为扩展部分，范围是 128～255。尽管美国国家标准信息协会对扩展部分的 ASCII 码已给出定义，但在实际应用中多数国家都将 ASCII 码扩展部分规定为自己国家语言的字符代码，如我们国家把扩展的 ASCII 码作为汉字的机内码。

　　2.汉字编码

　　对汉字进行编码是为了使计算机能够识别和处理汉字。西文是拼写文字，编码比较容易，用 1 个字节来编码就能满足西文处理的要求。但汉字数量大，常用的也有几千之多，用 1 个字节来编码是不够的。目前，最常用的是汉字国标码，其汉字编码方案主要采用 2 个字节进行编码。

　　（1）国标码

　　计算机处理汉字所用的编码标准是我国于 1980 年颁布的国家标准 GB2312－80，即《中华人民共和国国家标准信息交换汉字编码》，简称国标码。国标码的主要用途是作为汉字信息交换码使用。

　　国标码与 ASCII 码属同一制式，可以认为国标码是扩展的 ASCII 码。7 位的 ASCII 码可以表示 128 个不同编码，其中字符编码是 94 个。国标码以 94 个字符代码为基础，其中任意两个代码就可组成一个汉子交换码。也就是说，一个国标码占 2 个字节，每个字节用 7 位来编码（高位为 0），第一个字节（也称为高位字节）称为"区"，第二个字节（也称为低位字节)称为"位"。这样,国标码字符集共有 94 个区,每个区有 94 个位,最多可以组成 94×94＝8836 个字。

在国标码表中,对一般汉字处理时所用的 7445 个字符进行了编码,其中,收录了图形符号 682 个,包括序号、数字、罗马数字、英文字母、日文假名、俄文字母、汉语注音等,分布在 1~15 区;一级汉字(常用汉字)3755 个,按汉语拼音字母顺序排列,分布在 16~55 区;二级汉字(不常用汉字)3008 个,按偏旁部首排列,分布在 56~87 区;88 区以后为空白区,留作扩展用。

其他的汉字信息交换码有 GBK 和 GB18030。GBK 字符集是 GB2312－80 的扩展字符集,兼容 GB2312－80 标准。GB2312－80 只支持简体中文,GBK 支持简体中文和繁体中文,收录 21,003 个汉字和 882 个符号,共计 21,885 个字符。GBK 与 GB2312－80 一样采用 2 个字节进行字符编码。GB18030,即《信息交换用汉字编码字符集基本集的扩充》,是 2000 年 3 月发布的汉字编码国家标准。它收录了 70,244 个汉字,同时支持国内少数民族文字,采用变长多字节编码方案,每个字符由单字节、双字节或四字节进行编码。

(2)汉字机内码

汉字机内码是计算机内部的汉字编码。当一个汉字输入计算机后就转换为机内码进行存储和处理。目前,对应于国标码,一个汉字的机内码也用 2 个字节来存储。因为汉字处理系统要保证中西文的兼容,为了避免 ASCII 码和国标码同时使用时产生二义性问题,把国标码每个字节的最高二进制位置为 1 作为汉字内码的标识。汉字国标码与机内码的关系如图 1-14 所示。

图 1-14 国标码与机内码的关系

(3)汉字输入码

汉字输入码,即外码,是指用各种汉字输入法直接在键盘上输入汉字的各种编码。目前常用的汉字输入码主要分为音码、形码和音形码。音码是根据汉字的发音进行编码,如"全拼"输入法。形码是根据汉字的字形结构进行编码,如五笔字型输入法。音形码则是结合汉字的音和形两种信息进行编码,有的以音为主,有的以形为主,如自然码,是以汉字的拼音为主,辅以字形进行编码。

(4)汉字字模点阵码

汉字字模点阵码是汉字的输出编码,用来将机内码还原为汉字字形进行输出。汉字是方块字,将方块等分成 n 行 n 列的格子,称为点阵。把汉字图形置于这个网状方格内,有笔画的格子点为黑点,用二进制数 1 表示,没有笔画的格子用二进制数 0 表示,这样一个汉字的字形就可以用二进制数来表示了。例如,在一个 16×16 的汉字点阵中,共有 256 个点,每一个点用一个二进制位来表示,则需要 256 位,即 256/8＝32 个字节(8 个二进制位构成一个字节）来表示。如图 1-15，给出了汉字"次"在 16×16 点阵中的字形表示。

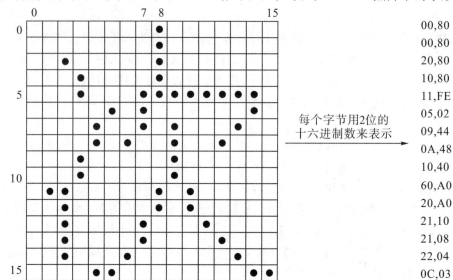

图 1-15　汉字"次"的 16×16 字模点阵

点阵中行、列数越多，字形质量会越好、越美观，但其点阵的规模也会增大，导致占用的存储空间增大。例如，一个汉字用 16×16 点阵表示需要 32 个字节，而用 24×24 点阵表示则需要 72 个字节来存储。为了满足实际需要，计算机需要处理和提供不同字体的汉字，如宋体、楷体、隶书等。字体不同，点阵也不同，这样就形成了不同的汉字字库，如宋体字库、楷体字库和隶书字库等。

汉字点阵字模的缺点是放大后会出现锯齿现象，影响汉字的美观。构造汉字字形的另一种方法是矢量法。矢量字模存储的是汉字字形的轮廓特征，当要输出汉字时，计算机通过数学计算，生成所需字体大小和形状的汉字点阵。矢量法字形描述与最终汉字显示的大小、分辨率无关，这种字形码可以实现无限放大而不产生锯齿现象。

3. Unicode 编码

Unicode 编码也称为统一码，万国码或单一码，是国际组织制定的可以容纳世界上所有文字和符号的字符编码方案，在全球范围的信息交换领域均有广泛的应用。Unicode 编码为每种语言中的每个字符设定了统一并且唯一的二进制编码，以满足跨语言、跨平台进行文本转换、处理的需求。

1.4　多媒体数据的编码

随着信息技术、网络技术以及多媒体技术的发展，计算机需要存储和处理大量的多媒体信息。多媒体（Multimedia）是指多种媒体的综合，一般包括文字、图像、音频和视频等多种媒体形式。多媒体技术就是通过计算机对文字、图像、音频、视频等各种信息进行存储和管理，使用户能够通过多种感官跟计算机进行实时信息交流的技术。

据统计，人类接收的信息中，听觉信息占 20%，视觉信息占 60%，其他感官如味觉、嗅觉等获取的信息占不到20%。而现实世界中的声音、图像等多媒体信息都是具有幅度、亮度等连续变化的模拟量,计算机要处理这些信息,必须先对这些信息进行数字化处理,即通过采样、量化和编码,将它们转换成计算机能够处理的二进制数据。

1.4.1 音频编码

当物体使空气发生振动时就产生了声音。比如讲话时声带的振动、拉琴时琴弦的振动等都会产生声音。音频(Audio)是指人类能够听到的所有声音,包括语音、音乐、自然界的各种声音以及噪音等。音频可在很多方面改进多媒体的表达能力,在与视频配合后能使视频和动画更具有真实的效果。因此,在多媒体系统中加入声音功能是必不可少的。

声音是通过空气传播的一种连续的波,即声波。声波是一条随时间变化的连续曲线,如图1-16所示。声音的强弱体现在声波压力(振幅)的大小上,音调的高低体现在声音的频率上。自然界中的音频信号在时间上和幅度上是连续变化的模拟信号,在老式的机械唱片、磁带上录制的声音都是模拟音频信号。

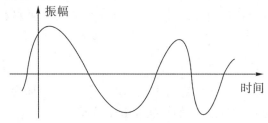

图1-16 连续的模拟音频信号

计算机要对音频信息处理,就必须将模拟信号转换为数字信号。与模拟音频信号不同,数字音频信号是一个数字序列,在时间上和幅度上都是离散的。模拟音频信号转换为数字音频信号的数字化过程分为采样、量化、编码和压缩等步骤。从声音数字化的角度考虑,影响声音质量的主要因素包括采样频率、采样精度和声道数。

1. 采样(Sampling)

采样就是每隔一个时间间隔在模拟声音波形上取一个幅度值,把时间上的连续信号转变为时间上的离散信号,如图1-17(a)所示。

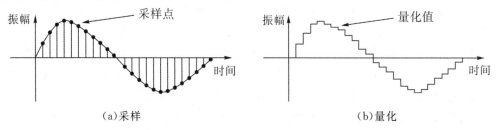

(a)采样   (b)量化

图1-17 模拟音频信号的采样与量化

一个声音信号自身的最高频率称为样本频率,采集信号的频率称为采样频率。决定采样质量的最主要因素是采样频率,采样频率越高(即采样周期越短),数字化音频的质量就越高,但数据量也会越大。根据著名的奈奎斯特定理(采样定理),为了正确地重构原信号,采样频率至少要为样本频率的两倍。声音按其频率的不同可分为次声、可听声和超声。频率低于 20Hz 的为次声,高于 20kHz 的为超声,位于中部的(20Hz～20kHz)是人类可以听见的声音,即可听声。也就是说,人类能够听到的音频的最高频率为 20kHz,因此,对于音频信号的采样频率一般取 44.1kHz。低于此采样频率则会影响声音还原的质量,即会产生失真。目前对声音采用的采样频率有 11.025kHz(电话音质)、22.05kHz(广播音质)、44.1kHz(CD 音质)和 192kHz(具有超高音质的 DVD 音质)。

2. 量化(Quantization)

量化是把每个采样点的幅度值用二进制数来表示,即量化值,如图 1-17(b)所示。量化位数也称为量化级。量化值是四舍五入后的整数,导致量化过程会引入量化误差。因此,量化级越大,采样的精度越高。例如,8 位量化位数的精度有 256 个等级,即对每个采样点的幅度精度为最大振幅的 1/256;16 位量化位数的精度有 65536 个等级,即为最大振幅的 1/65536。量化级是数字声音质量的重要指标。常用的有 8 位、16 位、24 位,也有 32 位。当然,量化位数越多,信息量也越大,声音文件占用的字节数也越多。

对音频信号的采样和量化的处理过程是由集成在声卡上的模拟/数字转换器(A/D)完成的。

3. 编码(Coding)

将采集到的物理量转换为在计算机中表示的代码的过程称为编码。采样、量化后的音频信号还不是数字信号,需要把它们转换成数字编码。

4. 压缩(Compression)

为什么要压缩? 为了回答这个问题,我们首先计算一下一个未压缩的数字波形声音文件占用的存储容量。其计算公式如下:

$$存储容量＝采样频率×量化位数/8×声道数×时间$$

其中,声道数是指一次采样所记录产生的声音波形个数,分为单声道和双声道。每次生成两个声波,称为双声道,即立体声。随着声道数的增加,存储容量也成倍增加。例如,用 44.1kHz 的采样频率进行采样,量化位数取 16 位,录制 10 秒的立体声节目,则它的存储量为 44100×16/8×2×10(B)＝1.682(MB)。如果是 1 分钟的节目,则数据量增加到 10MB。可见,原始数字音频信号所占的存储容量是相当大的。为了减少数字化声音所占内存空间必须对声音信息进行压缩编码。

数字音频压缩编码就是在保证信号在听觉方面不产生失真的前提下,对音频数据信号进行尽可能大的压缩。数字音频压缩采取去除声音信号中的冗余成分的方法来实现。所谓冗余成分指的是音频中不能被人耳感知到的信号。例如,人耳所能感知的声音信号的频率范围为 20Hz～20kHz,除此之外的其他频率的声音信号都可视为冗余信号。此外,根据人耳听觉的生理和心理声学特性,采集设备获得的声音信号中还存在一些人耳无法感知的冗余信号。这些冗余信号都可以去除而不影响重构后的声音质量。

音频压缩技术可分为无损(Lossless)压缩及有损(Lossy)压缩两大类。MP3 是目前最为普及的音频压缩格式,压缩比最高可达到 1∶12 以上,属于有损压缩。

图 1-18 表示了音频信息的处理过程,包括模拟音频信号的采集,采样、量化、编码、压缩的数字化过程,以及数字音频文件的播放。该过程通过音频采集设备(如麦克风)、声卡、音频播放设备(如音箱)等硬件以及相应的软件实现。

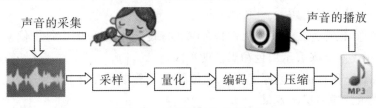

图 1-18　音频信息的处理过程

1.4.2　图像和图形编码

计算机中的图像有两种形式:位图图像(Image)和矢量图形(Graphics)。

1. 位图图像

自然场景中的亮度变化是连续的。存在于纸介质、胶片上的图片以及光学图像等,都称为模拟图像,其图像的亮度变化也是连续的。数字图像(Image)是通过扫描仪、数码相机、摄像机等输入设备采集的真实场景的画面,经数字化后得到的,通常以位图格式存储。位图图像也称为栅格图像,简称位图。位图适合于表现含有大量细节的画面,并可直接、快速地显示或打印。

图像的数字化过程包括对图像的采样、量化和编码等。位图图像的质量主要由分辨率、图像颜色深度决定。

(1)图像采样

图像采样是将连续的图像转换成离散点的过程。每一个点称为一个像素(Pixel)。位图由若干行、若干列像素构成的点阵组成。位图的缺点是容易失真。当放大位图时,可以看见图像由一个个小方块构成,图像清晰度下降且出现锯齿,如图 1-19 所示。缩小位图尺寸也会使位图发生变形。

图 1-19　位图图像

位图图像以像素为基本单位,图像的分辨率决定了图像质量的高低。通常以像素数/每英寸(PPI)为单位来表示图像分辨率的大小。例如,300×300PPI 分辨率,即表示水平方向上和垂直方向上每英寸长度上的像素都是 300,也可表示为一平方英寸内有 9 万个像素。分辨率越高,图像越清晰,占用的空间也越大。

(2)量化

图像的量化是指在图像离散化后,将表示图像色彩浓烈的连续变化值离散化为整数值的过程。

颜色深度是指位图中每个像素的颜色编码所占用的二进制位数。位图图像中的每一个像素对应一个或多个二进制位,用来存放该像素的颜色信息。颜色深度决定了位图中出现的最大颜色数。一般用 1 位、8 位、16 位和 24 位来表示图像的颜色。常常根据颜色深度来划分图像的色彩模式:

• 黑白图像,也称为二值图像。图像的颜色深度为 1,即位图中每个像素只占 1 个二进制位,分别用 1 和 0 来表示白色和黑色两种颜色。

• 灰度图像。图像的颜色深度为 8,即位图中每个像素占用 1 个字节,以 256 个灰度等级的形式表示图像的层次效果。

• 彩色图像。如果颜色深度为 24,位图中每个像素占用 3 个字节,分别表示 R(红)、G(绿)、B(蓝)三色值,可表示 1677 多万种颜色,涵盖了人眼所能识别的所有颜色,称为真彩色图像。

(3)编码

数字化后的图像数据量很大。一幅未经压缩的数字图像,它的存储容量按如下公式计算:

$$存储容量 = 像素总数 \times 颜色深度 / 8$$

例如,要表示一幅 1024×768 像素的"24 位真彩色"的图像时,需要的存储量为 1024×768×24/8B=2.25MB。

图像中存在大量的冗余信息,而且由于人眼视觉的局限性,允许图像在颜色信息上有一些失真。因此,一般需要采用编码技术对数字图像进行压缩存储。图像压缩的目的就是尽可能减少图像数据的尺寸,以便于传输、存储、管理和应用。

经压缩后的图像文件尺寸可以大幅度减小。JPEG 是目前广泛使用的图像压缩标准,由联合图像专家小组(Joint Photographic Experts Group)于 1992 年发布,并获得了国际标准化组织 ISO 的认定。JPEG 是一种有损压缩算法,在不同的压缩比率时,图像在质量上会有一些差异。压缩率越高,图像损失的信息越多,主要表现为图像边缘会出现锯齿,以及颜色信息的丢失。

数字图像的来源非常广泛。除了由相机、扫描仪等图像采集设备获取,还可以通过绘图软件(如 Windows 的画图软件,Adobe Photoshop,3dsMAX 等)生成,这种由人工创作或由计算机自动生成的图像被称为计算机生成图像,在艺术设计、计算机游戏、图形设计、广告、电视电影图片中得到广泛应用。随着多媒体技术以及计算机图形和图像技术的发展,计算机生成图像已经达到足以"以假乱真"的程度。如图 1-20 所示,是一张完全由计算机生成的"俄罗斯茶壶"位图图像。

图 1-20　计算机生成的图像

2.矢量图形

所谓矢量图形,就是根据图形的几何特性,使用直线和曲线来描述和绘制的计算机图形。构成计算机图形的元素就是一些点、线、矩形、多边形、圆和弧线等,它们都是通过数学公式计算获得的。矢量图形按照各个元素的参数形式存储,可以对各个元素进行移动、缩放、旋转和扭曲等变换。

矢量图形的最大特点就是图像质量与分辨率无关,可以无限级放大和缩小而不失真,因此可以在输出设备上以任何分辨率输出且不影响图像清晰度,适用于图形设计、文字设计和一些标志设计、版式设计等。与位图图像相比,矢量图形的优点是文件占用内在空间较小,对图形进行缩放、旋转或变形操作时,图形不会产生锯齿效果而影响图像质量。矢量图形的缺点是矢量图形难以表现色彩层次丰富的逼真图像效果,因此不如位图真实。

矢量图形只能通过绘图软件创建,常用的绘图软件有 CorelDRAW、Illustrator、Freehand 等。

1.4.3　视频编码

视频(Video)是连续的图像序列,由连续的帧构成,一帧即为一幅图像。当帧序列以每秒超过 24 帧(Frame)以上连续播放时,根据视觉暂留原理,人眼无法辨别每幅单独的静态画面,看上去是平滑连续的视觉效果,这样的连续画面被称为视频。

视频是由摄像机等录像设备对自然景物的捕捉。要使计算机能够处理和显示视频信息,必须把颜色、亮度等模拟视频信号转换成数字视频信号。视频数字化就是将模拟视频信号经模/数转换和彩色空间变换为计算机可处理的数字信号,与音频信号数字化类似,它在一定的时间内对单帧视频信号进行采样、量化、编码和压缩,可通过视频采集卡和相应的软件实现。

同样,数字化后的视频信号也需要压缩以降低文件大小。例如,在计算机连续显示分辨率为 1024×768 的 24 位真彩色的电视图像,按每秒 30 帧计算,显示 1 分钟,则数据量为 $1024 \times 768 \times 24 \div 8 \times 30$(帧/秒)$\times 60$(秒)$B \approx 4GB$。由于连续的帧之间相似性极高,因此视频在空间和时间维度上都存在很多冗余信息。视频编码算法利用帧序列中视频帧内以及帧之间的相关性,将冗余信息去掉,可以大大提高视频的压缩比,降低压缩后的视频信号体积(降低一半以上),以方便视频信号的传输和保存。常见的视频编码标准有 MPEG 系列和 H.26X 系列。MPEG(Moving Picture Experts Group,运动图像专家组)系列标准包括 MPEG-1,MPEG-2 和 MPEG-4,是由国际标准化组织 ISO 制定的,主要应用于视频存储(DVD)、广播电视、互联网或无线网络的流媒体等。由国际电传视讯联盟 ITU 制定的 H.261、H.263、H.264 和 H.265 视频编码标准,主要应用于实时视频通信领域,如视频会议。

1.5　计算机与信息社会

从计算机诞生至今,计算机的应用已经几乎涵盖了所有的领域和学科,深入到社会生活的方方面面,彻底改变了人们的生活方式。今天,人类已经进入到信息化社会,信息成为一个时代发展的重要特征。

1.5.1　计算机的应用领域

按照应用领域可以把计算机的用途归纳为科学与工程计算、数据处理、实时控制、人工智能、计算机辅助、教育医学等方面。

1.计算机在科学与工程中的应用

计算机最开始就是为解决科学研究和工程计算中遇到的大量数值计算而研制的计算工具。在数值计算领域中,尤其是一些非常庞大而复杂的科学计算,靠其他计算工具根本无法解决,如航天技术、高能物理、气象预报、工程设计、地震预测等。近些年来,计算机在生物科学、医学、系统科学、经济学、社会科学中也有了广泛应用。

2.计算机在商业中的应用

商业是计算机应用最为活跃的应用领域之一,零售业是计算机在商业中的传统应用,而电子数据交换和电子商务的发展从根本上改变了企业的供销模式和人们的消费模式。

电子数据交换(Electronic Data Interchange,EDI)是一种利用计算机进行商务处理的新方法。EDI 是将贸易、运输、保险、银行和海关等行业的信息,用一种国际公认的标准格式,通过计算机通信网络,使各有关部门、公司与企业之间进行数据交换与处理,并完成以贸易为中心的全部业务过程。

电子商务(Electronic Commerce,EC)是以通信网络为基础的新型商业运营模式,是企业或组织及个人用户基于客户端/服务端应用方式,买卖双方互不谋面地进行各种商贸活动,实现消费者的网上购物、商户之间的网上交易和在线电子支付以及各种商务活动、交易活动、金融活动和相关的综合服务活动。随着商业模式的不断发展与创新,电子商务活动已经成为当下十分流行的市场运营与管理模式。如阿里巴巴、淘宝、京东等电商平台的产生,掀起了网络购物的热潮。人们利用计算机、各种移动端 App,可以足不出户进行网上购物。这极大地方便了人们的生活,也大大降低了商家的运营管理成本。

3.计算机在银行与证券业中的应用

ATM、网上银行、网上证券交易系统,都是计算机技术和网络技术在金融领域应用的产物。金融电子化不但极大地改变了金融业的面貌,扩大了其服务品种,并且改变了人们的经济和社会生活方式。目前,基于计算机技术和互联网的金融界向企业和个人提供的服务不再仅仅是客户数据管理,资金的借贷、结算等交易类服务,也能为客户提供信息服务和个性化服务。

4.计算机在教育领域中的应用

计算机在教育领域应用的表现有校园网、远程教育、计算机辅助教学和计算机教学管理等。

校园网是在学校内部建立的计算机网络,通过建立一个主干网,下联多个有线和无线子网构成,使全校的教学、科研和管理都能在网上运行。

计算机辅助教学(CAI)是在计算机的辅助下进行各种教学活动。CAI 改变了传统的教学方式,综合运用多媒体、超文本、人工智能、网络通信等计算机技术,为学生提供良好的个性化学习环境,有效提高教学质量和教学效率。计算机辅助的课堂教学是在多媒体教室中完成的,主要是利用教室内配备的多媒体计算机和大屏幕投影等设备向学生呈现多媒体课件,辅助教师进行课堂教学。

现代远程教育是利用网络技术、多媒体技术等现代信息技术手段开展的新型教育形态。是通过将音频、视频(直播或录像)实时或非实时地把课程传送到校园网外,实现远距离教学的一种教育模式。计算机辅助的远程教学方式主要有:①通过互联网,利用网络教学平台提供的网页、课件等资源进行非实时(异步)教学。②通过卫星、互联网和视频会议系统等进行双向或单向的实时授课教学。③通过手机等移动通信工具进行实时或非实时教学。

慕课(Massive Open Online Course,MOOC),即大规模开放在线课程,是"互联网＋教育"的产物。慕课通常对学习者没有特别的要求,但会以每周研讨话题这样的形式,提供一种大体的时间表,课程结构通常会包括每周一次的讲授、研讨问题,以及阅读建议等等。每门课都有频繁的小测验,有时还有期中和期末考试。考试通常由同学评分(比如一门课的每份试卷由同班的五位同学评分,最后分数为平均数)。一些学生成立了网上学习小组,或跟附近的同学组成面对面的学习小组。慕课的主要特点包括:①大规模的。不是个人发布的一两门课程,只有这些课程是大型的或者叫大规模的,它才是典型的MOOC。②开放课程。只有当课程是开放的,它才可以称之为MOOC。③网络课程。不是面对面的课程,课程材料散布于互联网上。人们上课地点不受局限,无论你身在何处,都可以花较少的钱享受世界一流课程。

5.计算机在医学和制造业中的应用

计算机在医学领域中也是非常重要的工具,可用于患者病情的诊断与治疗,如医学专家系统、远程诊断系统,控制各种数字化的医学设备,进行患者的监护和护理,以及医学研究和教育。

制造业是计算机的传统应用领域,在制造业工厂中使用计算机可减少工人数量、缩短生产周期、降低企业成本、提高企业效率,主要应用有计算机辅助设计(CAD)、计算机辅助制造(CAM)以及计算机集成制造系统(CIMS)。

1.5.2　信息技术

可以将人类信息交流和通信的演化进程分为五个发展阶段:第一阶段是语言的使用,语言成为人类进行思想交流和信息传播不可缺少的工具;第二阶段是文字的出现和使用,使人类对信息的保存和传播取得重大突破,超越了时间和地域的局限;第三阶段是印刷术的发明和使用,使书籍、报刊成为重要的信息储存和传播的媒体;第四阶段是电话、广播、电视的使用,使人类进入利用电磁波传播信息的时代;第五阶段是计算机与互联网的使用,即网际网的出现。

现代信息技术(Information Technology,IT)是指在计算机和通信技术支持下用以获取、加工、存储、变换、显示和传输文字、数值、图像以及声音信息,包括提供设备和提供信息服务两大方面的方法与设备的总称,由计算机技术、现代通信技术、微电子技术、智能控制技术和传感技术结合而成。信息技术是利用计算机进行信息处理,利用现代电子通信技术从事信息采集、存储、加工、利用以及相关产品制造、技术开发、信息服务的综合性学科。

1.计算机技术

计算机技术是指计算机领域中所运用的技术方法和技术手段,包含硬件技术、软件技术及应用技术。计算机技术具有明显的综合特性,它与电子工程、应用物理、机械工程、现代通信技术和数学等紧密结合。

随着计算机技术和通信技术的快速发展,以及社会对于将计算机结成网络以实现资源共享的要求日益增长,计算机技术与通信技术已紧密地结合起来,构成了信息技术的核心内容,称为社会的强大的物质技术基础。计算机技术在几乎所有科学技术和国民经济领域中得到了广泛应用。

2.通信技术

通信技术的任务就是要高速度、高质量、准确、及时、安全可靠地传递和交换各种形式的信息。信息传输技术主要包括光纤通信、数字微波通信、卫星通信、移动通信等。按照信息传输的信道特点可以将通信技术划分为有线通信技术和无线通信技术。

通信技术和通信产业是 20 世纪 80 年代以来发展最快的领域之一,不论是在国际还是在国内都是如此。这是人类进入信息社会的重要标志之一。

3.微电子技术

微电子是在固体(主要是半导体)材料上构成的微小型化电路、电路及系统,其特点是体积小、重量轻、可靠性高、工作速度快。微电子技术是建立在以集成电路为核心的各种半导体器件基础上的高新电子技术。集成电路广泛应用于国防、文化、教育、卫生、交通运输、邮电通信、经济管理和各种消费类电子产品中。它对电子产品的渗透率接近 100%,成为现代信息社会的细胞。

微电子技术的发展,对现代信息社会产生了巨大影响。特别是大规模和超大规模集成电路的出现,引起了计算机技术的革命性变革,促进了计算机在各行各业的应用,推动了新技术革命的迅猛发展,引起了人类社会的深刻变化。微电子技术的发展水平和发展规模已经成为衡量国家经济实力和技术进步的重要尺度,是一个国家综合国力的具体表现。

4.控制技术

控制技术也称为自动化控制技术,是指在没有人直接参与的情况下,利用外加的控制设备,使机器、设备或生产过程的某个工作状态或参数自动地按照预定的规律运行,它广泛应用于工业、农业、军事、航空航天、科学研究、交通运输、商业和家庭等诸多领域。采用自动控制技术将人类从复杂、危险、烦琐的劳动环境中解放出来并大大提高控制效率和工作效率,自动控制技术在各个领域里起着越来越重要的作用。

5.传感技术

传感技术就是传感器的技术。传感器可以感知周围环境或者特殊物质,比如气体感知、光线感知、温湿度感知、人体感知等。传感器把模拟信号转化成数字信号,发送给中央处理器处理,最终结果形成气体浓度参数、光线强度参数、探测范围内是否有人、温度湿度数据等。

传感技术所完成的是延长人的感觉器官收集信息的功能,是从自然信息源获取信息,并对之进行处理和识别的一门多学科交叉的现代科学与工程技术。如果把计算机看成处理和识别信息的"大脑",把通信系统看成传递信息的"神经系统"的话,那么传感器就是处理信息的"感觉器官"。传感器的功能决定了传感系统获取自然信息的信息量和信息质量,是构造高品质传感技术系统的第一个关键因素。

6.信息技术的发展

现代信息技术具有强大的社会功能,已经成为 21 世纪推动社会生产力发展和经济增长的重要因素,在改变社会的产业结构和生产方式的同时,也对人类的思想观念、思维方式和生活方式产生着重大而深远的影响。伴随着云计算、物联网和人工智能等新的信息技术的出现,信息技术的发展使得经济全球化、社会知识化、信息网络化、教育终身化。

1.5.3 信息社会

信息社会也称信息化社会,是脱离工业化社会以后,以信息技术为基础,以信息资源为基本发展资源,以信息服务性产业为基本社会产业,以数字化和网络化为基本社会交往方式的新型社会。在信息社会中,信息成为比物质和能源更为重要的资源。

在信息社会中,信息经济在国民经济中占据主导地位,并构成社会信息化的物质基础。以计算机、微电子和通信技术为主的信息技术革命是社会信息化的动力源泉。

1.信息社会的特点

由于信息技术在资料生产、科研教育、医疗保健、企业和政府管理以及家庭中的广泛应用,从而对经济和社会发展产生了巨大而深刻的影响,从根本上改变了人们的生活方式、行为方式和价值观念。

信息社会的特点具体表现在:

(1)社会经济的主体由制造业转向以高新技术为核心的第三产业,即信息产业占据主导地位。

(2)劳动力主体不再是机械的操作者,而是信息的生产者和传播者。

(3)交易结算不再主要依靠现金,基于信用数据的商业模式扩大了交易结算的范围。信用数据作为数据资源中的一种,既包括金融交易、账户信息等传统信用数据,也包括电信、水、电、燃气等公用事业的缴费信息、法院民事判决、纳税以及出行记录等非金融数据。

(4)贸易不再主要局限于国内,跨国贸易和全球贸易将成为主流。

(5)信息和知识是重要的资源,也是推动社会发展的重要动力。

(6)知识以"加速度"方式积累。

2. 信息社会存在的问题

信息技术的发展,尤其是网络技术的发展,使得信息以惊人的速度传播。对于社会发展和国家安全来说,信息社会也面临着严重的问题和挑战:

(1)信息污染。主要表现为信息虚假、信息垃圾、信息干扰、信息无序、信息缺损、信息过时、信息冗余、信息误导、信息泛滥、信息不健康等。信息污染是一种社会现象,它像环境污染一样应当引起人们的高度重视。

(2)信息犯罪。主要表现为黑客攻击、网上"黄赌毒"、网上诈骗、窃取信息等。

(3)信息侵权。主要是指知识产权侵权,还包括侵犯个人隐私权。

(4)计算机病毒。计算机病毒在网络环境中更容易传播,造成的危害和影响更广泛。

(5)信息侵略。信息强势国家通过信息垄断和大肆宣扬自己的价值观,用自己的文化和生活方式影响其他国家。

1.5.4 信息产业的发展

信息技术发展和应用所推动的信息化,给人类经济和社会生活带来了深刻的影响。进入 21 世纪,信息化对经济社会发展的影响愈加深刻。信息化是指信息技术和信息产业在经济和社会发展中的作用日益加强,并发挥主导作用的动态发展过程。世界经济发展进程加快,信息化、全球化、多极化发展的大趋势十分明显。信息化被称为推动现代经济增长的发动机和现代社会发展的均衡器。信息化与经济全球化,推动着全球产业分工深化和经济结构调整,改变着世界市场和世界经济竞争格局。

信息化促进了产业结构的调整、转换和升级。电子信息产品制造业、软件业、信息服务业、通信业、金融保险业等一批新兴产业迅速崛起,传统产业如煤炭、钢铁、石油、化工、农业在国民经济中的比重日渐下降。信息技术产业,又称信息产业,它是运用信息手段和技术,收集、整理、储存、传递信息情报,提供信息服务,并提供相应的信息手段、信息技术等服务的产业。信息产业包含:信息工业(包括计算机设备制造业、通信与网络设备制造业以及其他信息设备制造业)、信息服务业、信息开发业(软件产业、数据库开发产业、电子出版业、其他信息内容也)。信息产业在国民经济中的主导地位越来越突出。国内外已有专家把信息产业从传统的产业分类体系中分离出来,称其为农业、工业、服务业之后的"第四产业"。

随着国家信息化建设的逐步深入,我国信息产业在生产能力和技术创新能力上都大幅提高。在产业发展方面,我国正与全球同步迈进,在计算机视觉、语音识别等细分领域甚至处于国际领先水平,涌现出一批具备竞争实力的企业和研究机构,已具良好的发展基础。手机、微型计算机、网络通信设备、彩电等主要电子信息产品的产量居全球第一,信息技术与制造、材料、能源、生物等技术的交叉渗透日益深化,智能控制、智能材料、生物芯片等交叉融合创新方兴未艾,工业互联网、能源互联网等新业态加速突破,大规模个性化定制、网络化协同制造、共享经济等信息经济新模式快速涌现。互联网不断激发技术与商业模式创新的活力,开启以迭代创新、大众创新、微创新为突出特征的创新时代。与此同时,我们也必须看到,我国的信息产业发展也存在着薄弱环节,特别是在芯片、基础软件、传感器、智能控制等核心关键技术的积累上存在不足,核心技术仍然存在短板,距离智能化发展要求还有较大差距。

1.6 习 题

一、选择题

1. 第4代计算机采用大规模和超大规模( )作为主要电子元件。

A. 电子管　　　　　B. 晶体管　　　　　C. 集成电路　　　　　D. 微处理器

2. 一个数的右下角用( )标识,表示该数是一个十六进制数。

A. B　　　　　　　B. D　　　　　　　C. H　　　　　　　D. O

3. 在计算机中,一个ASCII码字符需要使用( )个字节来编码。

A. 1　　　　　　　B. 2　　　　　　　C. 3　　　　　　　D. 4

4. 下列不属于冯·诺依曼体系结构基本组成部分的有( )。

A. 运算器　　　　　B. 控制器　　　　　C. 指令　　　　　　D. 存储器

5. 把二进制数0.11转换成十进制数,结果为( )。

A. 0.75　　　　　　B. 0.5　　　　　　C. 0.2　　　　　　D. 0.25

6. 下列各种数制数中,最小的数是( )。

A. $(1010010)_2$　　B. $(54)_8$　　　　C. $(44)_{10}$　　　D. $(2A)_{16}$

7. 在计算机内部用于存储、交换、处理的汉字编码是( )。

A. 国标码　　　　　B. 机内码　　　　　C. 区位码　　　　　D. 字形码

8. 下面哪个不是8进制数的基本数码( )。

A. 5　　　　　　　B. 6　　　　　　　C. 7　　　　　　　D. 8

9. 四个二进制位对应一个十六进制数,1101对应( )。

A. B　　　　　　　B. C　　　　　　　C. D　　　　　　　D. E

10. 以下说法不正确的是( )。

A. 信息是人们表示一定意义的符号的集合。

B. 在计算机中,各种不同类型的数据全部是以"数字"形式表示的。

C. 音频一般是以模拟信号形式直接存储在计算机中的。

D. 图形和图像都要经过采样、量化和编码的过程才能保存在计算机中。

11. 在计算机储存器中,计算机程序和程序运行所需要的数据的存放形式是( )。

A. 二进制　　　　　B. 八进制　　　　　C. 十进制　　　　　D. 十六进制

12. 十六进制的进位原则是( )。

A. 逢十进一　　　　B. 逢八进一　　　　C. 逢二进一　　　　D. 逢十六进一

13. 将二进制数10110.01转换为十进制数为( )。

A. 44.25　　　　　B. 22.25　　　　　C. 44.5　　　　　　D. 22.5

14. 不同的进制数之间,通常用字母H、O、B、D表示,其中O为( )。

A. 二进制　　　　　B. 八进制　　　　　C. 十进制　　　　　D. 十六进制

15.衡量计算机运算速度快慢常用的单位是（　　　）。

A. MIPS　　　　　　B. bps　　　　　　C. MHz　　　　　　D. KB

16.对于持续一分钟的立体声音频广播,采样频率是44.1KHz,量化位数为16位。其声音信号数字化后未经压缩所产生的数据量是（　　　）。

A. 5.3MB　　　　　B. 5.3KB　　　　　C. 8.8MB　　　　　D. 10.09MB

17.按对应ASCII码值来比较,（　　　）是错误的。

A. "a"比"B"大　　B. "0"比"9"小　　C. "f"比"F"小　　D. "H"比"K"小

18.已知小写字母d的ASCII码的值为十进制100,则小写字母m的ASCII码的值为十进制（　　　）。

A. 109　　　　　　B. 110　　　　　　C. 124　　　　　　D. 108

19.十进制的28对应的二进制数为（　　　）。

A. 10110　　　　　B. 11000　　　　　C. 11100　　　　　D. 11010

20.在计算机中,一个字节是由（　　　）个二进制位组成的。

A. 2　　　　　　　B. 4　　　　　　　C. 8　　　　　　　D. 16

21.IT行业中的IT是指（　　　）

A. 信息技术　　　　B. 通信技术　　　　C. 微电子技术　　　　D. 传感技术

22.以下（　　　）不属于信息社会的特征。

A. 第三产业比重不断上升　　　　　　B. 降低了获取信息与知识的成本

C. 知识以"加速度"方式积累　　　　　D. 交易结算不再主要依靠现金

二、填空题

1.十进制数88转换为二进制数和十六进制数分别是＿＿＿＿＿和＿＿＿＿＿。

2.目前常用的图像压缩编码分为两类＿＿＿＿＿和＿＿＿＿＿。

3.音频数字处理过程主要包括＿＿＿＿＿、＿＿＿＿＿和编码。

4.对音频数字化来说,在相同条件下,立体声比单声道占的空间＿＿＿＿＿,采样频率越＿＿＿＿＿则占的空间越大。

5.目前常用的图像压缩编码分为两类:无损压缩和＿＿＿＿＿。

6.国标码GB2312－80规定,每个汉字用＿＿＿＿＿个字节表示。

7.在计算机中连续显示分辨率为1024×1024的24位真彩色的电视图像,按每秒25帧计算,显示1分钟,则数据量是＿＿＿＿＿。

8.以计算机、微电子和＿＿＿＿＿为主的信息技术革命是社会信息化的动力源泉。

三、判断对错

1.扩展名为. bmp的图像是位图图像,扩展名为. gif的图像是矢量图像。　　　（　　　）

2.位图图像放大易失真,矢量图像放大不易失真。　　　（　　　）

3.JPEG标准适合于静止图像,MPEG标准适用于动态图像。　　　（　　　）

4.定点数和浮点数的最主要的区别是小数点位置固定与否。　　　（　　　）

5.音频信号在数字化的过程中不能损失任何信息。　　　（　　　）

6.基本字符的ASCII编码在机器中表示时,使用8位的二进制码,最右边一位为1。

（　　　）

四、简答题

1.计算机的发展经历了哪几个阶段？各阶段的主要特征是什么？

2.简述冯·诺依曼体系结构的基本思想。

3.简述计算机的应用领域。

4.什么是多媒体？什么是多媒体技术？

5.什么是信息技术？请讨论信息技术的应用及对人类社会产生的影响。

6.什么是信息社会？请讨论在信息社会中存在的问题。

7.请讨论我国信息产业发展的机遇与挑战。

第2章 计算机硬件基础

一个完整的计算机系统由硬件系统和软件系统两大部分组成。硬件是软件工作的物质基础,软件必须依赖于硬件才能起作用;软件是控制和操作计算机工作的核心,是硬件功能的扩充,没有软件整个计算机无法工作。我们通常把没有软件系统的计算机叫做裸机。所以计算机的硬件系统和软件系统是互相依存的关系,是一个统一的整体。本章主要介绍计算机的系统组成,从硬件的角度介绍计算机的工作原理以及计算机的主要性能指标。

2.1 计算机系统组成与工作原理

硬件(Hardware)系统是组成一台计算机的各种物理装置,是计算机系统的物质基础。软件(Software)系统是指计算机系统运行所需要的各种程序、数据及相关文档资料。硬件是软件建立和依托的基础。要把计算机系统当做一个整体来看,它既包含硬件,也包含软件,两者不可分割,硬件和软件相互结合才能充分发挥计算机系统的功能。

2.1.1 计算机系统组成

计算机的系统组成结构如图 2-1 所示。

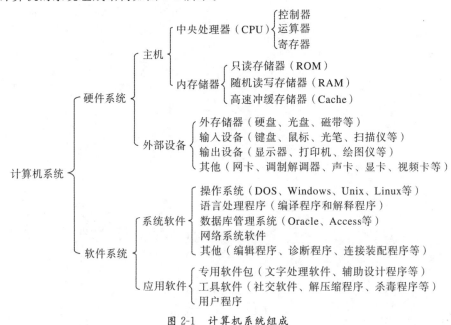

图 2-1 计算机系统组成

2.1.2　计算机的工作原理

以二进制和程序控制为基础的计算机结构是由冯·诺依曼在 1940 年最早提出的,被称为冯·诺依曼式计算机。

1. 计算机硬件系统结构

冯·诺依曼式计算机的硬件系统结构如图 2-2 所示,它主要由运算器、控制器、存储器、输入设备和输出设备五部分组成。通常我们将输入设备和输出设备统称为 I/O 设备(Input/Output),它们都属于计算机的外部设备(如图 2-1 所示)。

(1)控制器:发布各种操作命令、控制信号等。

(2)运算器:主要进行算术运算和逻辑运算。

(3)存储器:存储程序、数据、中间结果和运算结果。

(4)输入设备:是向计算机内部传送信息的装置。如键盘、鼠标、光笔、扫描仪等。

(5)输出设备:是将计算机的处理结果传送到计算机外部供用户使用的装置。如显示器、打印机、绘图仪等。

除了冯·诺依曼式计算机还有其他架构的计算机,如哈佛结构计算机、分布式计算机等,还请读者自己查阅资料了解。

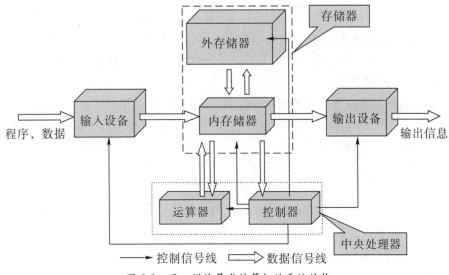

图 2-2　冯·诺依曼式计算机的系统结构

2. 计算机的工作原理

计算机硬件中的每一个部件都有相对独立的功能,它们都是在控制器的控制下协调统一地工作。冯·诺依曼式计算机最主要的工作原理是存储程序与程序控制。为了解决某个问题,需要预先编制好一系列指令组成的程序,将程序输入到计算机并存放到存储器中,称为"存储程序";而控制器根据存储的程序控制计算机完成任务,称为"程序控制"。

3. 计算机的工作过程

计算机的工作过程包括输入、存储、处理、输出 4 个步骤。首先,把表示计算步骤的程序和计算中需要的原始数据,在控制器输入命令的控制下,通过输入设备送入计算机的存储器存储。其次,当计算开始时,在取指令作用下把程序指令逐条送入控制器。控制器对指令进行译码,并根据指令的操作要求向存储器和运算器发出存取数据命令和运算命令,经过运算器计算并把结果存放在存储器内。在控制器的取数和输出命令作用下,通过输出设备输出计算结果。简单地说,计算机的工作过程就是不断地从内存中取指令→控制器分析指令→控制器执行指令的过程。

在图 2-2 中,实线箭头为控制命令,空心箭头为程序和数据。可以看出,计算机在工作时,数据流和控制流在执行指令的过程中流动。数据流是指源程序、原始数据、结果数据等;而控制流则是由控制器对指令分析后发出的控制命令,在控制器的指挥下,计算机的各部件有序、协调地工作。

2.1.3　指令、指令系统和程序

1.指令

指令是能被计算机识别并执行的二进制代码,是指示计算机执行各种操作的命令。一条指令由操作码和操作数(地址码)两部分组成,指令格式如下:

操作码	地址码/操作数

操作码用于指明该指令要完成的操作,即操作的性质,如取数、加法或输出数据等。地址码或操作数则指定了参与操作的操作对象所在存储单元的地址或其本身内容。

指令的执行过程如下:

①取指令:按照程序计数器的地址,从内存储器中取出指令送到指令寄存器中。

②分析指令:对取出的指令进行分析,由指令译码器对操作码进行译码,转换成相应的控制信号,由地址码确定操作数地址。

③执行指令:完成该指令所要求的操作,产生运算结果并存储起来,再执行下一条指令。完成一条指令的时间称为一个指令周期,指令周期越短,指令执行越快,计算机的运算速度也越快。CPU 的主频反映了指令执行周期的长短。

2.指令系统

一台计算机的所有指令的集合,称为该计算机的指令系统。指令系统描述了计算机内全部的控制信息和"逻辑判断"能力。不同类型计算机的指令系统包含的指令种类和数目也是不同的。

指令系统是计算机所能执行的全部指令的集合,一般包含算术运算型、逻辑运算型、数据传送型、判定和控制型、移位操作型、位(位串)操作型、输入和输出型等指令。指令系统是影响计算机性能的重要因素,它的结构与功能直接影响到硬件结构和系统软件。

3.程序

一系列指令按照一定顺序排列起来就是程序,执行程序的过程就是计算机的工作过程。人们利用计算机解决问题时,需要明确地定义解决问题的步骤,这就需要编写一段程序,然后对计算机发布指令。CPU 能执行的每一种基本操作称为一条指令,这样的指令被称为机器指令。用机器指令编写的程序计算机可以直接执行。目前,大部分程序都采用高级语言编写,高级语言程序则需要翻译成 CPU 能够执行的机器指令。

2.2　中央处理器

中央处理器(Central Processing Unit,CPU),是计算机的核心部件。CPU 运用超大规模集成电路技术将运算器和控制器集成在一个系统中,又称为微处理器。不同类型的微处理器如图 2-3 所示。如果把计算机比喻成人体的话,CPU 就相当于计算机的大脑,它控制着整个计算机的工作。

图 2-3　微处理器芯片

2.2.1　CPU 的组成

CPU 主要包括运算器、控制器以及寄存器组三个主要部分。计算机的全部控制和运算都是由 CPU 完成。

1.运算器

运算器是计算机数据处理的核心部件,由算术逻辑部件(Arithmetic Unit,ALU),寄存器(包括状态寄存器和暂存寄存器)以及内部总线组成,主要功能是完成计算机的逻辑运算和算术运算,是计算机对信息进行加工和处理的中心。

ALU 在控制器的指挥下完成计算。不同处理器的 ALU 运算能力是不同的。为了技术上实现的便利,往往把运算器分为两部分:定点运算器和浮点运算器。

2.控制器

控制器(Controller)是整个计算机的控制中心,指挥计算机的各个部件按要求协调统一工作。控制器由指令控制逻辑部件、微操作控制逻辑部件和时序控制逻辑部件 3 个基本部件组成。主要功能是从指定的地址中取出指令,分析指令,然后向各个部件发出一系列的操作控制命令,以完成程序预定的任务。

控制器对指令寄存器中的指令逻辑译码,产生并发出各种控制信号完成一系列的操作。控制器根据指令发出控制信号控制 ALU 进行算术或逻辑运算,发出信号从内存储器(简称内存)中读取操作数,或将 ALU 的运算结果存放到存储器中。

3.寄存器组

寄存器(Register)组是 CPU 内部用来存放数据的一些小型存储区域,用来暂时存放参与运算的数据和运算结果。包括通用寄存器和专用寄存器等。寄存器拥有非常高的读写速度,所以在寄存器之间的数据传送非常快。

寄存器分为通用寄存器和专用寄存器,用于存放不同的数据:通用寄存器用于存放参加运算的操作数或运算的结果;专用寄存器中的数据用于表征计算机当前的工作状态,例如,程序计数寄存器存放当前正在执行的指令的地址,指令寄存器存放从内存中取出的指令。

2.2.2　CPU 的主要性能指标

可以说,CPU 的功能和性能决定了计算机处理数据的速度和能力,是人们判别计算机档次的标志。衡量一个计算机 CPU 性能的好坏有很多指标,而系统时钟频率(主频)、指令周期、字长、运算速度、CPU 缓存是衡量 CPU 的主要性能指标。

1.系统时钟频率(主频)

计算机内部有一个时钟发生器不断地发出电脉冲信号,控制各个器件的工作节拍。系统每秒钟产生的时钟脉冲个数称为时钟频率,单位为赫兹(Hz)。CPU 的主频就是指 CPU 能适应的时钟频率,或者就是该 CPU 的标准工作频率。主频对计算机指令的执行速度有非常重要的影响,系统时钟频率越高,整个机器的工作速度也就越快。

随着计算机的发展,主频由过去 MHz 发展到了现在的 GHz。早期的 Intel 486 计算机的主频大约为 33~50MHz。Pentium(奔腾)处理器是 Intel 公司在 1992 年 10 月发布的第五代微处理器系列,Pentium I 处理器主频为 60MHz 和 66MHz,Pentium II 的主频为 133~450MHz,2000 年发布的 Pentium IV 处理器的主频为 1.3~1.5GHz。当前的 IntelCore(酷睿)i7 系列的 CPU 的主频在 2.8GHz 以上。

2.指令周期

计算机之所以能自动地工作,是因为 CPU 能自动从存放程序的内存中按照顺序一条条取出指令并执行,除非遇到停机指令,否则会周而复始地一直执行下去。指令周期是指计算机执行一条指令所用的时间。一个完整的指令周期包括:取指令、解释指令、执行指令 3 个操作步骤。指令周期越短,指令的执行速度越快。

时钟周期通常称为节拍脉冲,是 CPU 最小的时间单位,时钟周期的倒数即为时钟频率。机器周期又称为 CPU 周期,由于 CPU 访问一次内存所花的时间较长,因此通常用从内存读取一条指令字的最短时间来定义。一个机器周期包含若干个时钟周期。CPU 的每一次活动至少需要一个时钟周期。一个指令周期包含了若干个机器周期,指令不同,所需的机器周期数也不同。

3.运算速度

运算速度是衡量计算机性能的一项主要指标,它取决于指令的执行时间。运算速度的计算方法有多种,通常是指计算机平均运算速度,即单字长定点指令平均执行速度,目前常用指标 MIPS(Million Instructions Per Second 的缩写)来描述,即每秒处理的百万级机器指令数。例如,某一 CPU 的运算速度达到 440MIPS,即表示每秒能执行 4.4 亿条指令。影响运算速度的因素很多,通常和主频、字长、内存容量、存储周期等有关。

4.字长

字长是 CPU 一次能存储、运算的二进制数据的位数。字长决定了 CPU 内寄存器和总线的数据宽度,字长较大的计算机在一个指令周期比字长较短的计算机处理更多的数据。单位时间内处理的数据越多,CPU 的性能就越好。

字长代表机器的精度。在一般情况下,字长越长,容纳的位数越多,内存可配置的容量就越大,计算精度也越高,处理能力就越强。所以,字长也是衡量计算机性能的一项重要技术指标。计算机的字长一般为 8、16、32、64 位。目前主流的计算机都是 64 位的微机,即其字长为 64 位。

5.CPU 缓存

CPU 的运算速度是内存存取速度的成百上千倍,所以在程序执行过程中,CPU 经常要停下来等待内存数据的读取。为了提高计算机的整体性能,CPU 芯片生产商在 CPU 内部增加了一种存储容量较小的快速存储器(SRAM),以缓解内存与 CPU 之间的速度不匹配,这种存储器就是 CPU 缓存,也称为高速缓冲存储器(Cache)。CPU 缓存越大,每次与内存交换的数据量就越大,CPU 性能就越好。在执行程序时,计算机首先将大量数据从内存送到缓存中,CPU 再从缓存中读取数据,由于缓存的读取速度与 CPU 几乎一样快,这样 CPU 在读取数据时就不用长时间等待了。

2.2.3　多核技术

所谓多核技术就是在一个微处理器中集成两个或者多个完整的计算内核,并通过并行处理将各处理器核心连接起来,此时处理器能支持系统总线上的多个处理器,由总线控制器提供所有总线控制信号和命令信号。

多核技术主要解决了单核处理器性能不足和多个处理器功耗大带来过多的热量等问题。多核处理器是单枚芯片,单操作系统会利用所有相关的资源,将其集成的每个执行内核作为独立的逻辑处理器。通过在内核间的逻辑划分,多核微处理器可以在特定的时钟周期内执行更多的任务,从而成倍地提高微处理器的计算效能。

2.3　存储器

存储器是各种信息存储和交换的中心,是计算机系统存储数据的部件。常见的存储器如图 2-4 所示,图中包括计算机中作为内存储器的内存条,常用的外存储器硬盘、移动硬盘和 U 盘。现代计算机存储系统是由速度各异、容量不等的多级存储器组成。存储系统的性能是影响计算机系统性能的主要原因。存储管理与组织的好坏影响到整机效率。

现代的信息处理,如图像处理、数据库、知识库、语音识别、多媒体等对存储系统的要求很高。如何设计容量大、速度快、价格低的存储系统是计算机系统发展的一个重要问题。

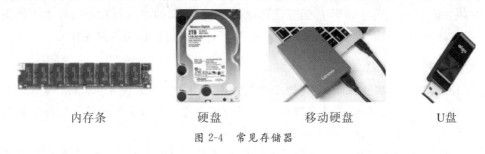

内存条　　　　　　　硬盘　　　　　　移动硬盘　　　　　　U盘

图 2-4　常见存储器

2.3.1　存储器的类型

微机的存储系统主要由高速的主存储器(也称为内存储器,简称主存或内存)和低速的辅助存储器(也称为外存储器,简称辅存或外存)组成。主存储器用于存放正在执行的程序和数据,直接与 CPU 交换信息;辅助存储器的主要作用则是长期存放计算机工作所需要的系统文件、各种程序、文档和数据。当 CPU 需要执行某部分程序和数据时,将其由外存调入内存以供 CPU 访问,所以外存可以扩大存储系统容量。内存速度快、容量小、价格贵;外存速度慢、容量大、价格低廉,因此它们之间具有极好的互补性,大量使用低成本的辅助存储器可以降低计算机的价格。存储器的类型很多,如图 2-5 所示。

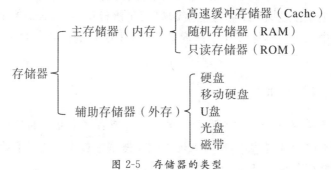

图 2-5　存储器的类型

2.3.2　存储系统的层次结构

容量大、速度快、价格低是存储系统发展的永恒主题。但在一个存储系统中要同时满足这三方面的要求是很困难的。为了解决这一矛盾,在目前的计算机系统中通常采用多级存储体系结构,如图 2-6 所示。图中由上至下,存储器的价格越来越低,速度越来越慢,容量越来越大,CPU 访问的频度也越来越少。

(1)最上层的寄存器通常都制作在 CPU 芯片内。寄存器中的数据直接在 CPU 内部参与运算,CPU 内可以有十几个、几十个寄存器,它们的速度最快、价位最高。

(2)主存储器主要以内存条形式插在主板上,和 CPU 直接进行数据交换。主存用来存放将要参与运行的程序和数据,其速度与 CPU 速度差距较大,为了使它们之间的速度能更好匹配,在主存与 CPU 之间,插入了比主存速度更快、容量更小的高速缓冲存储器 Cache。

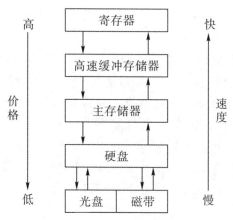

图 2-6　存储器层次结构图

（3）高速缓冲存储器（Cache）是 CPU 和内存之间加速存取的桥梁，显然其价格要高于主存。主存与缓存之间的数据调度是由硬件自动完成的，对程序员是透明的。以上三层（寄存器、Cache 和内存）都是由速度不同、位价不等的半导体存储材料制成的，它们都设在主机内。

（4）第四、五层是辅助存储器。辅助存储器位于主板外部，通过电缆与机器连接，其容量比主存大得多，大都用来存放暂时未用到的程序和数据文件。CPU 不能直接访问辅存，辅存只能与主存交换信息，辅存的速度比主存慢很多。辅存与主存之间信息的调度，均由硬件和操作系统来实现。辅存的价位是最低廉的。

图 2-7 描述了不同存储器与 CPU 的关系。为了进一步增加内存容量，方便读写操作，有时将硬盘的一部分当作内存使用，这就是虚拟内存。虚拟内存是硬盘的一块区域，用于扩展内存。

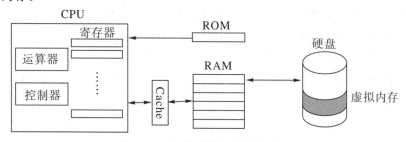

图 2-7　不同存储器与 CPU 的关系

2.3.3　内存

内存按其功能特征可分为：随机存取存储器、只读存储器、高速缓冲存储器。

1. 随机存取存储器

随机存取存储器（Random Access Memory，RAM）允许随机地按任意指定地址向内存单元存入或从该单元取出信息，其对任意地址的存取时间都是相同的。RAM 通常采用半导体材料制作，由于信息是通过电信号写入存储器的，所以断电时 RAM 中的信息就会消失。计算机工作时使用的程序和数据等都存储在 RAM 中，如果对程序或数据进行了修改,应该将它存储到外存储器中,否则关机后信息将丢失。通常所说的内存大小就是指 RAM 的大小,一般以 GB 为单位。

RAM 根据其保持数据的方式可以分为动态 DRAM 和静态 SRAM 两种类型。DRAM 中用的存储单元类似一个电容,要保持数据必须定时给电容充电,这个过程称为"刷新"。SRAM 的存储单元就是一个具有自身维持信号不变的电路。相对于 SRAM,DRAM 的存取速度存储较慢但价格便宜些。

目前在微机上广泛采用动态随机存储器 DRAM 作为主存,DDR3(Double Data Rate,双倍速率同步动态随机存储器)是目前普遍使用的内存形式,它以内存条的形式插在主板的内存插槽上。常用的内存条的引脚有 168 芯、184 芯和 240 芯,一条内存条的容量有 2GB 和 12GB 不等。

2. 只读存储器

只读存储器(Read Only Memory,ROM)可作为主存储器的一部分,是只能读出而不能随意写入信息的存储器。ROM 中的内容是由厂家制造时用特殊方法写入的,或者要利用特殊的写入器才能写入。计算机断电后 ROM 中的信息不会丢失,当计算机重新被加电后,其中的信息保持原来的不变,仍可被读出。ROM 与 RAM 一同管理,可按地址访问。根据对芯片的写入数据的编程方式不同,ROM 有以下几种类型:

(1)可编程的 PROM(Programmable ROM)存储器。是一种一次性写入存储器芯片,用户或制造商通过专门编程设备把程序固化到芯片里面,ROM 内容不可再更改。

(2)可擦除、可编程 EPROM(Erasable PROM)存储器。可编程固化程序,且在程序固化后可通过紫外线光照擦除,以便重新固化新数据。

(3)电可擦除可编程 EEPROM(Electrically Erasable PROM)存储器,简称 E^2PROM。可编程固化程序,且在程序固化后可通过电信号擦除。

(4)闪存(Flash Memory)。是 EEPROM 的一个特殊类型,也是一种电可擦除可编程只读存储器。它使用擦除数据块而不是对单个单元进行擦除,擦除速度快。闪存是一种非易失性存储器,不仅具有 RAM 存储器可擦、可写、可编程的优点,而且所写入的数据在断电后不会消失。闪存可用于微机的 BIOS 芯片,具有易于更新的特点。目前,闪存被更广泛应用于移动存储器以及数码摄像机、数码照相机、MP3 播放器等产品中。

3. 高速缓冲存储器(Cache)

Cache 是介于 CPU 和内存之间的一种高速存取信息的芯片,是 CPU 和 RAM 之间的桥梁,计算机把正在执行的指令地址附近的一部分指令和数据,从主存 RAM 调入高速缓冲存储 Cache,供 CPU 在一段时间内使用,用于解决 CPU 存取速度快而 RAM 存取速度慢的速度不匹配问题。

2.3.4 BIOS 和 CMOS

ROM 在计算机中一个重要的应用是用来存放系统最基本的输入/输出程序 BIOS。而计算机的系统配置、磁盘参数和系统时间等重要信息则放在一块称为 CMOS 的 RAM

芯片中。

1. BIOS

基本输入/输出系统(Basic Input Output System,BIOS)是一组程序,直接使用计算机硬件,并为操作系统提供使用硬件的接口。BIOS 程序被固化在计算机主板上的一个ROM 芯片中,保存着计算机最基本的 I/O 程序代码、系统设置程序、开机通电后的系统自检程序和系统启动引导程序等。BIOS 是计算机启动时加载的第一个软件,其主要功能是为计算机提供最底层的、最直接的硬件设置和控制。

BIOS 被固化在 ROM 中,即使断电信息也不会丢失。这个 ROM 作为计算机内存的一部分,系统断电或重新启动时,强制 CPU 从这个 ROM 开始执行,这个过程被称为系统复位。计算机打开时,首先在屏幕上看到的信息就是 BIOS 运行的信息。

引导(Bootstrapping)过程就是从计算机通电那一瞬间到 CPU 开始执行操作系统代码时的整个过程,这个过程也被称为系统的"自举"过程。具体来说,就是计算机启动时,通过 BIOS 执行参数设置、自检系统状态之后,发出装载命令,把 CPU 的控制权交给磁盘上的系统引导记录,CPU 根据引导记录把存放在磁盘上的操作系统程序装载进驻内存RAM,如图 2-8 所示。

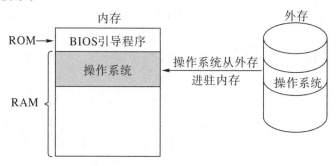

图 2-8　计算机启动时的引导过程

在操作系统运行期间,BIOS 负责在操作系统和硬件之间传送命令和信息。应用程序通过操作系统使用计算机,操作系统使用 BIOS 控制计算机的硬件。也就是说,操作系统要使用硬件时,是通过调用 BIOS 中的程序完成的。这种层次的设计使得操作系统和应用程序可以运行在不同的硬件系统中,同时由于操作系统并不直接和硬件发生关联,使得操作系统能够实现与硬件细节的隔离,使得操作系统更加透明和流畅。

2. CMOS

CMOS 是英文 Complementary Metal Oxide Semiconductor 的缩写,即互补金属氧化物半导体。CMOS 是微机主板上的一块可读写的 RAM 芯片,用来保存计算机基本启动信息,如系统日期和时间、启动设置、BIOS 设置完计算机硬件参数后的数据等。由于时间日期等数据是变化的,不能因为计算机断电就丢失,而 RAM 存储器具有断电后数据消失的特点,为了能够在计算机系统断电后也能保存 CMOS 中的数据,使用主板上的纽扣型锂电池为 CMOS 芯片长期供电。

计算机每次启动时,BIOS 从 CMOS 中读取系统配置信息进行系统的初始化工作。

大多数计算机开机后,可根据屏幕提示进入 CMOS 参数设置屏幕(一般使用 DEL 键,不同的系统可能使用不同的进入按键),用户可以设置各种参数,退出时提示是否保存。如果新设置了参数则系统将重新引导。CMOS 中的数据也可以被程序修改,最典型的就是修改系统时间和日期数据。

2.3.5 外存

与内存相比,外存具有容量大、速度慢的特点,是"非易失性"的存储器。计算机工作时,当需要运行外存中的程序或数据时,需将所需内容成批地从外存调入内存供 CPU 访问,CPU 不能直接访问外存,CPU 运行的最终结果存入外部存储器。微机常见的外存有硬盘存储器、固态硬盘、光盘存储器、移动存储器。

1.硬磁盘存储器

硬磁盘存储器由硬磁盘和硬盘驱动器构成。硬磁盘是由质地较硬的拨片为基材,表面涂上磁膜构成。硬磁盘和硬盘驱动器作为一个整体密封在一个金属腔体中,简称硬盘。硬盘在使用过程中要注意防震。硬盘的主要技术参数为:硬盘接口、存储容量、硬盘转速及存取时间和数据传输速率等。

(1)硬盘接口。硬盘接口是硬盘与主机系统间的连接部件,在硬盘缓存和主机内存之间传输数据。不同的硬盘接口决定了硬盘与计算机之间不同的连接速度,在整个系统中,硬盘接口的优劣直接影响着程序运行快慢和系统性能好坏。硬盘与主板相连的接口有几种:IDE(Integrated Driver Electronics,集成驱动电路接口)、SATA(Serial ATA,串行ATA 接口)、SCSI(Small Computer System Interface,小型机系统接口)和 SAS(Serial Attached SCSI,串行 SCSI)接口。IDE 使用扁平电缆和主机的 IDE 数据接口插座连接,电缆是连接硬盘和主机的"总线",包括了一组数据线、地址线和控制线。不过现在 SATA已经取代了 IDE 硬盘的地位,成为 PC 市场的主流。大多数台式机采用的是 SATA 的接口标准。目前有 Serial ATA2,Serial ATA30 等,属于串口,是最新的磁盘接口标准。SATA 速度快(150～600MB/s),而且线是细长型的,有利于散热,插口一目了然,支持热拔。

SCSI 硬盘接口标准更高、读写速度更快、数据缓存更大、电动机转速更高、寻道时间更短。为了使硬盘能够适应大数据量、超长工作时间的工作环境,服务器一般采用高速稳定、安全的 SCSI 硬盘,它能提供 320MB/s 的接口传输速度.

SAS(Serial Attached SCSI)即串行连接 SCSI,是新一代的 SCSI 技术,和现在流行的SATA 硬盘相同,都是采用串行技术以获得更高的传输速度,并通过缩短连接线改善内部空间等。SAS 是并行 SCSI 接口之后开发出的全新接口,此接口的设计是为了改善存储系统的效能、可用性和扩充性,并且提供与 SATA 硬盘的兼容性。SAS 硬盘专为高性能、高可靠性应用而设计,工作于更高的转速,配备旋转震动补偿以保证数据准确度,具有高可靠性,SAS 硬盘将被使用于数据量大、数据可用性极为关键的应用中。

(2)存储容量。一个硬盘一般由多个盘片组成,盘片的每一面都有一个读、写磁头。硬盘使用前需要被格式化,划分成若干磁道(称为柱面),每个磁道再划分为若干扇区,所以硬盘容量＝512×磁头数×柱面数×每磁道扇区数。常见的有 320GB 到 6TB 等多种。

（3）硬盘转速。硬盘转速是指内部电动机旋转的速度，其单位是 RPM。市面上主流的 SATA 硬盘转速为 7200RPM，一般转速越高，硬盘的读写速度越高，但其发热量也会越高。

（4）缓存。内存的速度要比硬盘快几百倍，为了缓解内存和硬盘之间访问速度的差异在硬盘上也采用高速缓存技术。目前市面上硬盘缓存容量通常为 16～128MB。

（5）平均寻道时间。平均寻道时间是指硬盘磁头移动到数据所在磁道时所用的时间，单位为 ms（毫秒），当前普遍为 8～10ms。

（6）硬盘的格式化。格式化（Format）是在物理驱动器（硬盘）的所有数据区上清零的操作过程。格式化是一种纯物理操作，同时对硬盘介质做一致性检测，并且标记出不可读和坏的扇区。由于大部分硬盘在出厂时已经格式化过，所以只有在硬盘介质产生错误时才需要进行格式化。

硬盘的格式化分 3 个步骤进行：硬盘的低级格式化、分区和高级格式化。

①硬盘的低级格式化：即硬盘的初始化，主要是对新硬盘划分磁道和扇区，并在每个扇区的地址域上记录地址信息。初始化工作一般由厂家在出厂前完成。

②硬盘的分区：初始化的硬盘仍然不能直接使用，应该把硬盘划分成若干个相对独立的逻辑存储区，每一个逻辑存储区称为一个硬盘分区，只有分区后的硬盘才能被系统识别使用。

③硬盘的高级格式化：建立操作系统，使硬盘兼有系统启动盘的作用，针对指定的硬盘分区进行初始化，清除硬盘上的数据，生成引导区信息，建立文件分配表（FAT）。

硬盘的主要厂商有：IBM、希捷、WD 等。

2. 固态硬盘

固态硬盘（Solid State Drive）是指用固态电子存储芯片阵列而制成的硬盘，由控制单元和存储单元（FLASH 芯片、DRAM 芯片）组成。固态硬盘在接口的规范和定义、功能及使用方法上与普通硬盘的完全相同，在产品外形和尺寸上也完全与普通硬盘一致。固态硬盘与普通硬盘比较，有以下优点：

（1）启动快，没有电动机加速旋转的过程，不用磁头，快速随机读取，读延迟极小，两台具有同样配置的计算机，装有固态硬盘的计算机从开机到出现桌面的时间几乎是另一台的一半。

（2）由于寻址时间与数据存储位置无关，磁盘碎片不会影响读取时间。

（3）无噪声，不用担心碰撞，冲击、振动。

（4）工作温度范围更大。

目前，市场上很多的计算机都配有 SSD 固态硬盘，大大提高开机速度。

3. 光盘存储器

光盘存储器是利用光学方式进行读写信息的存储设备，主要由光盘、光盘驱动器和光盘控制器组成，利用硬盘数据线可将光盘驱动器与主板的 SATA 接口相连。

（1）光盘。光盘是信息存储介质，按性能可分3个基本类型：只读型、可写一次型和可重写型。

（2）光盘驱动器。目前光盘驱动器主要有 CD－ROM、DVD－ROM 和 CDRW。目前由于 U 盘和移动硬盘的容量大和使用方便，很多微机不再预装光驱。其性能指标主要是指传输速度。

（3）COMBO 光驱：是一种集 CD 刻录、CD－ROM 和 DVD－ROM 为一体的多功能光存储设备。

（4）刻录光驱：包括 CDR、CDRW 和 DVD 刻录机等。

4. 移动存储器

随着信息社会的到来，大量的信息交换已成为日常工作的一部分。近几年来，更小巧轻便、便宜的移动存储产品已被普遍使用。移动存储设备主要有移动硬盘和 U 盘。

（1）移动硬盘。移动硬盘顾名思义是以硬盘为存储介质的，强调便携性的存储产品。目前市场上绝大多数的移动硬盘都是以标准硬盘为基础的，因为采用硬盘为存储介质，所以移动硬盘在数据的读写模式上与普通硬盘是相同的。移动硬盘采用 USB 3.0、IEEE 1394、ESATA（External Serial ATA，外部串行 SATA）和无线接口等，可以以较快的速度与系统进行数据传输。它具有如下特点。

①容量大：移动硬盘可以提供相当大的存储容量，是一种性价比较高的移动存储产品。目前有 120GB 到 8TB 不等的容量，最近市场上还推出了 10TB 的移动硬盘。

②使用方便可靠：现在的 PC 基本都配备了 USB（Universal Serial Bus，通用串行总线）功能，主板通常可以提供 2~8 个 USB 接口，USB 接口已成为个人计算机中的必备接口。USB 设备在大多数版本的 Windows 操作系统中，不需要安装驱动程序，具有真正的"即插即用"特性，使用起来灵活方便。目前的移动硬盘采用了一种比铝、磁更为坚固耐用的盘片材质硅氧盘片，因而比普通的硬盘更可靠。

（2）U 盘。Flash 存储设备（闪存，参见 2.33 小节）在微机上使用时采用 USB 接口，通常被称为 U 盘（优盘）。作为移动存储设备的 USB 闪存盘只有一只拇指大小，容量大（从 2GB 到 512GB，甚至可以达到 1TB），携带方便，不怕震动，温度范围宽，运转安静、没有噪声，兼容性好，速度快，支持即插即用和热插拔，适合于需要存放大数据量的应用。

2.3.6 数据的存储

1. 数据的存储单位

无论内存还是外存，其本质都是用来存储数据，计算机都采用统一的存储模式。计算机存储模式规定，数据的存储、计算和处理都采用二进制方式，即所有的数据都是由 0 或 1 组成的二进制数表示的。数据的存储单位有位、字节和字等，存储单元是以字节为基本单位的。

（1）位（bit）：最小的信息单位，是用 0 或 1 来表示的一个二进制数位。

（2）字节（Byte）：存储器一般以存储单元为存储的基本存储单位，1 个存储单元包含 8

位二进制数,我们把它称作 1 个字节,记作 1Byte,即 1B＝8bits。一个字节可存放一个半角英文字符的编码(ASCII 码),两个字节可存放一个汉字编码。特别要注意半角的英文字母、数字或其他符号,与在全角状态下输入的英文字母、数字或其他符号的区别。前者是以 1 个字节存放,后者是以 2 个字节存放的,按汉字的方式处理。

存储容量用 KB、MB、GB、TB 等单位来表示。它们的关系如下:

$$1KB＝2^{10}B＝1024B,1MB＝2^{20}B＝1024KB,$$

$$1GB＝2^{30}B＝1024MB,1TB＝2^{40}B＝1024GB$$

注意:在普通物理和数学上,1K＝1000,而计算机中,1K＝1024＝2^{10}。

字节是数据存储中最常用的基本单位。存储器的容量就是存储器可以容纳的存储单元总数,即字节数。存储容量越大,能存储的信息就越多。

(3)字(Word):字是数据交换、加工、存储的基本单元。一个字由一个字节或若干字节构成(通常是字节的整数倍),它可以代表数据代码、字符代码、操作码和地址码或它们的组合。计算机的每个字所包含的位数称为字长,字长是衡量计算机精度的一项重要技术指标。一般我们说的 32 位机、64 位机指的就是计算机的字长。

2.存储地址

大量的存储单元的集合组成一个存储体(Memory Bank)。为了区分存储体内的存储单元,必须将它们逐一进行编号,对应的编码称为存储单元的地址。地址与存储单元之间一一对应,是存储单元的唯一标志。注意存储单元的地址和它里面存放的内容完全是两回事。存储单元的地址是由 CPU 的地址总线译码之后得到的。

我们按照地址总线的数量进行编码,得到该 CPU 能访问的存储单元的总数。例如,某 CPU 有 16 根地址总线,那么它能译码出来最大的存储单元地址数量就是 2^{16} 个,也就是说该 CPU 能访问的 2^{16} 个存储单元。那么如果地址从 0 开始,其存储单元的地址范围就是 $0\sim2^{16}-1$。存储地址的示意图如图 2-9 所示,图中我们用十六进制表示存储单元的地址,地址范围为 0000H～FFFFH。

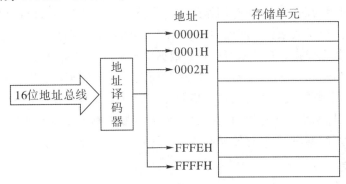

图 2-9　存储地址

知道了存储器的地址的含义,如果要计算某个存储器的容量,可以用下面的公式:

存储器容量＝存储器的终止地址－存储器的首地址＋1

例题　已知某段存储器的首地址为 0000H,终止地址为 1FFFH,那么该存储器的容量是多少 KB?

答:存储器的容量＝(1FFFH－0000H＋1)B＝2000HB

继续转换为十进制数:

$2000HB＝2×16^3B＝2×(2^4)^3B＝2×2^{12}B＝2×4×2^{10}B＝8KB$

即该存储器的容量为 8KB,也就是 8192 个字节。

2.3.7　存储器主要技术指标

衡量一台计算机性能的优劣,除了前面提到的 CPU 的主要性能指标外,存储器尤其是内存的主要性能指标也与计算机的性能密切相关。衡量存储器性能的主要技术指标有容量、速度和带宽等。

1.存储容量

存储器一般以存储单元为基本存储单位,1 个存储单元是 8 位二进制数,即 1 个字节。存储器容量就是存储器可以容纳的存储单元总数。存储容量越大,能存储的信息就越多。

内存容量是指计算机内存中存储信息的总量,其大小反映了内存存储数据的能力,是衡量计算机性能的一个重要指标。内存容量越大,其处理数据的范围就越广,计算机的性能就越强。目前 Intel 系列的个人计算机内存配置至少在 4GB 以上。

2.存储速度

目前,计算机的主存储器由半导体存储器组成,而主存储器往往由若干具有一定容量的存储器芯片构成。计算机系统运行时,时刻与主存储器进行信息的交换(包括运行的程序和需加工处理的数据)。因此,主存储器的速度是决定计算机系统工作效率的一大瓶颈。由此可知,工作速度是存储器(或存储器芯片)的一项重要指标。存储器芯片的速度通常用存取周期或存取时间或访问时间表示。

存取时间亦称为访问时间(Memory Access Time),是指从启动一次存储器存取操作到完成该操作所经历的时间。对存储器的某一个单元进行一次读操作,如 CPU 取指令或取数据,访问时间就是从把要访问的存储单元的地址加载到存储器芯片的地址引脚上开始,直到读取的数据或指令在存储器芯片的数据引脚上并可以使用为止。

存取周期(Memory Cycle Time)又称存储周期或读写周期,是指对存储器进行连续两次存取操作所需要的最小时间间隔。半导体存储器的存取周期一般为 60ns 至 100ns。一般情况下存取周期略大于存取时间。存取周期直接影响电子计算机的技术性能,存储周期越短,运算速度越快,但对存储元件及工艺的要求也越高。

3.存储带宽

存储带宽表示单位时间里存储器所存取的信息量,它描述了单位时间内传输数据容量的大小,表示吞吐数据的能力。通常以位秒或字节秒作为度量单位。带宽是衡量数据传输速率的重要技术指标。设 B 表示带宽,F 表示存储器时钟频率,D 表示存储器数据总线位数,对于存储器的带宽可用下式计算:

$$B = F \times D/8 (MB/S)$$

例如,PC100 的 SDRAM,其时钟频率是 100MHz,每个存取周期可访问 64 位,则其存储带宽为:100MHz×64bit/8＝800MB/S。

4. 存储器的可靠性

存储器的可靠性用平均故障间隔来衡量,可以理解为两次故障之间的平均时间间隔。除了上述几个指标外,影响存储器性能的指标还有价格、功耗等因素。

2.4　输入设备和输出设备

计算机硬件系统中,输入输出设备相当于计算机的四肢和口眼耳等器官。计算机通过主板上的接口芯片与输入输出设备相连接,接收信息,完成人机交互。

2.4.1　输入设备

计算机可以接收数值型的数据,也可以接收各种非数值型的数据,如图形、图像、声音等都可以通过不同类型的输入设备输入到计算机中,进行存储、处理和输出。常用的输入设备有:鼠标、键盘、扫描仪、光笔、手写板、摄像头、游戏杆等。

键盘(Keyboard)是由一组开关矩阵组成,包括数字键、字母键、符号键、功能键及控制键等,如图 2-10 所示。每一个按键在计算机中都有它的唯一代码。当按下某个键时,键盘接口将该键的二进制代码送入计算机主机中,并将按键字符显示在显示器上。当快速大量输入字符,主机来不及处理时,先将这些字符的代码送往内存的键盘缓冲区,然后再从该缓冲区中取出进行分析处理。键盘接口电路多采用单片微处理器,由它控制整个键盘的工作,如上电时对键盘的自检、键盘扫描、按键代码的产生、发送及与主机的通信等。

鼠标(Mouse)是一种手持式屏幕坐标定位设备,如图 2-11 所示。鼠标是适应菜单操作的软件和图形处理环境而出现的一种输入设备,特别是在现今流行的 Windows 图形操作系统环境下应用鼠标器方便快捷。常用的鼠标器有两种,一种是机械式鼠标,另一种是光电式鼠标。

扫描输入设备(图像扫描仪,传真机,条形码阅读器,字符和标记识别设备等),图 2-12 是手持扫描仪。光学标记阅读机是一种用光电原理读取纸上标记的输入设备,常用的有条码读入器和计算机自动评卷记分的输入设备等。图形(图像)扫描仪是利用光电扫描将图形(图像)转换成像素数据输入到计算机中的输入设备。目前一些部门已开始把图像输入用于图像资料库的建设中。如人事档案中的照片输入,公安系统案件资料管理,数字化图书馆的建设,工程设计和管理部门的工程图管理系统,都使用了各种类型的图形(图像)扫描仪。

图 2-10　键盘

图 2-11　鼠标

图 2-12　手持扫描仪

2.4.2　输出设备

输出设备用于接收计算机数据的输出显示、打印、声音、控制外围设备操作等。也是把各种计算结果数据或信息以数字、字符、图像、声音等形式表现出来。常用的输出设备有:显示器、打印机、绘图仪、磁记录器件、影像系统、语音输出系统等。

图 2-13　液晶显示器

显示器(Display)又称监视器,是计算机主要的输出设备。它既可以显示键盘输入的命令或数据,也可以显示计算机数据处理的结果。常用的显示器主要有两种类型,CRT显示器(Cathode Ray Tube,阴极射线管)和液晶显示器(Liquid Crystal Display,LCD),如图 2-13 所示。分辨率是显示器的主要性能指标。显示分辨率就是屏幕上显示的像素个数,一般是屏幕上纵横像素点的乘积。例如,分辨率 160×128 的意思是水平方向含有像素数为 160 个,垂直方向像素数 128 个。屏幕尺寸一样的情况下,分辨率越高,显示效果就越精细和细腻。主流的电脑显示器的分辨率如,1K 分辨率 1024×540、2K 分辨率 2048×1080、4K 分辨率 4090×2160、8K 分辨率 8192×4320。显示器还有个指标是宽高比,即一个图像的宽度除以它的高度所得的比例。标准的屏幕比例一般有 4∶3 和 16∶9 两种,我们常说的宽屏显示器,是指显示器屏幕的宽度明显超过高度。

显示器适配器也就是显卡,也叫显示器控制器,是显示器与主机的接口部件,以硬件插卡的形式插在主机板上,也有的计算机主板上集成了显卡。常用的适配器有:

(1)CGA(Colour Graphic Adapter)彩色图形适配器,俗称 CGA 卡,适用于低分辨率的彩色和单色显示器。

(2)EGA(Enhanced Graphic Adapter)增强型图形适配器,俗称 EGA 卡,适用于中分辨率的彩色图形显示器。

（3）VGA（Video Graphic Array）视频图形阵列，俗称 VGA 卡，适用于高分辨率的彩色图形显示器。

（4）中文显示器适配器。中国在开发汉字系统过程中，研制了一些支持汉字的显示器适配器，比如 GW-104 卡、CEGA 卡、CVGA 卡等，解决了汉字的快速显示问题。

打印机（Printer）是将计算机的处理结果打印在纸张上的输出设备。人们常把显示器的输出称为软拷贝，把打印机的输出称为硬拷贝。打印机按传输方式，可以分为一次打印一个字符的字符打印机、一次打印一行的行式打印机和一次打印一页的页式打印机。按工作原理，可以分为击打式打印机和非击打式印字机。其中击打式又分为字模式打印机和点阵式打印机；非击打式又分为喷墨印字机、激光印字机、热敏印字机和静电印字机。

目前，喷墨印字机和激光印字机得到广泛应用。喷墨式打印机是通过磁场控制一束很细墨汁的偏转，同时控制墨汁即可得到相应的字符或图形。激光式则是利用电子照相原理，由受到控制的激光束射向感光鼓表面，在不同位置吸附上厚度不同的碳粉，通过温度与压力的作用把相应的字符或图形印在纸上。激光印字机（如图 2-14 所示）分辨率高，印出字形清晰美观，但价格较高。

图 2-14　激光打印机

2.5　主板和总线

2.5.1　主板

主板又叫主机板（Main Board）、系统板（System Board）或母板（Mother Board），是实现计算机硬件系统五个部分关联的部件，是计算机硬件系统的筋络和骨骼，如图 2-15 所示。主板的主要功能是传输各种电子信号，部件芯片也负责初步处理一些外围数据。计算机的微处理器、存储器、输入输出设备等都是通过主板连接起来传输数据的。因此计算机性能能否充分发挥、硬件功能是否足够，以及硬件兼容性如何等问题，都取决于主板的性能好坏。在整个计算机系统中主板扮演着举足轻重的角色。主板制造质量的高低，决定了硬件系统的稳定性。

（1）主板的结构

一块主板主要由线路板和它上面的各种元器件组成。线路板是 PCB 印制电路板，是所有电脑板卡所不可或缺的。它实际是由几层树脂材料黏合在一起的，内部采用铜箔走线。一般的 PCB 线路板分有四层或者更多层，最上和最下的两层是信号层，中间两层是接地层和电源层。线路板主要完成各种元器件之间联通的线路连接，包括数据总线、地址总线和控制总线。主板上的其他各种元器件就是根据需要装配在线路板上。

图 2-15　计算机主板结构

芯片组（Chipset）是主板的核心组成部分，按照在主板上的排列位置的不同，通常分为北桥芯片和南桥芯片，如 Intel 的 i845GE 芯片组由 82845GE GMCH 北桥芯片和 ICH4（FW82801DB）南桥芯片组成。一般北桥芯片是主桥，可以和不同的南桥芯片进行搭配使用以实现不同的功能与性能。北桥芯片一般提供对 CPU 的类型和主频、内存的类型和最大容量、ISA/PCI/AGP 插槽、ECC 纠错等支持，通常在主板上靠近 CPU 插槽的位置，由于此类芯片的发热量一般较高，所以在此芯片上装有散热片。南桥芯片主要用来与 I/O设备及 ISA 设备相连，并负责管理中断及 DMA 通道，让设备工作得更顺畅，其提供对KBC（键盘控制器）、RTC（实时时钟控制器）、USB（通用串行总线）、UltraDMA/33（66）EIDE 数据传输方式和 ACPI（高级能源管理）等的支持，在靠近 PCI 槽的位置。

另外，主板上集成了各种插槽部件。包括：CPU 插槽，是 CPU 安装的插口；内存插槽，用于安装内存，常见的内存插槽为 SDRAM 内存、DDR 内存插槽；PCI（Peripheral Component Interconnect）插槽，为显卡、声卡、网卡、电视卡、MODEM 等设备提供了连接接口；AGP 扩展槽，加速图形端口（Accelerated Graphics Port），是专供 3D 加速卡（3D 显卡）使用的接口；还有电源插口以及键盘、鼠标等器件的外部接口等。主板上还有一些芯片，如 BIOS（参见 2.3.4 小节）芯片，I/O 控制芯片，提供对磁盘阵列支持的 IDE 阵列芯片，频率发生器芯片，主板上还可能集成有其他一些主要芯片，如声卡、网卡、显卡。

（2）主板的主要性能指标

主板的主要性能指标主要概括为：①支持 CPU 的类型与频率范围；②对内存的支持；③对显示卡的支持；④对硬盘与光驱的支持；⑤扩展性能与外围接口。

主板的稳定性是至关重要的,选择主板的时候首先是北桥芯片,其次是南桥芯片(但有些主板省略了南桥芯片),然后是主板的散热情况,因为散热好的主板对 CPU 和显卡的寿命都有很大的影响。另外,主板的集成情况,通常主板要集成声卡、网卡等,有的还集成显卡。再次看接口,看看接口是否齐全,一般一个主板至少要有两个内存插槽,一个 PCI,一个 PCI－E,6 个 USB,一个 IDE 和一个软驱接口,还有至少两个 SATA 接口,最后是看供电,主板及系统是否能稳定运行,供电很重要,一般主板至少要在 4 相供电。我们在选主板的时候还要选择能支持你的其他硬件的主板,留有一定的升级空间。

2.5.2　总线

总线是将信息以一个或多个源部件传送到一个或多个目的部件的一组传输线,相当于计算机的血管,中间流动的就是我们传输的数据,如图 2-16 所示。通俗地说,就是多个部件间的公共连线,用于在各个部件之间传输信息。一般情况下,可把总线分为内部总线(简称内总线)和外部总线(简称外总线或系统总线)。内总线用于连接 CPU 内部的各个部件(如运算逻辑单元 ALU、通用寄存器、专用寄存器等),系统总线用于连接 CPU 和各功能部件(如内存、各种外围设备的接口等),系统总线是微机系统中最重要的总线,人们平常所说的微机总线就是指系统总线,如 PC 总线、AT 总线(ISA 总线)、PCI 总线等。

系统总线上传送的信息包括数据信息、地址信息、控制信息,因此,系统总线包含有三种不同功能的总线,即数据总线 DB(Data Bus)、地址总线 AB(Address Bus)和控制总线 CB(Control Bus)。

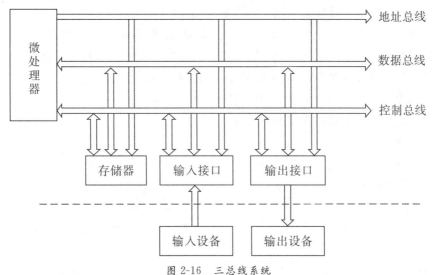

图 2-16　三总线系统

数据总线(DB)用于传送数据信息。数据总线是双向三态形式的总线,即它既可以把CPU 的数据传送到存储器或 I/O 接口等其他部件,也可以将其他部件的数据传送到CPU。数据总线的位数是微型计算机的一个重要指标,通常与微处理的字长相一致。例如 Intel 8086 微处理器字长 16 位,其数据总线宽度也是 16 位。需要指出的是,数据的含义是广义的,它可以是真正的数据,也可以是指令代码或状态信息,有时甚至是一个控制信息,因此,在实际工作中,数据总线上传送的并不一定仅仅是真正意义上的数据。

地址总线(AB)是专门用来传送地址的,由于地址只能从 CPU 传向外部存储器或I/O端口,所以地址总线总是单向三态的,这与数据总线不同。地址总线的位数决定了 CPU 可直接寻址的内存空间大小,比如 8 位微机的地址总线为 16 位,则其最大可寻址空间为 $2^{16}=64$KB,16 位微型机的地址总线为 20 位,其可寻址空间为 $2^{20}=1$MB。一般来说,若地址总线为 n 位,则可寻址的空间为 2^n 字节。

控制总线(CB)用来传送控制信号和时序信号。控制信号中,有的是微处理器送往存储器和 I/O 接口电路的,如读/写信号、中断响应信号等,有的是其他部件反馈给 CPU 的,如中断申请信号、复位信号、总线请求信号、准备就绪信号等。因此,控制总线的传送方向由具体控制信号而定。实际上,控制总线的具体情况主要取决于 CPU。

常用的几种微机系统总线技术有,ISA 总线、EISA 总线、VESA 总线、PCI 总线、Compact PCI。

2.6 习 题

一、选择题

1.计算机的工作原理是(　　)。

A.高精度　　　　　　　　　　　　B.高速度

C.记忆力强　　　　　　　　　　　D.存储程序和程序控制

2.(　　)是决定微处理器性能优劣的重要指标。

A.主频　　　　　　　　　　　　　B.微处理器的型号

C.内存容量　　　　　　　　　　　D.硬盘容量

3.硬盘是一种外存储器,与内存储器相比,它的显著特点是(　　)。

A.保存处理器将要处理的数据或处理的结果

B.保存用户需要保存的程序和数据

C.提供快速的数据访问方法

D.长久存放大量的暂不使用的程序和数据

4.已知一台微机的内存容量是 256MB,这里的 1MB 为(　　)。

A.1024KB　　　　B.1000KB　　　　C.1024bit　　　　D.1000bit

5.微机在工作中,由于断电或突然"死机",重新启动后则计算机(　　)中的信息将不消失。

A.ROM 和 RAM　　B.ROM　　　　C.硬盘　　　　D.RAM

6.运算器是计算机数据处理的核心部件,是由以下哪几部分组成的?(　　)。

A.算术逻辑部件 ALU、寄存器及内部总线

B.寄存器、时序控制逻辑部件和指令控制逻辑部件

C.算术逻辑部件 ALU、寄存器组和控制器

D.寄存器、内部总线和控制器

7. 同时按下 Ctrl＋Shift＋ESC 组合键的作用是(　　)。

A. 停止微机工作　　　　　　　　　　B. 启动任务管理器

C. 立即热启动微机　　　　　　　　　D. 冷启动微机

8. 一个完整的计算机系统是由(　　)组成的

A. 主机及外部设备　　　　　　　　　B. 主机、键盘、显示器和打印机

C. 系统软件和应用软件　　　　　　　D. 硬件系统和软件系统

9. 高速缓存器(Cache)是为了解决(　　)。

A. 内存与外存之间的速度不匹配问题

B. CPU 与外存之间的速度不匹配问题

C. CPU 与内存之间的速度不匹配问题

D. 主机与外设之间的速度不匹配问题

10. 在下列叙述中,正确的叙述是(　　)。

A. 硬盘中的信息可以被 CPU 直接处理

B. U 盘中的信息可以被 CPU 直接处理

C. 只有内存中的信息可以被 CPU 直接处理

D. 以上说法都正确

11. 普通机械硬盘工作时应该特别注意避免(　　)。

A. 噪声　　　　　B. 潮湿　　　　　C. 震动　　　　　D. 日光

12. MIPS 常用来描述计算机的运算速度,其含义是(　　)。

A. 每秒钟处理百万个字符　　　　　　B. 每分钟处理百万个字符

C. 每秒钟处理百万条指令　　　　　　D. 每分钟处理百万条指令

13. 协调计算机工作的设备是(　　)。

A. 输入设备　　　　B. 输出设备　　　　C. 存储器　　　　D. 控制器

14. 用户可以更改下面哪种设备里面的数据(　　)。

A. BIOS　　　　　B. CD－ROM　　　　C. ROM　　　　　D. CMOS

15. 在微型计算机中,常见到的 EGA、VGA 等是指(　　)。

A. 微型型号　　　　　　　　　　　　B. 显示适配卡类型

C. CPU 类型　　　　　　　　　　　　D. 键盘类型

16. 微型计算机使用半导体存储器作为内存是指 RAM,之所以称为内存,是因为
(　　)。

A. 它和 CPU 都是安装在主板上的

B. 计算机程序在当中运行,速度快,能够提高机器性能

C. 它和 CPU 直接交换数据

D. 以上都是

17. USB 是一种新的接口技术,它是(　　)。

A. 并行接口总线　　　　　　　　　　B. 串行接口总线

C. 视频接口总线　　　　　　　　　　D. 控制接口总线

18.计算机内部之间的各种算术运算和逻辑运算的功能,主要是通过(　　)来实现的。

　　A. CPU　　　　　　　B. 主板　　　　　　　C. 内存　　　　　　　D. 显卡

19.下面关于内存和外存的叙述中,错误的是(　　)。

　　A. 内存和外存是统一编址的,字节是存储器的基本编址单位

　　B. CPU 当前正在执行的指令与数据必须存放在内存中,否则就不能进行处理

　　C. 内存速度快而容量相对较小,外存则速度较慢而容量相对很大

　　D. Cache 也是内存的一部分

20.在下列有关存储器的几种说法中,(　　)是错误的。

　　A. 辅助存储器的容量一般比主存储器的容量大

　　B. 辅助存储器的存取速度一般比主存储器的存取速度慢

　　C. 辅助存储器与主存储器一样可与 CPU 直接交换数据

　　D. 辅助存储器与主存储器一样可用来存放程序和数据

21.下列关于 RAM 和 ROM 的描述,哪一项是错误的(　　)。

　　A. 计算机内存条上的存储器芯片不属于 RAM

　　B. RAM 是指随机存储器,ROM 是指只读存储器

　　C. 计算机断电后,RAM 中的数据会丢失,而 ROM 不会

　　D. BIOS 固化在 ROM 芯片上,而 CMOS 是一块 RAM 芯片

22.请选择属于输入设备的一组(　　)。

　　A. 光盘、键盘、显示器　　　　　　　B. 绘图仪、键盘、鼠标

　　C. 鼠标、键盘、扫描仪　　　　　　　D. 打印机、绘图仪、条码阅读器

23.计算机在运行某个程序时,相应的程序和数据都存储在(　　)中。

　　A. RAM　　　　　　　　　　　B. ROM

　　C. EPROM　　　　　　　　　　D. EEPROM

24.固态硬盘的优点有(　　)。

　　A. 读取信息速度快　　　　　　　　B. 无噪声和振动

　　C. 工作温度范围大　　　　　　　　D. 以上都是

25.用于描述存储器性能的两个重要指标是(　　)。

　　A. 存储容量和平均无故障工作时间

　　B. 存储容量和平均修复时间

　　C. 平均无故障工作时间和存储器的字长

　　D. 存储容量和存取速度

26.虚拟内存是(　　)的一块区域,用于扩展内存。

　　A. 移动硬盘　　　　　　　　　　B. 硬盘

　　C. CPU　　　　　　　　　　　　D. 随机存储器

27.内存空间的地址范围为 0000H~4FFFH,那么它所占的内存存储空间为(　　)。

　　A. 20KB　　　　　　B. 24KB　　　　　　C. 32KB　　　　　　D. 10KB

28.计算机系统主要由硬件系统和软件系统组成,硬件系统包括(　　)和外部设备,软件系统包括(　　)和应用软件。

A.运算器系统软件　　　　　　　　　B.主机娱乐软件

C.主机系统软件　　　　　　　　　　D.运算器驱动软件

29.主板上 CMOS 芯片的主要用途是(　　)。

A.管理内存和 CPU 通讯

B.增加存储容量

C.存储时间、日期、硬盘参数与计算机配置信息

D.存放基本输入输出系统程序、引导程序和自检程序

30.下列有关存储器读写速度排列,正确的是(　　)。

A.RAM＞Cache＞硬盘　　　　　　　B.Cache＞RAM＞硬盘

C.Cache＞硬盘＞RAM　　　　　　　D.RAM＞硬盘＞Cache

二、填空题

1.在计算机中,bit 中文含义是_____;字节是个常用的单位,它的英文名字是_____;一个字节包括的二进制位数是_____;32 位二进制数是_____个字节。

2.外部存储器的数据不能被_____直接处理。

3.在 RAM、ROM、CD－ROM 等存储器中,易失性存储器是_____。

4.内存有随机存储器和只读存储器,其英文简称分别为_____和_____。

5.USB 的中文全称是_____。

6.高速缓冲存储器的作用是_____。

7.CPU 中的运算器的功能是_____。

8.在计算机中,正在执行的程序的指令主要存放在_____。

9.内存空间的地址段为 2001H～7000H,则其存储空间为_____KB。

10.计算机的性能指标主要有_____、_____、_____等。

11.目前使用的打印机大多数是通过_____接口与计算机连接的。

12.有一个 32KB 的存储器,则地址编号可从 0000H 到_____H。

13.硬盘的格式化分为_____、_____、_____3 个步骤。

14.CPU 通过_____与外部设备交换信息。

15.Flash Memory 具备断电数据也能保存、低功耗、密度高、体积小、可靠性高、可擦可重写、可重复编程等优点,它继承了_____速度快的优点,又克服了它的_____。

三、简答题

1.计算机的主要工作原理是什么?

2.计算机的硬件组成有哪些?

3.计算机系统主板主要包含了哪些部件?计算机中常见的接口有哪些?

4.外存上的数据能否被 CPU 直接处理?试从与 CPU 的关系的角度,简述外存和内存的联系和区别。

5.简要讨论决定计算机速度的因素。

6. 比较 ROM 与 RAM 的用途及特点。

7. Cache 的作用是什么？

8. 一台微机主要由哪些部件组成？它们的主要功能是什么？

9. 硬盘的主要技术指标及其常用接口类型是什么？

10. 存储器的种类有哪些？它们各有什么特点？

第3章 计算机软件基础

计算机软件是用户与计算机硬件交互的桥梁。计算机软件主要包括系统软件和应用软件两大类。系统软件控制和协调计算机及外部设备,支持应用软件的开发和运行,其中最重要的系统软件是操作系统。应用软件是为满足用户不同领域、不同问题的应用需求而开发的软件,办公软件是最常用的应用软件之一。本章重点讨论了计算机软件及发展、计算机语言基本概念、操作系统结构和功能等,同时介绍常见的操作系统、Linux 操作系统及 Windows 10 系统的使用,最后概括介绍了常用办公软件 Microsoft Office 中三个重要组件 Word、Excel 和 PowerPoint 的基本界面和功能以及其他办公软件。

3.1 计算机软件及发展

伴随计算机硬件技术的不断迭代更新,软件技术也日趋完善和丰富,而软件的发展又促进了硬件技术的快速发展,它们呈现交替上升趋势。

3.1.1 计算机软件定义

计算机软件(简称软件,Software)是指计算机系统中的程序、数据及其相关的文档组合。程序是计算任务的处理对象和处理规则的描述,而文档是为了便于了解程序所需的阐明性资料。程序必须装入机器内部才能工作,文档一般是给人看的,不一定装入机器(例如,程序中的注释)。计算机软件按用途分为系统软件和应用软件。

1. 系统软件

系统软件是管理、监控和维护计算机软、硬件资源的软件,用于扩充计算机的功能、提高计算机的工作效率,以方便用户使用各种应用软件。系统软件是计算机正常运转所不可或缺的,一般由计算机生产厂家或专门的软件开发公司研制。任何用户都要用到系统软件,其他程序(软件)也都要在系统软件支持下运行。常见的系统软件包括:操作系统、语言处理程序、数据库管理系统、网络系统软件、连接程序以及系统测试、诊断、监控程序等。

2. 应用软件

应用软件是指为解决某个特定问题而编制的程序及相关资料,可分为通用和专用应用软件两大类,具体如下:

通用应用软件中最常见的是文字处理软件、表处理软件等,为各行各业的用户所使用。文字处理软件的功能包括文字的录入、编辑、保存、排版、制表和打印等,Microsoft

Word是目前流行的文字处理软件。表处理软件则根据数据表自动制作图表,对数据进行管理和分析、制作分类汇总报表等,Microsoft Excel是目前在微机上流行的表处理软件。

专用应用软件有财务管理系统、票务管理系统、计算机辅助设计软件、图形图像处理软件、视音频处理软件等。除此之外,还有提供给软件开发人员的专业应用软件,称为软件开发工具,也称支持软件,如Visual Studio Code、PyCharm、计算机辅助软件工程CASE工具等。Visual Studio Code和PyCharm是面向对象的软件开发工具,它充分利用了图形用户界面(GUI)和软件部件的重用,大大提高了编程效率;CASE工具中一般包括系统分析工具、系统设计工具、编码工具、测试工具和维护工具等。

3.1.2 计算机软件的发展

计算机诞生之初并没有软件的概念。软件是随着计算机科学和硬件技术的发展而发展的,计算机的普及应用,很大程度上归因于软件的快速发展。计算机软件发展受到应用和硬件的推动与制约,反之,软件技术发展也推动了应用和硬件的发展。

1.软件技术发展早期

计算机发展早期,应用领域较窄,主要以科学和工程计算为主,处理对象通常是数值数据。1956年J. Backus等为IBM机器研制出第一个实用高级语言Fortran及翻译程序。此后,相继出现多种高级语言,使设计和编制程序的效率大为提高。该时期计算机软件成功解决了两个问题:①设计了具有高级数据结构和控制结构的高级程序语言;②发明了将高级语言程序翻译成机器语言程序的自动转换技术,即编译技术。

随着计算机应用领域的逐步扩大,除科学计算继续发展外,还出现了大量数据处理和非数值计算问题。为充分利用系统资源并满足大量数据处理需求,操作系统和数据库系统应运而生,软件规模与复杂性迅速增大。当程序复杂性增加到一定程度后,软件研制周期难以控制,正确性难以保证,可靠性问题相当突出。为此,结构化程序设计和软件工程方法被提出以克服该危机。

2.结构化程序和面向对象技术发展时期

结构化程序设计的讨论催生了由Pascal到Ada一系列结构化程序设计语言,它们具有较为清晰的控制结构,与原来的高级程序语言相比有一定改进,但在数据类型抽象方面仍不足,因而出现了面向对象技术。传统面向过程的软件系统以过程为中心。过程是一种系统功能的实现,而面向对象的软件系统是以数据为中心。面向对象技术将具有相同结构属性和操作的一组对象抽象成类。对象系统就是由一组相关类组成,以更加自然的方式模拟外部世界现实系统的结构和行为。类及其属性和服务的定义在时间上保持相对稳定,且提供一定扩充能力,可大大节省软件生命周期内系统开发和维护开销。

3.软件工程技术发展时期

20世纪80年代中期后,随着计算机的普及应用和高速网络的出现,计算机软件蓬勃发展。然而,由于软件本身的特殊性和复杂性,在大规模软件开发时,经常导致软件开发的失败,逐渐产生了软件危机。人们深刻认识到,软件开发必须按照工程化的原理和方法来组织和实施,这促进了软件工程概念的提出。软件工程,就是运用现代科学技术知识来设计并构造计算机程序及为开发、运行和维护这些程序所必需的相关文件资料。

进入 20 世纪 90 年代,网络应用软件规模愈来愈大,复杂性愈来愈高,软件工程作为一个学科方向,愈来愈受到人们的重视。

3.2 计算机语言概述

计算机不能完全自动地开展工作,其每步操作依赖事先设计好的指令。为了指挥计算机进行各种操作,需要用语言与计算机进行交流与沟通,即计算机程序设计语言。

3.2.1 计算机程序设计语言

计算机程序设计语言是人与计算机沟通的符号集合、表达方式以及处理规则,是人与计算机交换信息的工具,其目的是让计算机明白人的意图,按照要求去执行,并以人可理解的方式提供所需要信息。

程序设计语言主要包括机器语言、汇编语言和高级语言三大类,前两类对计算机硬件依赖程度较高,又称为低级语言,而高级语言对计算机硬件的依赖程度较低。

1. 机器语言

直接使用二进制表示的指令来编程的语言即机器语言,它是用 0 和 1 组成的一串二进制编码来表示一条机器指令,使计算机完成一个简单的操作。用机器指令编写的程序,即为机器语言程序,是计算机唯一能够直接识别并能执行的程序。用机器语言编写程序,编程人员首先要熟记所用计算机的全部指令代码和代码的涵义,还需要记住编程过程中每步所使用的工作单元所处的状态。这是一件十分烦琐的工作,编写程序所花费的时间往往是实际运行时间的几十倍或几百倍,而且编出的程序全是由 0 和 1 组成的指令代码,直观性差、容易出错,另外不同的机型有不同的机器指令。目前很少有人直接用机器语言编程。

2. 汇编语言

为克服机器语言不够直观、可读性差等问题,在机器语言基础上产生了汇编语言。汇编语言采用比较容易识别和记忆的助记符来替代特定的二进制指令。利用助记符,人们比较容易地读懂程序,另外调试和维护也变得较为方便。但这些助记符号无法被计算机识别,这就需要一个专门的程序将其翻译成机器语言,这种翻译程序被称为汇编程序。汇编语言与机器语言本质上是一样的,只是对表示方式作了改进,但可移植性与通用性仍然很差。

与高级语言相比,用机器语言或汇编语言编写的程序节省内存,执行速度快,并且可以直接利用和实现计算机的全部功能,完成一般高级语言难以做得到的工作。它们常用于编写系统软件、实时控制程序、经常使用的标准子程序、直接控制计算机的外部设备或端口数据输入/输出的程序,但编制程序的效率不高、难度大、通用性差,都属于低级语言。

3. 高级语言

一般而言,接近人类自然语言和数学语言的语言称为高级语言,与计算机的指令系统无关。它从根本上摆脱了语言对计算机硬件的依赖,由面向机器改为面向过程。高级语言是一种能表达各种意义的"词"和"数学公式",按一定的"语法规则"来编写程序的语言,也称为高级程序设计语言或算法语言。半个世纪以来,已有上千种高级编程语言问世,目前使用最普遍、影响也比较大编程语言有 C、C++、Python、Java 等。高级语言的发展经历了从早期语言到结构化程序设计语言,再到面向对象程序设计语言的过程。

(1)结构化程序设计语言(Structured Programming),是一种面向过程的程序设计语言。结构化程序设计是一种以模块功能和处理过程设计为主,采用自顶向下、逐步求精的程序设计方法。常见的高级语言有 Fortran、Basic、Pascal 和 C 语言等都是结构化的程序设计语言。

(2)面向对象的语言(Object-oriented Programming,OOP)。把客观事物看成是具有属性和行为的对象,通过抽象找出同一类对象的相同属性和行为,封装成类。它更能直接地描述客观世界存在的事物及它们的关系。通过类的继承与多态很容易实现代码重用,大大提高程序开发的效率,常见的面向对象的高级语言有 C++、Python、Java 语言等。

高级语言的使用大大提高了程序编写的效率与程序的可读性。例如,同样是计算 1+2+3+…+100,图 3-1(a)、图 3-1(b)与图 3-1(c)中分别给出了用机器语言、汇编语言、C 语言编写的程序。从图中可以看出,用机器语言编写的程序难以记忆,也不便阅读与编写。不同型号计算机的机器语言的指令系统不同,图 3-1(a)中是用型号为 IA-64 计算机的机器语言编写的程序,它不一定能移植到其他计算机上执行。汇编语言(图 3-1(b))尽管用比较容易识别与记忆的助记符代替表示指令的二进制串,但是与机器语言性质还是一样的,可移植性与通用性仍然很差。而用 C 语言编写的程序(图 3-1(c))简洁、易读、易写,并可移植到不同的计算机上执行,通用性强。

C7 45 EC 00 00 00 00	movl	$ 0x0,−0x14(%rbp)	
C7 45 E8 00 00 00 00	movl	$ 0x0,−0x18(%rbp)	
83 7D e8 64	cmpl	$ 0x64,−0x18(%rbp)	
0F 8D 17 00 00 00	jge	0x101a48b02	
8B 45 E8	movl	−0x18(%rbp),%eax	int sum=0;
03 45 EC	addl	−0x14(%rbp),%eax	for(int i=0;i<100;i++)
89 45 EC	movl	%eax,−0x14(%rbp)	{
8B 45 E8	movl	−0x18(%rbp),%eax	sum+=i;
83 C0 01	addl	$ 0x1,%eax	}
89 45 E8	movl	%eax,−0x18(%rbp)	printf("sum:%d\n",sum);
E9 DF FF FF FF	jmp	0x101a48ael	
48 8D 3D 27 22 00 00	leap	0x2227(%rip),%rdi	
8B 75 EC	movl	−0x14(%rbp),%esi	
B0 00	movb	$ 0x0,%al	
E8 D1 0C 00 00	callq	0x101a497e4	
(a)IA-64 机器语言	(b) 汇编语言		(c) C 语言

图 3-1　由不同语言编写的求 1+2+3+…+100 程序

3.2.2　语言处理程序

用汇编语言和高级语言编写的程序称之为源程序,计算机不能直接识别和执行。为了使计算机能识别和执行汇编语言和高级语言编写的程序,需要先将汇编语言和高级语言编写的程序通过语言处理程序翻译成计算机能识别和执行的二进制机器指令,也称目标程序,这样计算机才能执行。实现这个翻译过程的程序就是语言处理程序,不同的语言有不同的翻译程序,即不同的语言处理程序。各种计算机程序设计的处理程序属于计算机系统软件。

(1)汇编程序。汇编程序是将用汇编语言编制的源程序翻译成机器语言程序的语言处理工具。

(2)编译程序。把高级语言源程序翻译成机器指令时,有编译和解释两种方式。编译方式就是把源程序(如 C 源程序)用相应的编译程序翻译成相应机器语言的目标程序,然后通过连接装配程序,连接成可执行程序,再运行可执行程序以得到结果。在编译之后形成的程序称为“目标程序”,连接之后形成的程序称为“可执行程序”,目标程序和可执行程序都是以文件方式存放在磁盘上的,再次运行该程序,只需直接运行可执行程序,不必重新编译和连接。程序编译过程如图 3-2 所示。

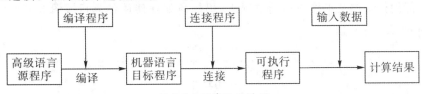

图 3-2　程序编译过程

(3)解释程序。将源程序(如 Python 源程序)输入计算机后,用相应的解释程序(解释器)逐条解释并执行,执行完后只得到结果,而不保存解释后的机器代码,下次运行该程序时还要重新解释执行,如图 3-3 所示。

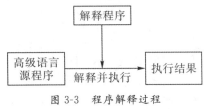

图 3-3　程序解释过程

3.3　操作系统概述

引入操作系统(Operating System,OS)的主要目的是为多道程序的运行提供良好的运行环境,保证多道程序能有条不紊地、高效地执行,并最大程度地提高系统中各种资源的利用率,方便用户使用。因此,传统 OS 中应具备处理机管理、存储器管理、设备管理和文件管理等基本功能。此外,为方便用户使用 OS,还需向用户提供方便的用户接口。

3.3.1 操作系统的基本概念

1.操作系统定义

操作系统(OS)是配置在计算机硬件上的第一层软件,是其他软/硬件间的接口,用以协调计算机系统的所有软/硬件资源,提高系统资源利用率和吞吐量,并为用户和应用程序提供统一的接口,便于用户使用。OS 是现代计算机系统中最基本和最重要的系统软件,其他诸如编译程序、数据库管理系统等系统软件,以及大量的应用软件,都依赖于操作系统服务的支持。事实上 OS 已成为现代计算机系统、多处理机系统、计算机网络中都必须配置的系统软件。

任何需要在计算机上运行的软件,都需要 OS 的支持,因此常将 OS 称为平台(Platform)。对用户来说,OS 是一个用户环境,一个操作平台,用户与计算机交互操作的界面。现在的微机可以同时安装几个操作系统,启动时,选择其中的一个作为"活动"的操作系统,这样的配置称为"多引导"。

另外,对于系统设计者而言,OS 是一个功能强大的系统资源管理器,控制和管理计算机软、硬件资源和程序执行的集成软件系统。正是因为有了 OS,用户才有可能在不了解计算机内部硬件结构及工作原理的情况下,仍能自如地使用计算机。图 3-4 所示为计算机系统的分层结构示意图。

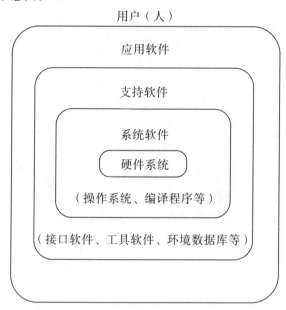

图 3-4 计算机系统层次结构关系

2.操作系统的目标

在计算机系统上配置操作系统,其主要目标是:方便性、有效性、可扩充性和开放性。

(1)方便性。在计算机硬件上配置 OS,可以使用编译命令将用户采用高级语言书写的程序翻译成机器代码,或者直接通过 OS 所提供的各种命令操纵计算机系统,极大地方便了用户,使计算机变得易学易用。

(2)有效性。OS 通过合理地组织计算机的工作流程,加速程序的运行,缩短程序的运行周期,从而提高系统资源的利用率和吞吐量。

(3)可扩充性。从早期的无结构发展成模块化结构,进而又发展成层次化结构,近年来 OS 已广泛采用了微内核结构。微内核结构能方便地增添新的功能和模块,以及对原有的功能和模块进行修改,具有良好的可扩充性。

(4)开放性。开放性是指系统遵循世界标准规范,特别是遵循开放系统互连 OSI 国际标准。开放性已成为 20 世纪 90 年代以后计算机技术的一个核心问题,也是衡量一个新推出的系统或软件能否被广泛应用的至关重要的因素。

3. 操作系统的作用

操作系统在计算机系统中所起的作用,可以从用户、资源管理及资源抽象等多个不同的角度来进行分析和讨论。

(1)作为用户与计算机硬件系统之间的接口:OS 处于用户与计算机硬件系统之间,用户通过 OS 来使用计算机系统。或者说,用户在 OS 帮助下能够方便、快捷、可靠地操纵计算机硬件和运行自己的程序。

(2)作为计算机系统资源的管理者:计算机系统通常包含多种软/硬件资源,归纳起来可分为 4 类:处理机、存储器、I/O 设备以及文件(数据和程序)。相应地,OS 主要功能则是对这 4 类资源进行有效的管理,因此 OS 的确是计算机系统资源的管理者。图 3-5 所示为 Windows 10 系统任务管理器展示的软/硬件资源管理图。其中,左边是软件进程监测,右边是硬件性能监测。

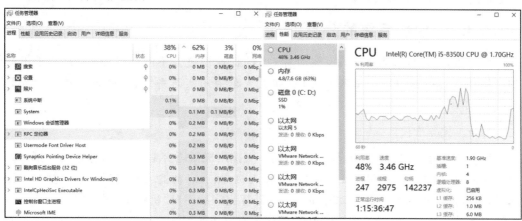

图 3-5　Windows 10 系统对软/硬件资源管理(任务管理器)

(3)实现了对计算机资源的抽象:为方便用户使用 I/O 设备,在裸机上覆盖上一层 I/O 设备管理软件,由它来实现对 I/O 设备操作的细节,并向上将 I/O 设备抽象为一组数据结构以及一组 I/O 操作命令,如 read 和 write 命令。这样用户即可利用这些数据结构及操作命令来进行数据输入或输出,而无需关心 I/O 是如何具体实现的。此时,用户所看到的机器是一台比裸机功能更强、使用更方便的机器,I/O 软件隐藏了 I/O 设备的细节,向上提供一组抽象的 I/O 设备。

4.操作系统的特征

不同类型的操作系统特征各不相同,对于多道批处理、分时和实时系统而言,并发、共享、虚拟和异步是它们所共有的特征。

(1)并行与并发。并行和并发是既相似又有区别的两个概念。并行是指两个或多个事件在同一时刻发生,而并发则指两个或多个事件在同一时间间隔内发生。在多道程序环境下,并发性是指在一段时间内宏观上有多个程序在同时运行,但在单处理机系统中,每一时刻却仅能有一道程序执行,故微观上这些程序只能是分时地交替执行。

(2)共享。OS资源共享是指系统中的资源可供内存中多个并发执行的进程共同使用。系统必须对资源共享进行妥善管理,以避免资源竞争导致的死锁等问题。资源属性不同,进程对资源复用的方式也不同,目前主要实现资源共享的方式包括互斥共享和同时访问。

(3)虚拟。OS采用某种技术将一个物理实体变为若干个逻辑上的对应物的功能称为"虚拟"。前者是实的,即实际存在的,而后者是虚的,是用户感觉上的东西。在OS中利用时分复用和空分复用技术来实现"虚拟"。

(4)异步。在多道程序环境下,系统允许多个进程并发执行。在单处理机环境下,由于系统中只有一台处理机,因而每次只允许一个进程执行,其余进程只能等待。当正在执行的进程提出某种资源要求时,如打印请求,而此时打印机正在为其他进程打印,因此正在执行的进程必须等待,并释放出处理机,直到打印机空闲,并再次获得处理机时,该进程方能继续执行。可见,由于资源等因素的限制,使进程的执行通常都不可能"一气呵成",而是以"停停走走"的方式运行。

3.3.2 操作系统的分类

计算机软、硬件技术的发展,推动着OS的快速演进。不同硬件结构,尤其是不同的应用环境,使用的OS类型各不相同(如无人车采用实时系统、普通微机常采用分时系统)。

1.手工操作阶段

第一代计算机(电子管)运算速度慢,用户直接用机器语言编制程序,并独占全部计算机资源。用户先把程序纸带(或卡片)装上输入机,然后启动输入机把程序和数据送入计算机,接着通过控制台开关启动程序运行。计算完毕后,打印机输出计算结果,用户取走并卸下纸带(或卡片)。之后第二个用户程序才有可能使用计算机。这种由一道程序独占机器且由人工操作为特征的手工操作阶段比较适应计算机速度较慢、计算机软/硬件资源都比较缺乏的情况,此时没有也不需要真正意义上的操作系统。

2.批处理系统

20世纪50年代后期,计算机的运算速度有了较大的提高,比较典型的晶体管计算机的运算速度达到每秒钟运行一百万条指令(1MIPS)。此时,由于手工操作的慢速度和计算机的高速度之间形成矛盾,且已经到了无法容忍的地步。为了解决该问题,批处理系统应运而生,其大大提高了 CPU 的工作效率和能连续工作的时间。不过在作业的输入和执行结果的输出过程中,计算机仍处在停止等待状态,这样慢速的 I/O 设备和快速主机之间仍处于串行工作,宝贵的 CPU 时间仍有很大的浪费。为缓解该问题,脱机批处理被引入,其增加一台专门用于为主机完成输入/输出处理的 I/O 处理器。

批处理在一定程度上克服了手工操作的缺点,实现了作业的自动过渡,改善了主机 CPU 和 I/O 设备的使用情况,提高了计算机系统的处理能力,但仍有缺点:磁带需人工拆换,既麻烦又易出错,再加上早期的监督程序功能简单,用户作业可能造成系统的崩溃。

3.分时操作系统

分时操作系统是基于主从式多终端的计算机体系结构,一台功能很强的主计算机,可以连接多个终端(几十台、上百台终端),提供多个用户同时上机操作,是多用户多任务操作系统。它将主计算机 CPU 的运行时间分割成一个个长短相等(或者基本相等)的微小时间片,然后把这些时间片依次轮流分配给各个终端用户的程序执行,每个用户程序仅仅在它获得的 CPU 时间片内执行。当时间片完结,用户又处于等待状态,CPU 又在为另一个用户服务。用户程序就是这样断断续续,直到最终完成执行。虽然在微观上(微小时间片的数量级)用户程序的执行是断续的,作业运行是不连续的,但是在宏观上,用户的任何请求服务总能够及时得到响应,比较典型的分时操作系统有 UNIX。

4.实时系统

实时系统主要应用于需要对外部事件进行及时响应并处理的领域。它的一个基本特征是事件驱动设计,即当接受了某些外部信息后,在一定的时间范围内完成,其目标是及时响应外部设备的请求,并在规定时间内完成有关处理,并能控制所有实时设备和实时任务协调运行。如导弹发射系统属于实时控制系统,机票查询订购系统属于实时信息处理系统。

5.网络操作系统

它是建立在单机操作系统之上的一个开放式的软件系统,它面对的是各种不同的计算机系统的互连操作,面对不同的单机操作系统之间的资源共享、用户操作协调和与单机操作系统的交互,负责多个网络用户(甚至是全球远程的网络用户)之间网络管理、网络通信、资源的分配与管理和网络的安全等工作。常用的网络操作系统有 NetWare 和 Windows NT。

6.分布式系统

分布式操作系统是配置在分布式计算机系统上的操作系统。分布式计算机系统是由多台计算机连接而成的系统,从硬件连接来看,它与局域计算机网络并无区别。但是分布式计算机系统具有以下特点:

①各节点的自治性,即系统中各主机没有主次之分;
②节点间的协同性,即系统中的各台计算机分工合作,以并行方式完成同一任务;
③资源共享的透明性,即用户只需了解系统是否有所需的资源,而不必了解该资源位

于哪个节点上；

④系统的健壮性，由于分布式系统的处理和控制功能是分布的，所以任何节点上的故障都不会给系统造成太大的影响，再加上容错技术，系统具有很好的健壮性。

3.3.3　操作系统的结构

操作系统是一个复杂的大型系统软件，为了进一步地了解操作系统，下面从软件结构的角度对其进行分析。

1. 内核结构

内核是指在系统保护状态(核心态)下运行的程序代码，常驻内存以提高操作系统效率，为线程或进程等提供良好的运行环境，包括硬件密切相关的模块、运行频率较高的模块、关键性的数据结构以及公共的基本操作模块。简单地说，操作系统内核就是一组软件服务，能够控制所有硬件及计算机活动，如硬盘访问、网卡传输和显示输出等。常见的内核结构有宏内核(单内核)、微内核和混合内核三类。

宏内核将整个内核封装为一个整体，所有功能集中在同层次，对外提供系统调用的接口。内核中的各种函数可以相互直接调用，没有微内核的分层结构。宏内核的好处是简单，便于理解和实现。相对于微内核来说，宏内核的效率略高。基本上每个系统调用只需要经过一个函数调用就可以实际作用于硬件层，速度很快。微内核结构是一种新的结构组织形式，它体现了操作系统结构设计的新思想。微内核的设计目标是使操作系统的内核尽可能小，使所有的服务尽量在核外用户级完成，内核仅提供进程间的通信、某些存储管理、有限的低级进程管理和调度以及低级 I/O 等服务，常采用客户/服务器模式。混合内核则综合了微内核和宏内核的优点，权衡了执行效率和可扩展性等问题。

2. 获取操作系统服务的方式

用户使用操作系统所提供的服务，必须通过相应的接口。所谓接口，就是调用这些服务程序的命令。操作系统所配备的服务子程序，要么供用户以命令的方式在终端或控制台使用，要么以过程或函数调用的方式在程序中使用。

(1)系统调用：系统调用是调用操作系统为用户提供服务的子程序。该类子程序一般在汇编语言程序中通过专门的指令来调用，如 MS-DOS 中 INT 21 指令、UNIX 中 trap 指令。

(2)API 函数：该函数提供了操作系统所支持的所有系统服务功能。一般来讲，API 函数是在客户/服务器模式的操作系统各服务器中配置的，而系统调用则是在操作系统的内核中配置的。Microsoft 32 位 Windows 平台上的 API 称为 Win32 API，提供丰富的服务函数，所有在 32 位 Windows 平台上运行的程序都可以调用这些函数。

(3)字符命令：即键盘命令或联机命令，是最早也是最基本的操作系统接口。在出现图形用户界面以前，所有的操作都是通过字符命令进行的。字符命令的一般格式：

<命令名>　[<参数表>]

命令名为使用的工具/程序的名字，参数表是由若干参数组成的序列，各参数间常用

逗号或空格相隔。例如,下面是 MS-DOS 中的一条字符命令:

COPY ＜源文件名＞ ＜目标文件名＞

④图形用户接口:图形用户接口是用窗口、菜单、图标以及手动方法构成操作系统的接口。其特点是不需要用户记忆命令,只需使用鼠标点击有关的图标、字符或符号,即可获得操作系统的相关服务。Windows 操作系统采用图形用户接口,直观、方便,为用户所喜爱。

3.单道程序和多道程序设计

单道程序设计指所有进程逐一排队执行。若 A 阻塞,B 只能等待,即使 CPU 处于空闲状态,任何时刻仅一个程序执行。因此,该类方式在系统资源利用上极其不合理(如以前的 DOS 系统),逐渐被淘汰。

多道程序设计指在内存中驻留多道程序并发执行,在管理程序的控制下穿插运行,宏观上并行、微观上串行。为保证多道程序能顺利推进,需要系统时钟中断支持。

3.3.4 操作系统的功能

从资源管理的角度看,操作系统的功能可分为处理机管理、存储器管理、设备管理和文件管理。又由于处理机的分配和运行一般都是以进程为单位,所以处理机管理可归结为对进程的管理。接下来,将对该部分内容进行阐述。

1.进程管理

进程(Process)是现代操作系统最重要的概念之一。从用户角度来看,进程就是程序的一次执行(过程),具有一定的生命周期。相比之下,程序则是静态的文本,可在磁盘上永久性保存。

进程是计算机系统中的一种实体,是进行资源分配和调度的基本单位,它由程序、数据和一个称为进程控制块(Process Control Block,PCB)的数据结构组成,操作系统通过进程控制块感知进程的存在。一般来说,PCB 包含的信息主要包括:进程标识符、进程拥有的程序/数据等占用的地址、状态、优先级、资源清单等。

Windows 10 中,打开 Windows PowerShell 应用,输入"ps"命令,可查看当前系统中运行的进程信息,具体如图 3-6 所示。在 Windows 任务管理器(同时按 Ctrl＋Alt＋Del 组合键)中,可以看到 PowerShell 应用的运行情况,具体如图 3-7 所示。

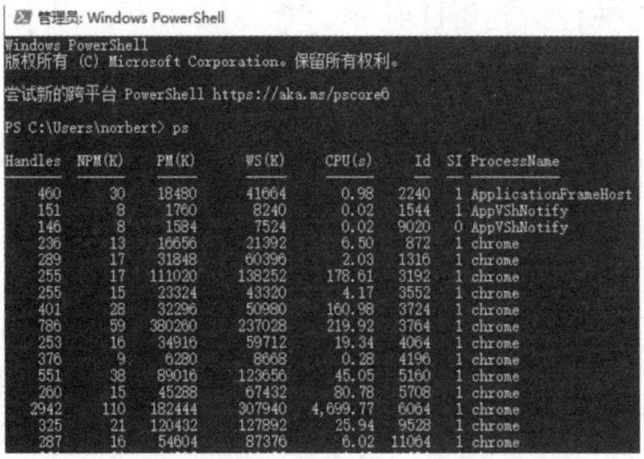

图 3-6 PowerShell 执行"ps"命令结果图

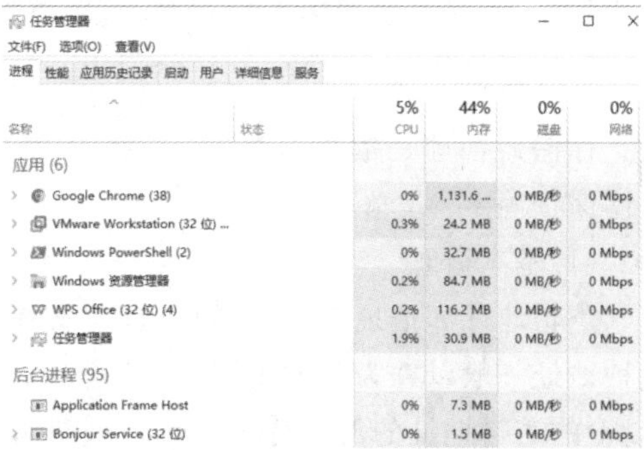

图 3-7 任务管理器查看进行信息

（1）进程的状态

一个进程被创建后，一般并不是立即在处理机上执行，也不是一直在处理机上执行，而是一会儿执行、一会儿停止，走走停停，直到运行结束。这就是说，进程在其整个生命周期中是在不停地变换着状态。其基本状态有就绪、运行和阻塞。

①就绪状态：就是做好了一切准备，等待分配 CPU 执行。具体来讲，就是进程已获得除 CPU 以外所有必要的资源，只要再获得处理机，就可立即运行。处于就绪状态的进程通常排成一个或多个队列等候执行，这样的队列称为就绪队列；

②运行状态：已获得处理机，其程序正在 CPU 上执行；

③阻塞状态：因某种原因（如 I/O 请求，或等待某一事件发生）暂时释放 CPU 资源而不能持续运行，即进程的运行受到了阻塞。处于阻塞状态的进程通常也排成队列，这样的队列称为阻塞队列。

（2）进程的特征

①动态性：进程的实质是程序的一次执行过程，进程是动态产生、动态消亡的。

②并发性：任何进程都可以同其他进程一起并发执行。从图 3-6 和图 3-7 可以看到多个同时运行的进程。

③独立性：进程是一个能独立运行的基本单位，同时也是操作系统分配资源和调度的独立单位。

④异步性：由于进程间的相互制约，使进程具有执行的间断性，即进程按各自独立的、不可预知的速度向前推进。

（3）进程同步与互斥

一般地，因竞争资源产生的制约关系称为互斥，因合作完成同一任务而产生的制约关系称为同步关系。进程互斥是由共享临界资源引起的。所谓临界资源，简单来讲就是一次仅供一个进程使用的资源。事实上，系统中的许多资源都是临界资源，例如打印机、数据文件等。

（4）进程死锁

多道程序的并发执行，可以提高系统的资源利用率和工作效率，但是也带来了新的问题，即死锁（Deadlock）。所谓死锁，是多个进程因竞争资源或推进顺序安排不当而造成的一种僵局。若无外力的作用，这些进程就不能继续前进。不过操作系统会采用某种策略避免死锁，并负责检测出死锁的发生，然后采取某种措施解除死锁。

2. 存储器管理

存储器管理是指对内存（即主存）的管理，主要包括内存分配、地址变换、存储扩充和存储保护等。

（1）基本概念

逻辑地址和地址空间：逻辑地址也称相对地址或虚拟地址，它是目标程序中的地址。这种地址一般以 0 为基地址，顺序编址。一个作业或进程的目标程序（准确地说应是装配模块）的逻辑地址的集合称为该作业或进程的逻辑地址空间，或称地址空间或虚拟空间。虚拟空间的大小由计算机的地址结构和寻址方式决定。例如，若 CPU 的有效地址长度为

20 位,其虚拟地址空间的最大容量就是 $2^{20}=1MB$。

物理地址和存储空间:物理地址也称绝对地址或实地址,它是物理存储器的单元地址。物理地址的集合称为物理地址空间,或称存储空间或实地址空间。

地址变换或地址重定位:将作业或进程中的逻辑地址转换为内存的物理地址。对于一个作业或进程实施地址变换称为该作业或进程的地址重定位或再定位。地址重定位有两种方式,即静态重定位和动态重定位。其中,静态重定位是在目标程序装入内存时,由操作系统(通常是装配程序)自动进行,一次完成所有逻辑地址的变换。动态重定位是在程序运行的过程中才进行的,而且是对某种寻址方式产生的有效地址进行变换,而内存中程序代码所包含的地址仍然是逻辑地址。

(2)分页存储管理

分页存储的方法是把物理地址空间划分为若干个大小相等的区,称为块或实页;把作业的逻辑地址空间也划分为与块大小相同的区,称为页或虚页。然后,建立虚页到块(实页)的映射,使每一个虚页对应存贮空间的一个块,一个作业的所有块不必相邻。这样,既能合理使用内存空间,又不需要为拼接碎片而浪费时间,较好地解决了碎片问题。页的大小为 $2^k(k=10,11,12,13,\cdots)$,Linux 操作系统的页大小为 4KB。

(3)分段存储管理

一个程序通常是由主程序、若干个子程序及数据区组成。也就是说,一个程序按其内容和结构可划分为若干个段。如果以这样的段为单位分配内存,可方便地实现程序或数据共享。于是,产生了分段存储管理。分段存储管理是把一个程序的各个逻辑段,分别作为独立的子逻辑地址空间,并给予不同的命名,然后按段分配物理存储空间。例如,一个程序由主程序、子程序、数组和工作区 4 段组成,各段的名字分为 MAIN、X、A 和 B,程序中的指令可表示为如下形式:

$$LD\ 1,[A]|<C>;将数组\ A\ 的\ C\ 单元的值读入寄存器\ 1$$
$$ST\ 1,[B]|<D>;将寄存器\ 1\ 的内容写入工作区\ B\ 的\ D\ 单元$$
$$CALL\ [X]|<Y>;转移到子程序\ X\ 中的入口点\ Y$$

(4)段页式存储管理

分页管理和分段管理各有所长也有所短。为获得分段管理和分页管理的各自优点,可采用段页结合的办法,来实现对存储器的管理。即用分段方式分配和管理虚存,用分页方式分配和管理实存。在段页式管理中,每一段不再占有连续的实存空间,而被划分为若干个页。

在段页式存储管理系统中,有效地址被划分为三个部分:段号、页号和页内地址。地址变换是通过查段表、页表,再将页号和页内地址拼接而实现的。在段页式管理中,程序的分段可由程序员或编译程序按信息的逻辑结构来划分,而分页仅由操作系统自动完成。

3.设备管理

设备管理是指对计算机外部设备的管理。外部设备多种多样,分类方法也多种多样。但从资源管理的角度划分,可分为独享设备、共享设备和虚拟设备。另外,还有字符设备和字符块设备之别。前者以字符为单位传输信息,后者以字符块(512 或 1024 字节)为单位传输信息。计算机外部设备及其管理软件构成了计算机的输入/输出子系统,简称 I/O

系统。

（1）设备管理的目标与功能

设备管理的目标包括：①向用户提供外部设备的方便、统一的接口，按照用户的要求和设备的类型，控制设备工作，完成用户的输入/输出请求。②充分利用中断技术、通道技术和缓冲技术，提高 CPU 与设备、设备与设备之间的并行工作能力，以充分利用设备资源，提高外部设备的使用效率。③保证在多道程序环境下，当多个进程竞争使用设备时，按照一定的策略分配和管理设备，以使系统能有条不紊地工作。

设备管理的功能包括：①设备分配和回收。在多个进程竞争夺取同一类或同一台设备时，设备管理程序按照设备类型及分配调度策略为进程分配设备及相关资源，当进程使用结束后将设备使用权回收以供其他设备使用。②管理输入/输出缓冲区。为达到缓解 CPU 和 I/O 设备速度不匹配的矛盾，达到提高 CPU 和 I/O 设备利用率，提高系统吞吐量的目的，许多操作系统通过设置缓冲区的办法来实现。③设备驱动，实现物理 I/O 操作。其基本任务是实现 CPU 和设备控制器之间的通信。④外部设备的中断处理。分为查询方式和中断响应控制方式，查询方式下 CPU 的利用率较低。⑤虚拟设备及其实现。通过虚拟技术将一台独占设备虚拟成多台逻辑设备，供多个用户进程同时使用，通常把这种经过虚拟的设备称为虚拟设备。要求用户程序对 I/O 设备的请求采用逻辑设备名，而在程序实际执行时使用物理设备。

（2）设备驱动程序

每台计算机配置了很多不同外部设备，它们的性能、操作方式和驱动程序都不一样，需要对多种外部设备集中管理。

设备驱动程序是一种可以使计算机和设备通信的特殊程序，提供了硬件到操作系统的一个接口以及协调二者间的关系，操作系统只有通过该接口才能控制硬件设备的工作，假如某一设备的驱动程序未能正确安装，就不能正常工作。

驱动程序在系统中所占的地位十分重要，一般当操作系统安装完毕后，首要的是安装各种硬件设备的驱动程序。驱动程序是硬件的一部分，当安装新硬件时，驱动程序是不可或缺的重要部分。大多数情况下，不需要用户安装所有硬件设备驱动程序，如硬盘、显示器、光驱、键盘、鼠标等不需要单独安装驱动，而显卡、声卡、扫描仪、摄像头等就需要安装驱动程序。另外，不同版本操作系统对硬件设备的支持也是不同的，一般情况下版本越高所支持的硬件设备也越多。

注意：驱动程序是操作系统能驱使设备进行工作的必要条件，但是很多时候在安装好了操作系统之后好像并没有对所有的设备都安装驱动程序，而该设备却能够开始工作，这是因为该设备已经包含在"硬件兼容列表"中，其驱动程序已经包含在操作系统之中了，在安装好操作系统的时候就已经自动安装好其驱动程序了，而并不是没有驱动程序就能工作。

（3）即插即用

即插即用（Plug-and-Play，PnP）指在安装新的硬件以后，不用为此硬件再安装驱动程序了，因为系统里面附带了它的驱动程序，Windows 10 中就附带了一些常用硬件的驱动程序。即插即用的作用是自动配置计算机中的板卡和其他设备，它的任务是把物理设备和软件（设备驱动程序）相配合，并操作设备，在每个设备和它的驱动程序之间建立通信信

道,具体如下:

①对已安装的硬件自动和动态识别,包括系统初始安装时对即插即用硬件的自动识别,以及运行时对即插即用硬件改变的识别。

②硬件资源分配。即插即用设备的驱动程序自己不能实现资源的分配,只有在操作系统识别出该设备之后才分配对应的资源。即插即用管理器能够接收到即插即用设备发出的资源请求,然后根据请求分配相应的硬件资源,当系统中加入的设备请求资源已经被其他设备占用时,即插即用管理器可以对已分配的资源进行重新分配。

③加载相应的驱动程序。当系统中加入新设备时,即插即用管理器能够判断出相应的设备驱动程序并实现驱动程序的自动加载。

(4)设备的集中管理

计算机外部设备在速度、工作方式、操作类型等方面变化很大,现代操作为方便用户一般都设计一个简单、可靠、方便维护的设备管理系统,集中管理这些外部设备。

"设备管理器"是操作系统提供的对计算机的硬件进行管理的一个图形化的工具,通过设备管理器可以完成很多工作,例如更改计算机配件的配置、获取相关硬件的驱动程序的信息以及对之进行更新、禁用、停用或启用相关设备等。以 Windows 10 为例,右击桌面的"此电脑"图标,在弹出的快捷菜单中选择"属性"命令或在"控制面板"中选择"硬件和声音"图标,接着选择"设备管理器"选项,出现如图 3-8 所示的"设备管理器"对话框。这台计算机所有的硬件信息都在这里集中表示出来,可对所有硬件进行管理。右击某个硬件的标识符,出现快捷菜单,可以更新驱动程序、停用和卸载此硬件,也可重新扫描检测硬件的变化,单击"属性"可以了解此硬件驱动程序的情况。

图 3-8　"设备管理器"对话框

4.文件管理

文件管理主要解决外存上的文件存取。文件系统包括两个方面:①管理文件的一组系统软件,②被管理的对象—文件。文件系统的主要目标是提高存储器的利用率,按用户的要求对文件进行操作,管理辅助存储器,实现文件从名字空间到辅存地址空间的转换;

决定文件信息的存放位置、存放形式和存取权限，实现文件和目录的操作，提供文件共享能力和安全设施，提供友好的用户接口。

（1）磁道、扇区和簇

外存储器（如硬盘）存放文件前需进行格式化操作，其将硬盘中的磁盘划分成可按弧形扇区（大小为 512 字节）存放数据的物理区块。磁道和扇区可单独处理也可以分组处理，一般把几个相邻的磁道和扇区组成一个簇（如 NTFS 为 4KB、exFAT 为 128KB），不同文件系统组成簇的扇区数目不同，且相同文件系统可设置不同大小的扇区。

如果一个扇区或一个簇被一个文件存放了数据，即使存放了很小的数据，这个扇区或簇也被标记为已使用。所以说，存储器的物理区块划分越小，存储器的使用率越高，但是管理这种划分需要的开销也越大。不同的文件系统有不同的存储结构，目前常用的有 FAT 系统和 NTFS 系统。

（2）FAT 和 exFAT 系统

操作系统对硬盘分区建立文件分配表（File Allocation Table，FAT），记录磁盘上的每个簇是否存放数据。当用户打开一个文件时，操作系统从 FAT 目录表中找到文件的起始簇，根据簇号定位该文件在 FAT 表中的位置，找到文件所使用的簇，将这些簇中存储的数据写入存储器。通常，FAT 主要有 FAT16 和 FAT32 两种格式，随着大容量硬盘出现，用户一般都选用 FAT32，可以支持大到 2TB 的硬盘分区，但 FAT32 不支持 4GB 以上的单个文件。

FAT 目录表中记录了文件的名称、属性、创建日期时间等。属性是指文件是只读、隐藏还是存档，起始簇号以及大小等，并且记录了文件在磁盘上所存放的物理位置，一旦损坏，则导致文件不能被存取，所以需要对数据进行及时的备份，FAT 除了记录簇的正常使用情况外，还要记录哪些簇不能用来存储数据。FAT32 系统目前被大多数操作系统所支持。

exFAT（Extended File Allocation Table File System，扩展 FAT，即扩展文件分配表）是 Microsoft 在 Windows Embedded 5.0 以上（包括 Windows CE 5.0、6.0、Windows Mobile5、6、6.1）中引入的一种适合于闪存的文件系统，为了解决 FAT32 等不支持 4G 及其更大的文件而推出。exFAT 文件系统是作为 FAT 文件系统家族中 FAT32 的继任者，是为了满足个人移动存储设备在不同操作系统上日益增长的需求而设计的新文件系统。exFAT 文件系统能够处理大的文件，如用于存储媒体，并且允许无缝连接桌面计算机和便携式媒体设备。

（3）NTFS 系统

NTFS（New Technology File System），是微软 Windows NT 内核的系列操作系统支持的、一个特别为网络和磁盘配额、文件加密等管理安全特性设计的磁盘格式。NTFS 支持原有的 FAT 文件，随着以 NT 为内核的 Windows 的普及，很多用户开始用 NTFS 格式。NTFS 也是以簇为单位来存储数据文件，但 NTFS 中簇的大小并不依赖于磁盘或分区的大小。簇尺寸的缩小不但降低了磁盘空间的浪费，还减少了产生磁盘碎片的可能。NTFS 支持文件加密管理功能，可为用户提供更高层次的安全保证。支持大的分区和磁盘空间容量，能支持超过 4GB 以上的大容量文件。

（4）文件和文件系统

文件是信息的一种组织形式，是存储在辅助存储器上的具有标识符的一组信息集合。

文件是记录的集合,文件是一个实体,被用户或应用程序按名字访问,为了安全,每一文件都有访问控制约束。

文件和文件系统与机器的运行环境有关,不同的操作系统,文件系统也是不同的。文件系统所包含的有关文件的构造、命名、存取、保护以及实现方法都是操作系统所控制。一般来说,文件系统应具备以下的功能:

①对计算机的外存储器进行统一管理,合理组织和存放文件,主要是为文件分配和收回空间。

②建立用户能够控制的文件的逻辑结构,如文件夹结构,按名存取。

③支持对文件进行检索和访问控制,如文件的共享和保护。

所以说,一个文件系统就是管理计算机中所存储的程序和数据,为用户建立、删除、读取、修改、复制、移动文件以及按名存取等操作。

● 文件命名

文件名通常由主文件名和扩展名组成,中间以".”连接,如"myfile.doc",扩展名(也称后缀)常用来表示文件的数据类型和性质。

不同的操作系统,文件命名的规则是不同的。Windows 操作系统的文件命名规则如表 3-1 所示。

表 3-1　Windows 操作系统的文件命名规则

文件名长度	扩展名长度	允许空格	允许数字	不允许的字符	不允许的文件名
1~255 个字符	0~3 分字符	是	是	/,　[　],;,=,"",,:,,|,<,>	Aux,Com1,Com2,Com3,Com4,Lpt1,Lpt2,Lpt3,Lpt4,Prn,Nul,Con

表中还有不允许使用的文件名,这是因为 Windows 系统将设备管理和文件管理作为一个整体,保留了部分名称作为特定的设备名称,如 COM 表示通信串口,LPT 表示并行口,如连接打印机。常见的扩展名所代表的文件类型如表 3-2 所示。

表 3-2　常见的扩展名所代表的文件类型

扩展名	文件类型	扩展名	文件类型
.exe	应用程序文件	.doc()	文字处理文件(Word)
.com	命令文件	.xls()	表格处理文件(Excel)
.bat	批处理文件	.ppt()	演示文稿(PowerPoint)
.sys	系统文件	.db	数据库文件
.bak	备份文件	.c	C 语言源程序
.dll	动态链接库文件	.java	Java 源程序
.vxd	虚拟设备驱动程序	.htm	网页文件
.txt	文本	.rar	压缩文件

Windows 注册表中有一个能被其识别的文件类型清单,Windows 给各种文件赋予不

同的图标，帮助用户识别文件类型，双击文件图标，Windows 将根据文件的类型决定做何种操作，如果双击的是程序文件（如.exe 文件），就立即执行它。

● **文件的通配符 * 和?**

当查找文件时，可以使用它来代替一个或多个真正字符；当不知道真正字符或者不想键入完整名字时，常常使用通配符代替一个或多个真正字符。

*：可使用 * 代替 0 个或多个字符。如果正在查找以 AEW 开头的一个文件，但不记得文件名其余部分，可以输入 AEW *，查找以 AEW 开头的所有文件类型的文件，如 AEWT.txt、AEWU.EXE、AEWI.dll 等。要缩小范围可以输入 AEW *.txt，查找以 AEW 开头的以.txt 为扩展名的文件，如 AEWIP.txt、AEWDF.txt.

?：可以使用问号代替一个字符。如果输入 love?，查找以 love 开头的任一个字符结尾的文件，如 lovey、lovei 等。要缩小范围可以输入 love?.doc，查找以 love 开头任一个字符结尾，并以.doc 为扩展名的文件，如 lovey.doc、loveh.doc.

● **常用的文件类型**

文件有多种分类方法，一般根据文件的性质和用途区分。

①按文件的用途可以分为系统文件、库文件和用户文件等。

②按文件的信息流向可以分为输入文件、输出文件和输入输出文件等。

③按文件的组织形式可以分为普通文件、目录文件和特殊文件等。特殊文件是 UNIX 系统采用的技术，是把所有的输入/输出设备都视为文件（特殊文件）。特殊文件的使用形式与普通文件相似的。

④按文件的安全属性可分为只读文件、读写文件、可执行文件和不保护文件等。

下面再进一步介绍目前常用的文件类型。

①数据文件：这里的数据文件指的是文档、电子表格、演示文稿、数据库文件等。数据文件本身不能被直接运行或操作，它们需要借助于相应的应用程序来运行或打开，如在打开 Word 文档的同时，也打开了 Word 应用程序。操作系统建立数据关联机制，使得在打开某类数据文件时，相应的应用程序就会自动启动。例如，在数据文件上右击，在弹出的快捷菜单上就会显示"打开方式"，可能有多个应用程序相对应，根据需要选择其中的某个应用程序打开。只有数据文件才能建立关联。

②图形图像文件：表 3-3 列出了几种常用的图形图像文件类型。

表 3-3　常用的图形图像文件类型

文件扩展名	功能描述
.bmp	位图 Bitmap 格式，一般由 Windows 的画图软件所创建，占用较大存储空间，但压缩后很小
.gif	经过压缩处理的图像文件格式，占用较少的存储空间，图像不超过 256 色，适合网络环境的传输和使用
.jpg	可用较小的存储空间得到较高的图像质量，是主要图像格式之一，数码照片多采用这种格式

文件扩展名	功能描述
. png	一种采用无损压缩算法的位图图像格式,在保证图片清晰、逼真的前提下,压缩比高,文件体积小
. psd	Adobe Photoshop 图像处理软件专有的位图文件格式
. tif 或 . tiff	标签图像文件格式,一种灵活的位图图像格式,可以支持很多色彩系统,而且独立于操作系统,应用广泛
. ai	Adobe Illustrator 图形制作软件的文件扩展名,是一种矢量图形文件格式

③动画和视频文件:动画文件是指由相互关联的若干帧静止图像组成的图像序列,这些静止图像连续播放便形成一组动画。视频文件主要指那些包含了实时的音频、视频信息的文件,视频文件需要的存储空间较大,一般要经过压缩处理,因此文件扩展名通常使用压缩规范命名。表 3-4 列出了常用的动画文件和视频文件。

表 3-4　常用的动画文件和视频文件

文件类型		扩展名	描述
动画文件	GIF 文件	. gif	参见表 3.3
	SWF 文件	. swf	由 Flash 软件创建的一种基于矢量的动画文件格式
	Flic 文件	. fli . flc	Autodesk 公司 2D/3D 动画制作软件中采用的彩色动画文件格式,其中,.FLI 是基于 320×200 分辨率的动画格式,.FLC 是其扩展
视频文件	AVI	. avi	由微软公司提出,可以将音频和视频交织在一起同步播放,其优点是图像质量好,可以跨多个平台使用,其缺点是体积过于庞大,压缩标准不一
	Quick Time	. mov	苹果公司开发的,具有较高的压缩比率,能够跨平台
	MPEG	. mpeg . mpg	运动图像压缩算法的国际标准,采用了有损压缩方法减少运动图像中的冗余信息
	WMV	. wmv	微软推出,可以直接在网上实时观看视频节目的文件压缩格式
	Real Video	. ra . rm	可以在线实时播放,根据网络质量进行压缩,从而实现在低速率的网络上进行影像数据实时传送和播放,即实况转播

(5)文件目录结构

文件目录结构的组织关系到文件系统的存取速度以及文件的共享性和安全性。因此,组织好文件的目录,是设计文件系统的重要环节。常见的目录结构形式有:一级目录结构、二级目录结构和树形目录结构。

一级目录结构是将系统中所有文件存放在一个目录下,每个文件占用一个目录项。当建立一个文件时,就在文件目录下增加一个空的目录项,并填入相应的内容。当删除一个文件时,根据文件名查找相应的目录项,找到对应的目录项后将内容全部置空。该目录结构的优点是简单且能实现目录管理的基本功能——按名存取,但存在查找速度慢、不允许重名、不便于实现文件共享的问题。

二级目录结构是将系统中的目录分成两级，分别是主目录和用户文件目录。主目录由用户名和用户文件目录首地址组成，用户文件目录由用户文件的所有目录组成。二级目录结构克服了一级目录结构的缺点，但也存在不足之处：缺乏灵活性、不能反映现实世界中的多层次关系。为解决该问题，三级及以上的树形目录结构被提出并广泛应用，它由根目录和多级目录组成，除最末一级目录外，任何一级目录的目录项可以对应一个目录文件，也可以对应一个数据文件，文件一定是在树叶上。

在树形目录中，文件是通过路径名来访问的。所谓路径名是指从根目录开始到该文件的通路上所有目录文件名和该文件的符号名组成的一条路径。路径名通常是由根目录、所经过的目录文件名、数据文件名以及分隔符"/"或"\"来表示。与前面两种目录结构相比，树形目录结构层次清晰、解决了文件重名问题且查找速度快。目前，操作系统如MS-DOS、OS/2、UNIX、Windows等，都是采用树形目录结构。

大多数操作系统支持的目录（或文件夹）没有数量上的限制，它可以多级建立直到存储器空间不能再创建为止。但实际使用时，目录层次过多会影响文件检索速度和文件系统管理的效率，也影响了存储器空间的有效使用。

（6）文件的使用

工作目录：也称当前目录。在多级目录结构的文件系统中，文件路径名可能较长，也会涉及多次磁盘访问。为提高效率，操作系统提供设置工作目录的机制，每个用户都有自己的工作目录，任一目录节点都可以被设置为工作目录。一旦某个目录节点被设置成工作目录，相应的目录文件有关内容就会被调入主存，这样，对以工作目录为根的子树内任一文件的查找时间会缩短，从工作目录出发的文件路径名称为文件的相对路径名。文件系统允许用户随时改变自己的工作目录。

文件的使用：文件系统提供一组专门用于文件、目录的管理，如目录管理、文件控制和文件存取等命令，其中目录管理命令有建立目录、显示工作目录、改变目录、删除目录；文件控制命令有建立文件、删除文件、打开文件、关闭文件、改文件名、改变文件属性，文件存取命令有读写文件、显示文件内容、复制文件等，具体的操作在后面的 Windows 10 的资源管理器中叙述。

文件的属性：文件除文件名外，还有文件大小，文件是否可读写等信息，这些信息称为文件属性，文件的属性有"只读""隐藏""存档"。设置为只读属性的文件只能读，不能修改或删除，起到保护文件作用。设置为隐藏属性的文件一般情况下不显示。

文件共享和安全文件的共享：文件共享是指不同的用户使用同一文件。文件的安全是指文件的保密和保护，即限制未授权用户使用或破坏文件。文件的共享可以采用文件的绝对路径名（或相对路径名）共享同一文件。一般的文件系统，要求用户先打开文件，再对文件进行读写，不再使用时关闭文件。若两个用户可同时打开文件，对文件进行存取，这称为动态文件共享。文件的安全管理措施常常在系统级、用户级、目录级和文件级上实施。①系统级：用户需注册登记并配有口令，每次使用系统时，都需要进行登录（Login），然后输入用户口令（Password），方能进入系统；②用户级：系统对用户分类并限定各类用户对目录和文件的访问权限；③目录级：系统对目录的操作权限作限定，如读（R）、写

(W)、查找(X)等;④文件级:系统设置文件属性来控制用户对文件的访问,如只读(RO)、执行(X)、读写(RW)、共享(Sha)、隐式(H)等。对目录和文件的访问权限可以由建立者设置。除了限定访问权限,还可以通过加密等方式进行保护。

3.3.5　常见操作系统

近年来计算机硬件性能不断提高,其上的操作系统逐步呈现多样化,功能也越来越强。

1. MS-DOS 系统

微软磁盘操作系统(MicroSoft Disk Operating System,MS-DOS)是微软公司设计和开发的早期单用户、单任务字符界面操作系统,其运行于 Intel x86 微机上,所有操作必须通过命令来完成。它也是 DOS 家族中最著名的操作系统之一。Windows 95 以前,DOS 是 IBM PC 及兼容机中的最基本配备,而 MS-DOS 则是个人电脑中最普遍使用的 DOS 操作系统,最新的 Windows 10 系统中仍有其身影。

Windows 10 界面中单击左下角的" "图标,在搜索栏中输入"cmd"并回车,会出现 MS-DOS 窗口,在该窗口中可以输入 MS-DOS 命令,如输入"dir"命令,即显示当前路径下的目录,如图 3-9 所示。

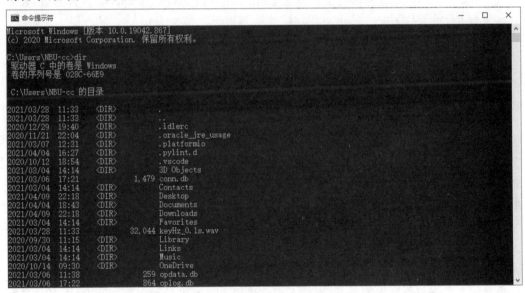

图 3-9　MS-DOS 运行"dir"命令

2. Unix 操作系统

Unix 是一个多用户、多任务、支持多种处理器架构的分时操作系统,其前身为 1964 年开始的 Multics 系统。因其安全、可靠、高效强大等特点,Unix 在服务器领域得到广泛的应用。GNU/Linux 开始流行前,Unix 是科学计算、大型机、超级计算机等平台的主流操作系统。目前,基于 Unix 的衍生版本有很多,如 macOS、FreeBSD 和 Solaris 等。

（1）macOS 系统

macOS 系统是苹果机专用系统，由苹果公司自行开发，是基于 Unix 内核的图形化操作系统，兼容多平台，增强了系统的稳定性、性能和响应能力。一般情况下在普通 PC 上无法安装操作系统。2011 年 7 月 Mac OS X 已经正式被苹果改名为 OS X。2016 年，OS X 改名为 macOS，与 iOS、tvOS、watchOS 相照应。

（2）FreeBSD 系统

FreeBSD 的发展始于 1993 年，是一种类 Unix 的操作系统，经过 BSD、386BSD 和 4.4BSD发展而来的 Unix 的一个重要分支。FreeBSD 为不同架构的计算机系统提供了不同程度的支持。由于 FreeBSD 宽松的条款，其代码被其他很多系统借鉴，包括苹果公司的 macOS。正是由于 macOS 的 Unix 兼容性，使得 macOS 获得了 Unix 商标认证。

（3）Solaris 系统

Solaris 是 Sun Microsystems 研发的计算机操作系统，其是 Unix 衍生版本之一（Sun Microsystem 创始人之一 Bill Joy 来自 U. C. Berkeley）。Solaris 最初名字为 SunOS，自 SunOS 5.0 开始，SUN 的操作系统开发开始转向 System V Release 4，并且有了新的名字，叫做 Solaris 2.0。Solaris 2.6 以后，Sun 删除了版本号中的"2"，因此，SunOS 2.10 就叫做 Solaris 10。从版本 10 开始，Solaris 修改了其许可证，产品能免费应用于任何系统或目的。2005 年 6 月，Sun 公司将正在开发中的 Solaris 11 源代码以 CDDL 许可开放，该开放版本就是 OpenSolaris。

3. Linux 操作系统

Linux 是一套免费使用和自由传播的类 Unix 操作系统，是一个多用户、多任务、支持多线程和多 CPU 架构的操作系统。它能运行主要的 Unix 工具软件、应用程序和网络协议，它支持 32 位和 64 位硬件。Linux 继承了 Unix 以网络为核心的设计思想，是一个性能稳定的多用户网络操作系统，主要用于基于 Intel x86 系列 CPU 的计算机上，是由全世界各地的成千上万的程序员设计和实现的，其目的是建立不受任何商品化软件的版权制约、全世界都能自由使用的 Unix 兼容产品。Linux 的出现，打破了微软在 PC 操作系统上的长期垄断地位，使用户根据不同的需要在选用操作系统时有了更多的选择。Linux 有很多发行版本，较流行的有：RedHat Linux、Debian Linux、RedFlag Linux 等。

如今越来越多的商业公司采用 Linux 作为操作系统。例如，科学工作者使用 Linux 来进行分布式计算；ISP（Internet Service Provider）使用 Linux 配置 Internet 服务器、电话拨号服务器来提供网络服务；欧洲核子中心采用 Linux 进行物理数据处理；许多高难度的计算机动画的设计工作也可以在 Linux 平台上顺利完成。

4. Windows 操作系统

Windows 系统是由微软公司开发出来的一种图形用户界面的操作系统，它采用图形界面的方式替代了 DOS 系统中复杂的命令行形式，使用户能轻松地操作计算机，大大提高了人机交互能力。

1995 年，Microsoft 公司推出了 Windows 95，它完全脱离了 DOS 平台，这是一个真正的多任务、完全图形界面的操作系统。Windows 95 一经推出，全世界就掀起了 Windows 浪潮，奠定了其在个人机操作系统领域的垄断地位。随后，Microsoft 公司又陆续推出了 Windows 98、Windows 2000、Windows 7、Windows Server 2003、Windows Vista、Windows 7、Windows 10 等一系列图形化操作系统。

5. 物联网与移动设备操作系统

物联网已广泛用于生产生活中，而移动设备则成为大多数人的必备助手，它们共同的特点是搭载了处理器并运行操作系统，提供丰富多样的便捷服务。

目前，移动设备如智能手机使用的操作系统主要包括 Android、iOS、Symbian 等。其中，Android 是 Google 于 2005 年收购并组建开放手机联盟的操作系统，它是以 Linux 为基础的开放源代码的系统，主要用于便携设备，如平板电脑、智能手机等。iOS 是 Apple 公司为其 iPhone 手机开发的智能操作系统，原名为 iPhone OS，它主要是给 iPhone 和 iPod Touch 以及 iPad 使用。Symbian OS 是 Nokia 和 Sony 等手机生产商联合开发的智能操作系统，曾在智能手机中占据很大的市场。

在物联网操作系统方面，国内外百花齐放，各大公司和机构开发了不同的特定操作系统，如阿里的 AliOS、华为 HarmonyOS、RT-Thread 等。其中，AliOS 以驱动万物智能为目标，可应用于智联网汽车，为行业提供一站式 IoT 解决方案，构建 IoT 云端一体化生态，使物联网终端更加智能。从汽车开始，AliOS 正在定义一个不同于 PC 和移动时代的物联网操作系统。HarmonyOS 则是一款面向未来、面向全场景（移动办公、运动健康、社交通信、媒体娱乐等）的分布式操作系统。在传统的单设备系统能力的基础上，HarmonyOS 提出了基于同一套系统能力、适配多种终端形态的分布式理念，能够支持手机、平板、智能穿戴、智慧屏、车机等多种终端设备。对设备开发者而言，HarmonyOS 采用了组件化设计方案，可以根据设备的资源能力和业务特征进行灵活裁剪，满足不同形态的终端设备对于操作系统的要求。HarmonyOS 提供了支持多种开发语言的 API，供开发者进行应用开发。支持的开发语言包括 Java、XML（Extensible Markup Language）、C/C++、JS（JavaScript）、CSS（Cascading Style Sheets）和 HML（HarmonyOS Markup Language）。

3.4 Linux 操作系统

Linux 最初是由芬兰学生 Linus Torvalds 在 1990 年出于个人兴趣开发的，用于 Intel 386 个人计算机的类 Unix 操作系统，1994 年正式发布了 Linux 内核 v1.0。Linux 在 GNU（GNU's Not Unix 的递归缩写）的通用公共许可证 GPL（General Public License）保护下开发，成为自由软件，用户可以自由获取其源代码，并能自由地使用它们，包括修改或复制等，它是网络时代的产物。

3.4.1 Linux 操作系统的特点

Linux 以它的高效性和灵活性著称。Linux 模块化的设计结构，使得它既能在价格昂贵的工作站上运行，也能够在廉价的 PC 上实现全部的 Unix 特性。Linux 操作系统软件包不仅包括完整的 Linux 操作系统，而且还包括文本编辑器、高级语言编译器等应用软件。它还包括带有多个窗口管理器的 X－Windows 图形用户界面，允许使用窗口、图标和菜单对系统进行操作。

Linux 具有 Unix 的优点，稳定、可靠、安全，有强大的网络功能，在相关软件的支持下，可实现 WWW、FTP、DNS、DHCP、E－mail 等服务，还可作为路由器使用，利用 ipchains/iptables 可构建 NAT 及功能全面的防火墙。

Linux 具有如下的特点：Linux 是一个遵循 POSIX（Portable Operating System Interface，可移植的操作系统接口）标准的免费操作系统，在源代码级上兼容绝大部分 Unix 标准；是一个支持多用户、多任务、多线程和多 CPU、功能强大而稳定的操作系统。

Linux 由 4 个主要部分组成：内核操作、Shell、文件结构和实用工具。

Linux 主要应用于 Internet/Intranet 服务器。这是目前 Linux 应用最多的一项，包括 Web 服务器、FTP 服务器、Gopher 服务器、POP3/SMTP 邮件服务器、Proxy/Cache 服务器、DNS 服务器等。另外，由于 Linux 拥有出色的联网能力，因此可用于大型分布式计算，如动画制作、科学计算、数据库及文件服务器等。

3.4.2　常见的 Linux 操作系统

1. Ubuntu 系统

Ubuntu 是一个以桌面应用为主的 Linux 操作系统，其名称来自非洲南部祖鲁语或豪萨语的"ubuntu"一词，意思是"人性""我的存在是因为大家的存在"，是非洲传统的一种价值观。Ubuntu 基于 Debian 发行版和 Gnome 桌面环境，而从 11.04 版起，Ubuntu 发行版放弃了 Gnome 桌面环境，改为 Unity。从前人们认为 Linux 难以安装、难以使用，在 Ubuntu 出现后这些都成为了历史。Ubuntu 也拥有庞大的社区力量，用户可以方便地从社区获得帮助。自 Ubuntu 18.04 LTS 起，Ubuntu 发行版又重新开始使用 Gnome3 桌面环境。

2. Fedora 系统

Fedora Linux（第七版以前为 Fedora Core）是由 Fedora 项目社区开发、红帽公司赞助，目标是创建一套新颖、多功能并且自由（开放源代码）的操作系统。Fedora 是商业化的 Red Hat Enterprise Linux 发行版的上游源码。Fedora 对于用户而言，是一套功能完备、更新快速的免费操作系统；而对赞助者 Red Hat 公司而言，它是许多新技术的测试平台，被认为可用的技术最终会加入 Red Hat Enterprise Linux 中。

3. openEuler 系统

openEuler 是一款基于 Linux 内核的开源操作系统，支持鲲鹏及其他多种处理器，能够充分释放计算芯片的潜能，由全球开源贡献者构建的高效、稳定、安全的开源操作系统，适用于数据库、大数据、云计算、人工智能等应用场景。同时，openEuler 是一个面向全球的操作系统开源社区，通过社区合作，打造创新平台，构建支持多处理器架构、统一和开放的操作系统，推动软硬件应用生态繁荣发展。openEuler 可安装在服务器上，也可安装在嵌入式设备上,如树莓派。系统安装后,可以使用不同桌面环境进行系统的体验与使用。

3.4.3　Linux 的目录和基本命令

1. Linux 的目录结构

在 Linux 中,文件和目录的管理采用的是树形结构。下面列出了一个典型的 Linux 目录结构,在这些目录中还包含更多的子目录和文件。目录树的主要目录及其功能如表 3-5 所示。

表 3-5　目录树的主要目录及其功能

目录	功能	目录	功能
/root	超级权限者的用户主目录	/media	自动识别的设备,如 U 盘
/bin	存放着最经常使用的命令	/mnt	临时挂载别的文件系统
/boot	启动 Linux 时的核心文件	/proc	内核运行状态的特殊文件
/dev	存放 Linux 的外部设备文件	/sbin	系统管理员的系统管理程序
/etc	系统管理配置文件和子目录	/tmp	存放临时文件的目录
/home	用户的主目录	/usr	存放应用程序和文件
/lib	系统最基本动态连接共享库	/var	存放系统产生的文件,如日志

2. 文件和目录操作基本命令

使用 Linux 操作系统最为高效的方式是命令行,因此掌握常用的 Linux 命令非常有必要。下面简单介绍常见的几个命令,如果用户对某一个命令需详细了解的话,可以使用 man 命令。例如,如果想了解 cd 命令的详细信息,那么命令行书写格式如下:

〔root@teacher root〕♯man cd

注意:在 Linux 中命令区分大小写。下面介绍几个文件和目录操作的基本命令。

①pwd 命令。pwd 即"print working directory"(打印工作目录)。当输入 pwd 时,Linux 系统显示的当前位置。

例如:

〔root@teacher apache〕♯pwd

/tmp/apache

表明当前正处在/tmp/apache 目录中。

②cd 命令。该命令用于改变工作目录,举例说明如表 3-6 所示。

③ls 命令。该命令用于显示当前目录的内容。ls 命令有许多可用的选项,表 3-7 是与 ls 一起使用的一些常用选项列表。

④clear 命令。该命令用于清除终端窗口。

⑤cp 命令。该命令可以将文件或目录复制到其他目录中,就如同 DOS 下的 copy 命令一样,功能非常强大。在使用 cp 命令时,只需要指定源文件名与目标文件名或目标目录即可。格式为:

$$cp <源> <目标>$$

其他常用命令还有移动文件命令 mv,建立目录命令 mkdir,删除文件命令 rm 等。

表 3-6　cd 命令功能

命令	功能
cd ~	返回到你的登录目录
cd /	返回到整个系统的根目录
cd /root	到 root 用户的主目录
cd /home	进入 home 目录
cd ..	返回上一级
cd /dir1/subdirfoo	进入/dir1/subdirfoo 子目录
cd ../../dir3/dir2	向上移动 2 级,进入 dir3,再进入 dir2

表 3-7　与 ls 一起使用的选项

命令	功能
ls-a	列举目录中的全部文件,包括隐藏文件
ls-l	列举目录内容的细节,包括权限、所有者、族群、大小、创建日期
ls-r	从后往前列出文件内容
ls-s	按文件大小排序

3.5　Windows 10 操作系统

2015 年 7 月,微软发布了 Windows 10 正式版。Windows 10 共有家庭版、专业版、企业版、教育版、移动版、移动企业版和物联网核心版七个版本,分别面向不同用户和设备。

3.5.1　Windows 的桌面

安装好 Windows 系统后,用户启动计算机并登录到系统后看到的整个界面即为"桌面",它是用户和计算机进行交流的窗口。桌面有"▦(开始)"按钮、任务栏和用户经常用到的应用程序和文件夹图标。用户可以根据自己的需要在桌面上添加各种快捷图标,在使用时双击图标就能够快速启动相应的程序或文件。通过桌面,用户可有效地管理自己的计算机。以 Windows 10 为例,桌面上有以下常见的图标。

(1)"计算机"图标:用户通过该图标可以实现对计算机硬盘驱动器、文件夹和文件的管理,在其中用户可以访问连接到计算机的硬盘驱动器、控制面板、照相机、扫描仪和其他硬件以及有关信息。

(2)"网络"图标:该项中提供了网络上其他计算机上的文件夹和文件访问以及有关信息,在双击展开的窗口中用户可以查看工作组中的计算机、查看网络位置及添加网络位置等工作,通过它可以访问网络上其他计算机,共享其他计算机的资源。

(3)"回收站"图标:在回收站中暂时存放着用户已经删除的文件或文件夹等一些信息,当用户还没有清空回收站时,可以从中还原删除的文件或文件夹。

(4)显示桌面:在 Windows 10 中,微软将"显示桌面"的按钮放置在桌面屏幕右下角,通知图标的右侧,一改以往 Windows 7 系统的操作习惯,单击即可快速显示桌面,更加方便用户操作。

要显示或隐藏桌面上的图标,单击桌面左下角的"🔍"按钮,搜索中输入 ICO,打开"主题和相关设置"应用,然后点击应用右侧的"桌面图标设置"选项卡,根据需要选择桌面上显示的图标。此外,"主题和相关设置"应用中还提供了许多其他的设置,如更改主题、调整任务栏显示等,如图 3-10 所示。

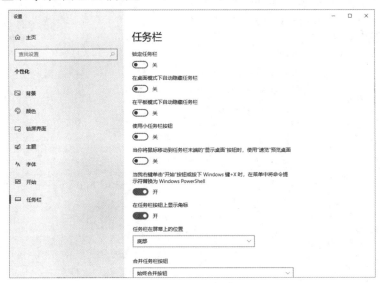

图 3-10　主题和相关设置

3.5.2　Windows 10 的搜索功能

Windows 10 的搜索功能非常强大并且实用。

1. 任务栏搜索图标

单击任务栏左侧的"🔍"搜索图标,可快速进行即时搜索。通过该方式可直接输入控制面板、Windows 文件夹、Program File 文件夹、Path 环境变量指向的文件夹等,操作效率高。此外,还能作为运行输入框用,比如输入 ping 192.168.1.1,直接测试网络 IP 地址是否接通。

搜索结果会根据项目种类进行分类显示所在计算机上的位置,并组织成多个类别。例如,搜索"计算器"时,可看到按程序、文档、文件等进行分类的搜索结果,每类最佳搜索结果将显示在该类标题下。单击其中任一个结果即可打开该程序或文件,单击类标题则可在 Windows 资源管理器中查看该类的完整搜索结果列表。

2."资源管理器"搜索框

在桌面环境中，按下键盘上的"Win（▦）＋E"快捷键或右击"开始"按钮，选择"打开Windows资源管理器"。在资源管理器右上角也有一个搜索框，可用来进行全局搜索，如图 3-11 所示。在这里用户可以快速地搜索 Windows 中的各种文档、图片、程序等内容，甚至连 Windows 帮助和网络信息都能够搜索到。除了搜索速度十分快之外，资源管理器搜索框还为用户提供了大量的搜索筛选器，使用户能够更加方便细致地完成各种文件的搜索。单击这个全局搜索的搜索框，就能够看到出现一个下拉的列表，在列表里面列出了用户之前的搜索记录和搜索筛选器。当搜索结果数量过多时，还可以通过缩小搜索范围，来进行精确搜索。当用户移动到搜索结果最下方时，可以看到可以再次搜索的提示，如在库、家庭组、计算机、自定义、Internet 中搜索。

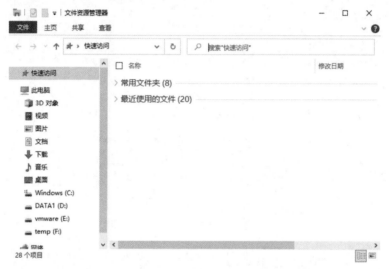

图 3-11　资源管理器

Windows 10 搜索可超快动态反应，当搜索框中输入第一个字的时刻，搜索就已经开始工作，继续输入或者改变搜索关键字的时候，界面会立刻按新条件进行搜索。再加上灵活方便的搜索筛选器，搜索效率大大提高。

3.5.3　Windows 10 的"开始"菜单与任务栏

"开始"菜单可理解为 Windows 导航控制器，在这里可获得 Windows 的一切功能。Windows 10"开始"菜单分四大区域，如图 3-12 所示。

左侧区域为"用户"、"文件资源管理"、"图片"、"设置"和电源按钮。中间区域为"开始"菜单常用软件历史菜单，系统根据使用软件的频率自动把最常用的软件展示在那里，也可以按照软件的首字母进行排序展示。右侧区域用户常用应用的放置区域，用户可以将自己经常使用的应用存放在此区域，方便需要使用的时候，直接点击运行。

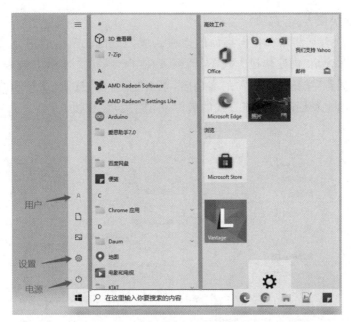

图 3-12　Windows 10"开始"菜单

Windows 10 的任务栏信息如图 3-13 所示,其包含了"开始"菜单按钮、搜索框、Cortana 语音助手以及锁定在任务栏上的可快速启动的应用。

图 3-13　Windows 10 任务栏

从 Windows 10 的 1607 版本开始,可将其他应用固定到任务栏,并可从任务栏删除默认固定的应用,可根据设备区域设置或地区指定不同的任务栏配置。

当使用过某个应用后,如果用户需要经常使用,为了方便点击该应用,可以将应用固定到任务栏,这样,即使关闭应用,任务栏中还会显示该应用图标,而未固定的应用则会消失。

3.5.4　快捷方式

快捷方式指的是快速启动程序或打开文件和文件夹的手段,无论应用程序实际存储在磁盘的什么位置,相应的快捷方式都只是作为该应用程序的一个指针,用户通过快捷方式图标快速打开应用程序的执行文件。用户可以在桌面上创建自己经常使用的程序或文件的快捷方式图标,使用时直接在桌面上双击即可快速启动该项目。快捷方式图标还可以放在"开始"菜单里和任务栏上,这样就可以在开机后立刻看到,以达到方便操作的目的。创建快捷方式有 3 种方法:

①在"资源管理器"或"计算机"窗口中,找到要创建快捷方式的文件或文件夹,右击对象,在弹出的快捷菜单中选择"创建快捷方式"命令,便在当前位置为文件或文件夹创建了一个快捷方式。

②快捷方式可以创建在文件夹中,也可以创建在桌面上,操作方法为:在"资源管理器"或"计算机"窗口中,右击要创建快捷方式的文件或文件夹,在弹出的快捷菜单中选择

"发送到"|"桌面快捷方式"选项。

③如图3-14所示，将鼠标指向桌面的空白区域，右击，在弹出的快捷菜单中选择"新建"|"快捷方式"，弹出"创建快捷方式"对话框。在"命令行"文本框中输入对象的路径和文件名或单击"浏览"按钮查找所需的文件名，单击"下一步"按钮，在打开的"选择程序的标题"对话框中给定新创建的快捷方式的名称，单击"完成"按钮。

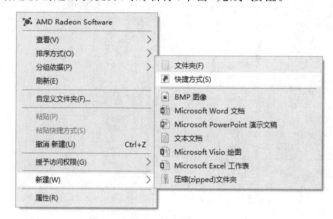

图 3-14　Windows 10 创建快捷方式

注意，并不是只有可执行文件才能建立快捷方式，也可以为硬盘或光盘驱动器建立快捷方式，只要在"新建快捷方式"对话框中的"命令行"中输入相应的盘符加冒号即可。另外，除了各种快捷方式可以放在桌面上以外，也可以直接把文本文件、图像文件或声音文件放在桌面上，还可以在桌面上建立文件夹。其实，桌面本身也是一个文件夹，所以可以和其他文件夹一样使用。

3.5.5　窗口与菜单操作

1.窗口类型

Windows的窗口可以分成3种类型：应用程序窗口、文档窗口和对话框。对话框简化了许多窗口组件，是一种特殊窗口，稍后将单独介绍。

应用程序窗口是在应用程序运行时创建的，而文档窗口则是由应用程序为某个文档创建的，并在其中进行与文档有关的操作，它是应用程序窗口打开的信息窗口。在一个应用程序窗口中通常可以包含多个文档窗口。

应用程序窗口和文档窗口的基本组成元素相同，即都有窗口边框、标题栏、系统菜单图标、系统菜单和系统按钮等组件。

2.对话框

对话框是Windows的一种特殊窗口，是人机交互的基本手段。用户可以在对话框中设置选项，使程序按指定方式执行。对话框与一般窗口有许多共同之处，如系统菜单和标题栏等，但它也有自己的特点，如对话框不能最大化和最小化，对话框只能随应用程序一起置于非活动状态，一个应用程序一旦弹出对话框，用户则不能忽略对话框而在该应用程序中进行其他操作。在Windows系统中，对话框的形态有很多种，复杂程度也各不相同。

3.5.6　Windows 10 文件管理

1. "计算机"与"文件资源管理器"的文件管理

Windows 10 提供了两个管理文件和文件夹的重要工具:"计算机"和"文件资源管理器",两者的操作方法和界面非常相似。

Windows 10 的"计算机"管理本地计算机的所有资源和网上邻居提供的共享资源,这些资源包括文件和文件夹、驱动器、打印机、控制面板、计划任务等。

"文件资源管理器"在窗口左侧的列表区,将计算机资源分为收藏夹、库、家庭网组、计算机和网络五大类,相比 Windows 7 系统来说,Windows 10 在资源管理器界面方面功能设计更为周到,页面功能布局也较多,设有菜单栏、细节窗格、预览窗格、导航窗格等;内容则更丰富,如收藏夹、库、家庭组等;更加方便用户更好更快地组织、管理及应用资源。

常见的打开"资源管理器"的方法如下:

方法 1:右键单击"开始"|打开"文件资源管理器"。

方法 2:Win 键(⊞)+E。

(1)文件夹选项设置

用户可以指定资源管理是否显示文件的扩展名和那些被设置为隐藏属性的文件,选择菜单"工具"|"文件夹选项",弹出"文件夹选项"对话框,如图 3-15 所示。选择"查看"选项卡,在"隐藏文件和文件夹"下面选中"显示所有文件和文件夹",再去掉"隐藏已知文件类型的扩展名",单击"确定"按钮,即可显示隐藏文件和全部文件的扩展名。

在图 3-15 所示对话框的"常规"选项卡中,还可以设置"在同一窗口中打开每个文件夹"或"在不同窗口中打开不同的文件夹",如果设置为"在不同窗口中打开不同的文件夹",则每打开一个文件夹将启动一个新的窗口,默认设置是"在同一窗口中打开每个文件夹"。

图 3-15　文件夹选项

（2）回收站

Windows 10 的回收站是一个用来存放被暂时删除文件的文件夹，每个磁盘中都会预留一定的硬盘空间作为回收站用。右击"回收站"图标，选择快捷菜单中的"属性"命令，如图 3-16 所示，可以对每个磁盘"回收站"的容量进行设置，还可以通过"显示删除确认对话框"复选框设置删除文件时是否弹出"确认"对话框。

恢复被删除的文件：在桌面上双击"回收站"图标，打开"回收站"窗口，选定要恢复的文件，选择"文件"|"还原"，这些文件就被恢复到原来位置。

清理回收站：删除回收站中的文件。在"回收站"窗口中选定要删除的文件，选择"文件"|"删除"，弹出"确认文件删除"对话框，单击"是"按钮，即可将文件彻底从磁盘中删除。也可按 Shift＋Delete 组合键直接删除文件；清空回收站。在"回收站"窗口中，选择"文件"|"清空回收站"，弹出"确认删除多个文件"对话框，单击"是"按钮，即可将"回收站"中的所有文件从磁盘上删除。

图 3-16　回收站属性

2.文件系统的维护

（1）使用备份

利用备份工具可以创建硬盘信息的副本，万一硬盘上的原始数据被意外删除或覆盖，或由于硬盘故障而无法访问，可以使用副本恢复丢失或损坏的数据。注意，备份前必须保证除 C 盘外有一个磁盘，用作系统备份存储。具体的备份过程如下：

①同时按下键盘快捷键 Win＋I，打开设置界面，然后点击"更新和安全"，如图 3-17所示。

图 3-17　更新和安全

②点击左侧"备份",然后右侧点击"转到备份和还原(Windows 7)",如图 3-18 所示。

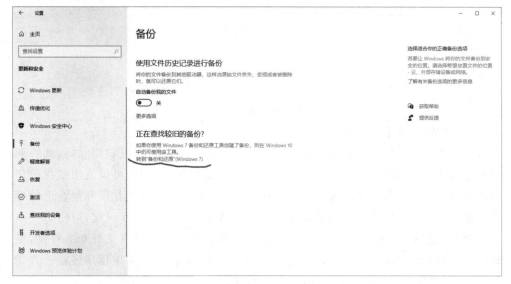

图 3-18　备份

③点击"创建系统映像",如图 3-19 所示。

图 3-19　创建系统映像

④选择备份的驱动器,接着点击下一步,最后点击"开始备份",如图 3-20 所示。

⑤自动开始备份,最后提示备份成功,期间比较耗时。

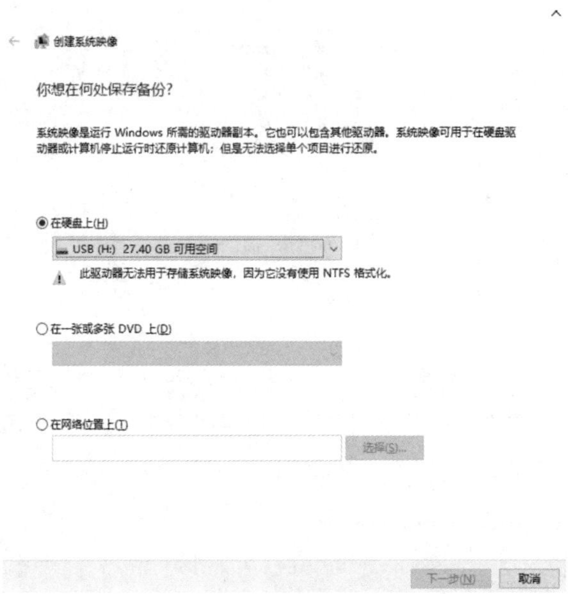

图 3-20　选择磁盘

（2）磁盘清理、修复和碎片整理

　　磁盘清理程序可以帮助释放硬盘驱动器空间。磁盘清理程序搜索驱动器，然后列出临时文件、Internet 缓存文件和可以安全删除的不需要的程序文件，可以使用磁盘清理程序删除部分或全部这些文件。可使用错误检查工具来检查文件系统错误和硬盘上的坏扇区。磁盘碎片整理程序将计算机硬盘上的碎片文件和文件夹合并在一起，以便每一项在该卷上分别占据单个和连续的空间，这样，系统就可以更有效地访问文件和文件夹，更有效地保存新的文件和文件夹。通过合并文件和文件夹，磁盘碎片整理程序还将合并卷上的可用空间，以减少新文件出现碎片的可能性，还可以使用 defrag 命令，从命令行对磁盘执行碎片整理。

3.5.7　Windows 10 应用程序与系统配置管理

1.运行应用程序

（1）启动应用程序常用的方法

　　通过"开始"菜单启动：单击"开始"按钮，选择要打开的程序。

　　自动启动：单击"设置"|"应用"|"启动"，可以将应用配置为登录时启动，如图 3-21 所示。大多数情况下应用启动后会最小化，或者可能只启动后台任务。

　　使用"运行"命令启动程序：右击"开始"，选择"运行"命令，在弹出的对话框（如图 3-22 所示）中的"打开"编辑框中输入所要打开项目的路径，或单击"浏览"按钮查找此项目。

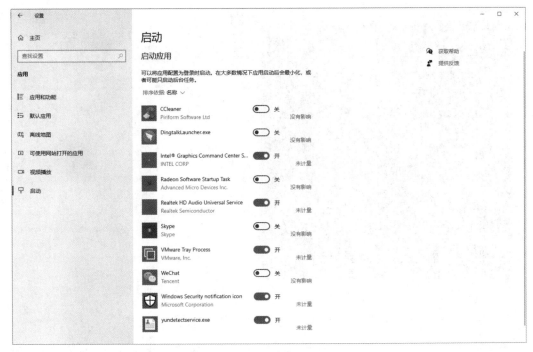

图 3-21　启动应用

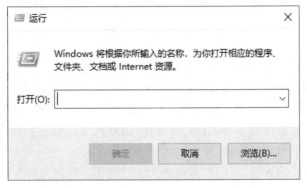

图 3-22　"运行"对话框

(2) MS-DOS 运行方式

MS-DOS 是早期比较流行的微机操作系统。和其他操作系统一样,它将用户的键盘输入翻译为计算机能够执行的操作,监督诸如磁盘输入和输出、视频支持、键盘控制以及与程序执行和文件维护有关的一些内部功能等的操作。

在 Windows 10 中,使用"命令提示符"窗口输入 MS-DOS 命令。操作步骤为:选择"开始"|"Windows 系统"|"命令提示符"命令,打开"命令提示符"对话框。在提示符后输入命令,如先输入"dir",可以展示当前文件夹下的内容。还可以通过输入命令打开应用程序,如输入"mspaint"并按回车键,这样就打开了"画图"程序,如图 3-23 所示。要结束MS-DOS 会话,在命令提示符窗口中光标闪烁的地方输入"exit"即可。

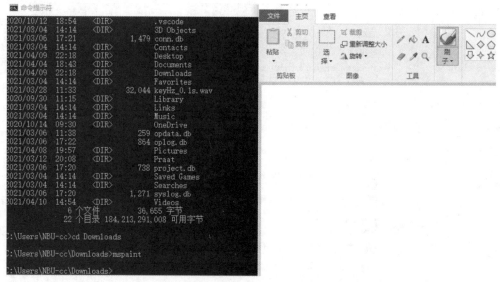

图 3-23 在"命令提示符"窗口打开"画图"程序

2. 应用程序间数据的交换与共享

在 Windows 中可以实现不同应用程序之间的数据交换与共享，例如，可以将 Word 中文字内容通过复制/粘贴操作放入到 PowerPoint 中，将 Excel 中的电子表格链接到 Word 中，等等。

（1）剪贴板

应用程序间数据的交换是通过"剪贴板"（clipbrd.exe）完成的。"剪贴板"是内存中的一个临时数据存储空间，用来在应用程序之间交换文本或图像信息。当我们执行"复制"操作时，复制的数据首先暂存在"剪贴板"上，"剪贴板"上总是保留有最近一次用户存入（复制）的信息。用户通过菜单或工具按钮使用"剪贴板"时，系统会自动完成相关的工作，然而用户往往感觉不到它的存在。

可以将任何格式的数据保存到"剪贴板"上，以便在不同应用程序之间使用这些数据。可保存屏幕或当前窗口画面到"剪贴板"。如果只想复制活动窗口，按 Alt＋Print Screen 组合键，若要复制显示在监视器上的整个屏幕，按 Print Screen 键，可将当前窗口或屏幕的画面保存到"剪贴板"中。如果想要保存某个界面，可以用上面的命令先将其保存到"剪贴板"中，然后直接粘贴到画图界面或应用文档中。

"剪贴板"上的信息会一直保存到被清除或有新的信息输入为止，关闭或重新启动计算机后，"剪贴板"上的信息则会被清除。

（2）"复制"和"粘贴"

我们通常采用"复制""粘贴"操作实现应用程序间的数据交换与共享。首先选择要复制的信息，执行"编辑"|"复制"命令，接着单击文档中希望信息出现的位置，执行"编辑"|"粘贴"命令完成复制，信息可以多次粘贴。

（3）对象的链接与嵌入

对象的链接与嵌入（Object Linking and Embedding，OLE）就是将在一个应用程序中创建的信息嵌入到另一个应用程序中,以达到在应用程序之间传输和共享信息的效果。

链接对象是已插入文档但仍存在于源文件中的对象。将信息与新文档链接后,如果原始文档中的信息出现变化,则新文档会自动进行更新;如果要编辑链接信息,则双击该信息,随后将出现原始程序的工具栏和菜单;如果原始文档就在本机上,则对链接信息所做的修改也对原始文档有效。

首先在源文档中选择要链接到另一个文档的信息或对象,执行"复制"操作,然后在另一个文档中选择要放置该链接对象的位置,再执行"选择性粘贴"|"粘贴链接"|"确定"即可。

3. 控制面板的使用

Windows 是图形界面的操作系统,在用户使用计算机的过程中,直接接触的是操作系统的界面,如菜单、任务栏、图标、窗口等,这些界面的风格可以由用户自己设置,Windows 10 提供了"控制面板"进行设置,可以完成对 Windows 10 系统环境的设置,如鼠标设置、键盘设置、显示设置、网络设置,硬件添加和删除等。

单击任务栏的"🔍"图标,在搜索框中输入"控制面板",会出现控制面板的应用,单击打开该应用,出现界面如图 3-24 所示。

图 3-24　控制面板

(1)添加/删除程序

如果不再使用某个程序,或者如果希望释放硬盘上的空间,则可以从计算机上卸载该程序。可以使用控制面板中的"程序和功能"卸载程序,或通过添加或删除某些选项来更改程序配置。

安装 Windows 后,为保证系统高效运行,应在系统上安装正确的系统设备。与系统服务一样,系统设备也是提供功能的操作系统模块,但系统设备是将硬件与其驱动程序紧密结合的通信模块或驱动程序。系统设备驱动程序是操作系统中软件组件的底层,它对计算机的操作起着不可替代的作用。尽管对于不同的系统设备,管理工具是不同的,但用户可以通过控制面板中的相应选项来管理所有的系统设备。

(2)安装和删除系统设备

在添加或删除符合即插即用标准的设备时,Windows 会自动识别并完成配置工作。用户也可以人工安装、配置硬件设备,打开"控制面板"窗口,选择"硬件和声音"选项,在打开的对话框中选择"设备管理器"选项卡,在该选项卡中集成了包括硬件添加/删除向导、设备管理以及硬件配置文件等几乎所有与硬件管理有关的内容,用户可以很方便地在此进行系统设备的安装和删除。

4.系统的日常维护

(1)查看系统事件

事件是指用户在使用应用程序时需要通知用户的重要事例。事件还包括系统与安全方面的严重事例。每当用户启动 Windows 时,系统会自动记录事件,包括各种软硬件错误和 Windows 的安全性,用户可通过"事件日志"或"事件查看器"工具来查看事件,并可以使用各种文件格式保存日志,如图 3-25 所示。

单击任务栏的""图标,在搜索框中输入"控制面板",打开该应用。紧接着,单击"系统和安全"|"查看事件日志",打开"事件查看器"窗口。通过该窗口可查看"应用程序日志"、"安全日志"和"系统日志"等。

系统日志:包含各种系统组件记录的事件。

安全日志:包含有效与无效的登录尝试及与资源使用有关的事件,如删除文件和修改设置等。

应用程序日志:包含由应用程序记录的事件和应用程序的开发者决定监视的事件。

当用户首次打开日志文件时,事件查看器窗口会显示日志文件的当前信息,该信息不能进行自动更新,要查看最新事件记录,可右击日志列表框,在弹出的快捷菜单中选择"刷新"。

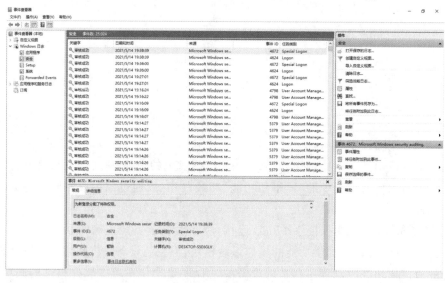

图 3-25　事件查看器

(2)根据事件日志信息排除故障

如果用户经常查看事件日志,会有助于预测和识别应用程序或系统的错误根源。

用户利用日志排除故障时,应注意事件的 ID 号,这些数字标志与信息来源文件中的文本说明相匹配,用户可以根据该 ID 号理解系统发生了什么事件。如果用户怀疑硬件组件是系统故障的根源,可筛选系统日志,使其只显示该组件生成的事件。另外,用户也可以将日志以文档的形式保存,以备以后查阅。

(3)Windows 任务管理

任务管理是 Windows 中系统管理的一个重要概念。任务管理器允许用户监视和控制计算机以及在计算机上运行的程序。启动任务管理器的方法如下:

①在桌面上,右击"任务栏"的空白处,在弹出的快捷菜单中选择"任务管理器",可打开任务管理器窗口;

②按组合键 Ctrl+Alt+Del,选择启动任务管理器;

③按组合键 Ctrl+Shift+ESC,直接打开任务管理器窗口。

任务管理器窗口的工作区域有 3 个选项卡。"应用程序"选项卡:用来显示当前计算机上运行的程序状态,在该选项卡中可以结束、切换或启动程序。选中中间列表框中的某个任务,单击"结束任务"按钮,可以结束该应用程序的执行,该操作在某些应用程序出现死锁状态,显示"没响应"时,用来结束该应用程序特别有效。"切换至"按钮用于激活选中的执行程序为当前活动窗口。"新任务"按钮用于启动一个新的应用程序。"进程"选项卡:用来显示在计算机上运行的进程的信息,在该选项卡中可结束进程。"性能"选项卡:用来显示计算机的 CPU、内存的使用情况以及正在运行的项目。

3.5.8　Windows 10 使用技巧

1.通过时间线功能返回过往活动

在 Windows 10 时间线功能上,用户可快速切换应用,也可以快速访问历史文件和应用。如要访问时间线,可单击"任务栏"上的"▤"图标,会出现如图 3-26 所示的时间线画面。

图 3-26　时间线

2.分屏并排的应用

在 Windows 10 中，若要在屏幕中并排贴靠应用，可选择任何打开的窗口，然后将其拖动并贴靠在屏幕的一侧。此时，其他打开的窗口将显示在另一侧，选择它们中的一个，可填充另一侧的空间。图 3-27 中，右侧为拖拽贴靠的应用窗口，左侧空间可在左侧列出的应用窗口中任选一个进行贴靠。

图 3-27　并排贴靠应用

3.截取屏幕上的内容

同时按快捷键"Win 键（⊞）＋Shift＋S"打开截图栏，然后用鼠标选定要截图的区域，松开鼠标后截图内容将自动保存至剪贴板。图 3-28 所示为快捷键操作后的结果，此时可以拖动光标选定截图区域。

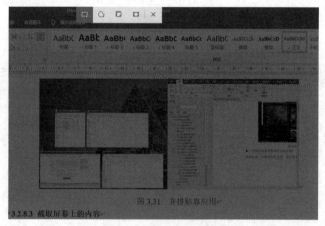

图 3-28　截取屏幕内容

3.6　办公自动化软件

Microsoft Office 是一套由微软公司开发的办公软件，它为 Microsoft Windows 和 Mac OS X 而开发。与办公室应用程序一样，它包括联合的服务器和基于互联网的服务。最初 Office 版本只有 Word（用于文档编辑和排版）、Excel（用于数据的处理和分析）和

PowerPoint(用于报告分享和展示),随着应用越来越广泛,Office 程序逐渐整合,共享一些特性,例如拼写和语法检查、OLE 数据整合和微软 Microsoft VBA(Visual Basicfor Applications)脚本语言。除 Word、Excel 和 PowerPoint 外,Office 还包含 OneNote、Outlook、Skype、Project、Visio 以及 Publisher 等组件和服务。表 3-8 所示为典型的 Office 版本所含的软件的情况。后面将主要介绍 Word、Excel 和 PowerPoint。

表 3-8　不同版本 Office 软件包中包含的主要组件

组件	Office 97	Office 2000	Office XP	Office 2003	Office 2007	Office 2010	Office 2013	Office 2016	Office 2019	Office 2021
Word						有				
PowerPoint						有				
Excel						有				
Outlook						有				
Access						有				
OneNote		无				有				
FrontPage		有					无			
Visio		无				有				

3.6.1　文字处理软件 Word

Microsoft Office Word 是文字处理软件。它被认为是 Office 的主要程序。它在文字处理软件市场上拥有统治份额,其私有的.doc 格式(Word 2007 版本后的格式为.docx,前向兼容.doc)被尊为行业的标准。Word 适用于 Windows 和 Mac 平台,主要竞争者包括 Writer、Star Office、Corel WordPerfect 和 Apple Pages。图 3-29 所示为 Word 打开后的界面,不同版本的 Word 界面略有不同。

在该界面中,主要有以下几个部分组成,在此不对每个功能进行详细的解释,仅给出大致的布局和功能分布:

①快速访问工具栏,显示常用的按钮,默认为"保存""撤销"和"恢复"按钮,也可点击右侧的向下箭头增加按钮。

②标题栏,显示文档标题,可查看当前 Word 文档的名称。

③窗口控制按钮,可实现窗口的最大化、最小化、关闭及更改功能区的显示选项(单击登录右侧的向下箭头可进行选择)。

④功能区选项卡,显示各个集成的 Word 功能区的名称,可以进行增加或删除。

⑤功能区,在④的不同选项卡下有不同的按钮内容,功能区按钮可增加或删除,具体为:右键单击功能区,选择"自定义功能区(R)...",在弹出的对话框中进行选择。

⑥导航栏,包含文档标题、页面和搜索结果信息,其中标题是设置内容为标题才会显示。

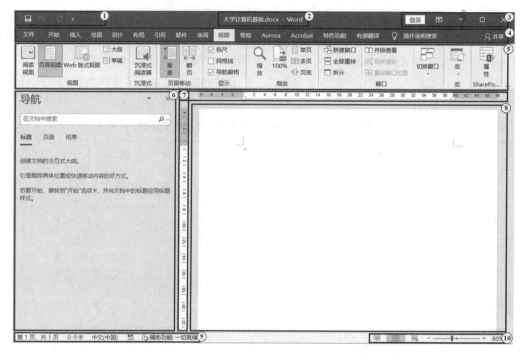

图 3-29　Word 窗口界面

⑦标尺,用于显示和控制页面格式,默认不显示,需要在④所示的"视图"选项卡下选中"标尺"选项。

⑧工作区,可以在该区域输入需要编辑的内容,包括文字、图片等。

⑨状态栏,显示当前文档的状态、文字数量、字体输入法等。

⑩视图和显示比例,可以切换不同的视图(包括阅读视图、页面视图和 Web 版式视图),并调整文档的显示比例,拖动按钮可进行放大或缩小。

3.6.2　电子表格软件 Excel

Microsoft Office Excel 是电子表格软件(Excel 2007 版本后的格式为.xlsx,前向兼容.xls),是最早的 Office 组件。Excel 内置了多种函数,可对大量数据进行分类、排序甚至绘制图表等。像 Microsoft Office Word,它占有大量的市场份额。Excel 同样适用于 Windows 和 Mac 平台。它的主要竞争者是 Calc、Star Office 和 Corel Quattro Pro。图 3-30所示为 Excel 打开后的界面,不同版本的 Excel 界面略有不同。

在该界面中,主要有以下几个部分组成,在此不对每个功能进行详细的解释,仅给出大致的布局和功能分布:

①快速访问工具栏,显示常用的按钮,默认为"保存""撤销""恢复"和"字体格式"按钮,也可点击右侧的向下箭头增加按钮。

②标题栏,显示文档标题,可查看当前 Excel 文档的名称。

③窗口控制按钮,可实现窗口的最大化、最小化、关闭及更改功能区的显示选项(单击登录右侧的向下箭头可进行选择)。

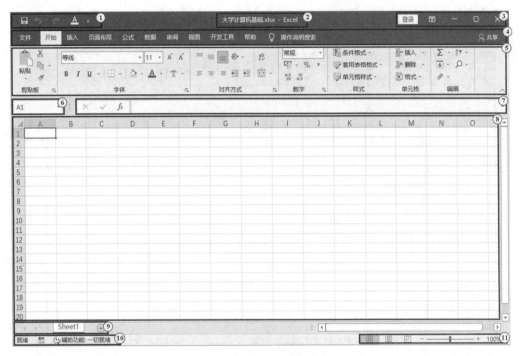

图 3-30　Excel 窗口界面

④功能区选项卡,显示各个集成的 Excel 功能区的名称,可以进行增加或删除。

⑤功能区,在④的不同选项卡下有不同的按钮内容,功能区按钮可增加或删除,具体为:右键单击功能区,选择"自定义功能区(R)...",在弹出的对话框中进行选择。

⑥选中区域,显示⑧中选中区域的左上角单元格行列坐标,如"A1"。

⑦编辑栏,可用于编辑单元格内容或输入/修改公式。

⑧工作区,可以在该区域输入需要编辑的数据,以行列形式呈现单元格,即最小的显示单位。

⑨工作表,可以有多张工作表,新建的工作簿默认只有一张,可点击右侧的加号增加工作表,也可以双击 Sheet1 重命名工作表。

⑩状态栏,显示当前文档的状态、录制宏按钮、辅助功能等,可根据需要自定义,在底部状态栏右键单击,任意选择需要显示的状态信息,取消勾选不需要显示的内容,使界面清晰简洁。

最后,右下角为视图和显示比例,可以切换不同的视图(包括普通、页面布局、分页预览),并调整文档的显示比例,拖动按钮可进行放大或缩小。

3.6.3　演示文稿软件 PowerPoint

Microsoft Office PowerPoint 是演示文稿软件,用户不仅可在投影仪或计算机上进行演示,也可将演示文稿打印出来,制作成胶片,以便应用到更广泛的领域中。利用 PowerPoint 不仅可以创建演示文稿,还可以在互联网上召开面对面会议、远程会议或在网上给观众展示演示文稿。PowerPoint 制作出来的内容叫演示文稿,它是一个文件,其格式后缀名为.pptx（PowerPoint 2007 以前为.ppt），也可保存为.pdf、图片格式等。图 3-31为 PowerPoint 打开后的界面，不同版本的 PowerPoint 界面略有不同。

图 3-31　PowerPoint 窗口界面

在该界面中，主要有以下几个部分组成，在此不对每个功能进行详细的解释，仅给出大致的布局和功能分布：

①快速访问工具栏，显示常用的按钮，默认为"保存""撤销""恢复"和"从头开始"幻灯片放映按钮，也可点击右侧的向下箭头增加按钮。

②标题栏，显示文档标题，可查看当前 PowerPoint 文档的名称。

③窗口控制按钮，可实现窗口的最大化、最小化、关闭及更改功能区的显示选项（单击登录右侧的向下箭头可进行选择）。

④功能区选项卡，显示各个集成的 PowerPoint 功能区的名称，可以进行增加或删除。

⑤功能区，在④的不同选项卡下有不同的按钮内容，功能区按钮可增加或删除，具体为：右键单击功能区，选择"自定义功能区（R）…"，在弹出的对话框中进行选择。

⑥侧边栏，缩略显示每张幻灯片的信息。

⑦工作区，可以在该区域输入需要编辑展示的内容，包括文字、图片等。

⑧备注信息区，可以给每张幻灯片增加备注，演讲者模式播放时可以看到备注信息，辅助展示讲解。

⑨状态栏，显示当前文档的状态、幻灯片的总数和当前位置、字体输入法和辅助功能等。

⑩视图和显示比例，可打开/关注⑧所示区域、增加幻灯片批注、切换不同的视图（包括普通视图、幻灯片浏览、阅读视图、幻灯片放映），并调整文档的显示比例，拖动按钮可进行放大或缩小。

若希望将幻灯片做成模板,可依次点击"视图"|"母版"|"幻灯片母版",然后在打开的窗口中进行编辑(可插入图片作为底图、增加默认文字等),最后另存为"PowerPoint 模板(＊.potx)"。在保存时需要注意,路径为幻灯片模板文件夹。在制作新模版时,一般使用 1024＊768 即可,不宜太大,否则会影响 PPT 的文件大小,而不便演示。

3.6.4　其他办公软件

除 Microsoft Office 之外,国内的金山软件公司也开发了 WPS Office 办公套件,实现最常用的文字、表格、演示、PDF 阅读等多种功能。WPS Office 具有内存占用低、运行速度快、云功能多、强大插件平台支持、免费提供海量在线存储空间及文档模板的优点,支持阅读和输出 PDF 文件、兼容微软 Office 97—2010 格式(doc/docx/xls/xlsx/ppt/pptx 等)独特优势,覆盖 Windows、Linux、Android、iOS 等多个平台。

此外,即时通信方面,个人交流一般使用腾讯公司的微信、QQ 软件,而企业办公常采用企业微信或阿里公司的钉钉软件。笔记软件方面,有道云笔记和印象笔记是不错的选择,它们都支持不同设备间的同步,具有很强的内容编辑功能,且有较大的云存储空间。

3.7　习　题

一、选择题

1. Linux 操作系统是(　　)。

A. 单用户单任务系统　　　　　　　　B. 单用户多任务系统

C. 多用户多任务系统　　　　　　　　D. 多用户单任务系统

2. 在 Windows 10 中,将文件拖到回收站后,则(　　)。

A. 复制该文件到回收站　　　　　　　B. 删除该文件,且不能恢复

C. 删除该文件,但可以恢复　　　　　D. 回收站自动删除该文件

3. 在 Windows 10 环境中,整个显示屏幕称为(　　)。

A. 窗口　　　　　B. 桌面　　　　　C. 图标　　　　　D. 资源管理器

4. Windows 10 中,同时按(　　)三键一次,可以打开"任务管理器",以关闭那些不需要的或没有响应的应用程序。

A. Ctrl＋Shift＋Del　　　　　　　　B. Alt＋Shift＋Del

C. Alt＋Shift＋Enter　　　　　　　　D. Ctrl＋Alt＋Del

5. Windows 10 操作系统是(　　)。

A. 单用户单任务系统　　　　　　　　B. 单用户多任务系统

C. 多用户多任务系统　　　　　　　　D. 多用户单任务系统

6. 关于 Windows 10 中的任务栏,描述错误的是(　　)。

A. 任务栏的位置、大小均可以改变

B. 任务栏无法隐藏

C. 任务栏中显示的是已打开文档或已运行程序的标题

D. 任务栏的尾端可添加图标

7. Windows 10 的文件夹组织结构是一种( )。

A. 表格结构 B. 树形结构 C. 网状结构 D. 线性结构

8. 在 Windows 10 系统下,进入"命令提示符"状态后,想退出并返回 Windows,要用
( )命令。

A. Alt+Q B. exit C. Ctrl+Q D. Space

9. 在 Windows 10 环境中,用鼠标双击一个窗口左上角的"控制菜单"按钮,可以
( )。

A. 放大该窗口 B. 关闭该窗口

C. 缩小该窗口 D. 移动该窗口

10. 在 Windows 10 环境中,"回收站"是( )。

A. 内存中的一块区域 B. 硬盘上的一块区域

C. 软盘上的一块区域 D. 高速缓存中的一块区域

11. "剪贴板"是( )。

A. 一个应用程序 B. 磁盘上的一个文件

C. 内存中的一块区域 D. 一个专用文档

12. 在 Windows 10 资源管理器中,要恢复误删除的文件,最简单的方法是单击(
)按钮。

A. 剪贴 B. 复制 C. 粘贴 D. 撤销

13. 在"计算机"或"资源管理器"窗口中改变一个文件夹或文件的名称,可以采用的方
法是,先选取该文件夹或文件,再用鼠标左键( )。

A. 单击该文件夹或文件的名称 B. 单击该文件夹或文件的图标

C. 双击该文件夹或文件的名称 D. 双击该文件夹或文件的图标

14. 在 Windows 中,一个文件路径名为:C:\groupa\textl\tz. txt,其中 text1 是一个
( )。

A. 文件夹 B. 根文件夹 C. 文件 D. 文本文件

15. 用鼠标器来复制所选定的文件,除拖动鼠标外,一般还需同时按( )键。

A. Ctrl B. Alt C. Tab D. Shift

16. Windows 10 可以使用长文件名保存文件,以下( )字符不允许出现在长文件
名中。

A. Space B. nbu C. * D. %

17. 可以用来在已安装的汉字输入法中进行切换选择的键盘操作是( )。

A. Ctrl+空格键 B. Ctrl+Shift

C. Shift+空格键 D. Ctrl+圆点

18. 在 Windows 10 中,如果要把整幅屏幕内容复制到剪贴板中,可按( )键。

A. Print Screen B. Ctrl+Print Screen

C. Shift+Print Screen D. Alt+Print Screen

19. 下列关于 Windows 的叙述,错误的是(　　　)。

A. 删除应用程序快捷图标时,会连同其所对应的程序文件一同删除

B. 设置文件夹属性时,可以将属性应用于其包含的所有文件和子文件夹

C. 删除目录时,可将此目录下的所有文件及子目录一同删除

D. 双击某类扩展名的文件,操作系统可启动相关的应用程序

20. 以下(　　　)属于音频文件格式。

A. AVI 格式　　　　　B. WAV 格式　　　　C. JPG 格式　　　　D. PDF 格式

21. 下列关于快捷方式的叙述,错误的是(　　　)。

A. 快捷方式指的是快速启动程序或打开文件和文件夹的手段。

B. 右击要创建快捷方式的文件或文件夹,选择"发送到"|"桌面快捷方式"命令,可创建快捷方式。

C. 删除快捷方式,可删除其原对象。

D. 一般来说,快捷方式比原对象占用更小的空间。

22. 计算机中,文件是存储在(　　　)。

A. 磁盘上的一组相关信息的集合

B. 存储介质上一组相关信息的集合

C. 打印机上的一组相关数据

D. 内存中的信息集合

23. Windows 10 中,文件的类型可以根据(　　　)来识别。

A. 文件的大小　　　　　　　　　B. 文件的用途

C. 文件的扩展名　　　　　　　　D. 文件的存放位置

24. 在计算机系统中,操作系统是(　　　)。

A. 一般应用软件　　　　　　　　B. 核心系统软件

C. 用户应用软件　　　　　　　　D. 系统支撑软件。

25. 下列有关进程和程序的主要区别,叙述错误的是(　　　)。

A. 进程是程序的执行过程,程序是代码的集合

B. 进程是动态的,程序是静态的

C. 进程可为多个程序服务,而程序不能为多个进程服务

D. 一个进程是一个独立的运行单位,一个程序段不能作为一个独立的运行单位

26. FAT32 系统不支持多少 GB 以上的单个文件(　　　)。

A. 1GB　　　　　B. 4GB　　　　　C. 16GB　　　　　D. 64GB

27. 将高级语言编写的源程序翻译成计算机可执行代码的软件称为(　　　)。

A. 编译程序　　　B. 目标程序　　　C. 连接程序　　　D. 汇编程序

28. 以下不是操作系统的是(　　　)。

A. Windows NT　　　B. DOS　　　　C. BIOS　　　　D. Linux

29. 简单地说文件名是由(　　　)两部分组成的。

A. 文件名和基本名　　　　　　　　B. 主文件名和扩展名

C. 扩展名和后缀   D. 后缀和名称

30. Excel 是目前最流行的电子表格软件,它计算和存储数据的文件为(　　)。

A. 工作簿   B. 工作表   C. 文档   D. 单元格

二、填空题

1. 操作系统的特征包括:_____,_____,_____,_____。

2. 要定制"任务栏",可以通过右击_____在弹出的快捷菜单中选择"任务栏设置"。

3. 要了解计算机的硬件配置情况或更新硬件驱动程序,可以通过右击"_____"菜单,选择"_____",进行设备的硬件配置。

4. 在桌面上建立某一个对象的快捷方式,可以右击桌面,然后选择快捷菜单中的_____,然后点击_____。

5. 在一般操作系统中,设备管理的主要功能包括_____、_____、_____、_____。

6. 软件系统又分_____软件和_____软件,操作系统属于_____软件。

7. 程序并发是现代操作系统的最基本特征之一,为了更好地描述这一特征而引入了_____这一概念。

8. 当关闭电源时,"剪贴板"的内容_____。而当关闭电源时,"回收站"的内容_____。

9. 使用快捷键_____可以打开文件资源管理器。

10. 使用快捷键_____可以打开 Windows 10 自带的截图工具。

三、简答题

1. 计算机软件按照用途包含哪几类? 简述它们的功能。

2. 什么是计算机程序? 计算机语言可以分为几类?

3. 什么是操作系统? 操作系统的作用是什么?

4. 操作系统的发展分为哪几个阶段?

5. 简述操作系统的功能。

6. 什么是进程? 简述"进程"与"程序"的区别。

7. 进程有几种状态?

8. 如何在 Windows 10 下快速查找应用并运行?

9. 什么是快捷方式? 快捷方式与文件本身有什么区别?

10. 回收站的功能是什么? 什么样的文件删除后不能恢复?

11. 在 Windows 中,结束一个应用程序有几种方法?

第4章 计算机网络基础与应用

计算机技术和通信技术被认为是信息技术领域最重要的两大分支,而这两者的有效结合产生了计算机网络。计算机网络可实现联网设备间的资源共享、信息交换以及协作完成特定任务,逐渐改变着人们的生活、学习和工作方式。本章主要概述计算机网络的历史、组成、功能、分类、Internet、安全、信息检索等内容。

4.1 计算机网络概述

4.1.1 计算机网络的产生和发展

计算机网络离不开计算机。1946 年第一台计算机 ENIAC 诞生于美国宾州大学,之后计算机的发展经历了电子管、晶体管、集成电路和微处理器时代。1977 年,苹果个人电脑问世,标志着个人计算机时代的到来。1981 年 IBM 公司的 PC 发布,有力地促进了微机技术的发展应用。其后 30 年里,在 Wintel(Windows 操作系统+Intel 芯片)平台的主导下,微机技术发展迅猛,成为信息技术前进的主要推动力之一。

人们在使用计算机的同时,对信息互联互通的需求也与日俱增。伴随计算机技术的发展,计算机网络也登上历史舞台,并逐步成为信息社会的基础架构。综观计算机网络的整个发展史,可看出其发展经历了从简单到复杂、从低级到高级的过程。从技术角度看,计算机网络的发展可分为以下四个阶段:

1. 产生阶段

早期计算机系统高度集中,所有设备安装在一起,后来出现了批处理和分时系统,分时系统连接的多个终端必须连接到主机。20 世纪 50 年代中后期到 60 年代中期,许多系统将地理上分散的多个终端通过通信线路连接到一台中心机上,成为第一代计算机网络。典型应用是美国的飞机订票系统,一台计算机连接全美 2000 多个终端。终端机一般是一台显示器和键盘,无 CPU 和内存,如图 4-1 所示。终端用户通过终端机向中心主机发送数据处理请求,中心主机处理后予以回复,终端主机将数据存储到中心主机,自身并不保存任何数据。第一代网络并非真正意义上的网络,但已初步具备网络的特征。

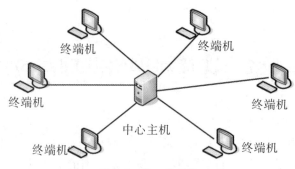

图 4-1　第一代网络

2.形成阶段

为提高可靠性和可用性,人们开始利用通信线路连接多台主机与终端。20 世纪 60 年代末,第二代网络应运而生,多个主机通过通信线路互联,典型代表是 ARPANET。

1969 年,因特网(Internet)的前身 ARPANET(ARPA 是美国国防部高级研究计划署的简称)诞生于美国加州大学洛杉矶分校,当时拥有 4 个节点。主机间不直接用线路相连,而由接口报文处理机负责转接。通信线路负责通信,构成通信子网。而主机负责运行程序、提供资源共享,组成资源子网。两台主机通信时,传送的内容、信息表示形式、不同情况下的应答信号等必须遵守一个共同约定——协议。ARPANET 将协议按功能分成若干层次,如何分层及各层具体采用何种协议统称网络协议体系结构。第二代网络以通信子网为中心,采用了至今仍具重要技术意义的分组交换技术,初步形成了现代意义上的计算机网络。

3.互连互通阶段

20 世纪 70 年代末至 90 年代的第三代网络具有明确的网络体系结构,并遵循统一技术标准。该阶段计算机网络发展迅猛,涌现了多项网络体系结构标准和软硬件产品,如国际标准化组织的开放系统互连参考模型和被因特网广泛采用的 TCP/IP 协议。

4.高速网络和无线互联

20 世纪 90 年代末到 21 世纪的前 10 年,第四代高速网络技术逐步成熟,从百兆网、千兆网到万兆网,还陆续出现了光纤网络、多媒体网络、智能网络、无线网络等,计算机网络的发展呈现高速互连、智能以及更广泛应用的特点。

21 世纪 10 年代开始,无线网络、移动通信网络迅速普及,而物联网技术更是将网络的触角延伸到传统信息领域之外的自然界、物流、交通等,如智能交通、环境保护、政府工作、公共安全、平安家居、智能消防、工业监测、环境监测、健康护理、农业栽培、水系监测、食品溯源、敌情侦察和情报搜集等,应用前景更为广阔。高速和便捷被认为是计算机网络技术的两大发展趋势。高速体现在网络带宽增长的速度比摩尔定律更快,而便捷的任务则更多地需要无线网络来承担。

4.1.2　计算机网络的定义及功能

1.计算机网络的定义

简单而言,用通信链路将分散的多台计算机、终端、外设等互联起来,使之能彼此通信,同时共享各种硬件、软件和数据资源,整个系统可称为计算机网络。

计算机网络更准确的定义是:计算机网络是将地理位置不同的具有独立功能的多台主机、外设或其他设备,通过通信线路进行连接,在网络操作系统、管理软件及通信协议的管理协调下,实现资源共享和信息传递的完整系统。

接入网络的每台主机本身都是一台可独立工作的设备。如一台能上网的微机,即使未连接网络也能完成一部分如文字处理等工作。通信链路分为有线和无线,有线链路包括双绞线、电话线、同轴电缆、光纤等,无线链路包括微波、卫星等。计算机之间交换信息需要有某些约定和规则,即通信协议。每一厂商生产的网络产品都有自己的协议,但从网络互联的角度出发,这些协议需要遵循相应的国际标准。

2.计算机网络的功能

计算机网络的主要功能是连接终端主机以实现资源共享,即通过介质(线缆、无线电等)将用户终端主机联结成大小不一的网络,这些终端主机可彼此直接连通。不同用户的资源通过网络实现共享,这里的共享包括信息共享、软件共享、硬件共享等。具体地,计算机网络的功能包括以下4个方面:

(1)数据通信:用以实现计算机与终端或计算机与计算机之间传送各种信息,将地理位置分散的生产单位或业务部门通过计算机网络连接起来进行集中的控制和管理。

(2)共享资源:用户可以共享网络中各种硬件和软件资源,使网络中各地区的资源互通有无、分工协作,从而提高系统资源的利用率。利用计算机网络可以共享主机设备,共享外部设备,共享软件、数据等信息资源。

(3)实现分布式的信息处理:在计算机网络中,可在获得数据和需进行数据处理的地方分别设置计算机。对于较大的综合性问题可以通过一定的算法,把数据处理的任务交给不同的计算机,以达到均衡使用网络资源、实现分布处理的目的。此外,可以利用网络技术,将多台微型计算机连成具有高性能的计算机网络系统,处理和解决复杂的问题。

(4)提高计算机系统的可靠性和可用性:网络中的计算机可以互为备份,一旦其中一台计算机出现故障,其任务则可以由网络中其他计算机取代。当网络中某些计算机负荷过重时,网络可将新任务分配给负荷较轻的计算机完成,从而提高每一台计算机的利用率。

4.1.3　计算机网络的分类

根据不同的特点,可对计算机网络进行不同的分类。

1.按网络传输技术分类

通信信道分为广播信道和点对点信道两类。前者中多个节点共享一条物理信道。一个节点广播信息，其他节点均能接收该信息。而在后者中，一条信道只连接一对节点，如果二者间无直接连接的线路，则它们由中间节点转接。相应的计算机网络也可分为两类：

（1）点对点式网络

每两个节点之间都存在一条物理信道，节点沿某一信道发送的数据只有信道另一端的唯一节点收到。如果两个节点间通过多跳连接，二者的信息传输就要依赖中间节点的接收、存储和转发。由于连接多台计算机之间的线路结构复杂，从源节点到目标节点可能存在多条路由（路径），确定选择某一路由需要路由选择算法。点对点结构中，由于无信道竞争，几乎不存在介质访问控制问题。广域网链路多采用点到点信道。

（2）广播式网络

所有主机站点都共享一个公共通信信道，当一台主机利用该信道发送分组时，所有其他主机都能接收并处理该分组。分组中含目标地址与源地址，接收到该分组的其它主机将检查目标地址是否匹配自身地址。相同则接受，否则予以丢弃。这种目标地址为某一台主机的情形，称为单播。若目标地址是网络中的某些主机，则称多播或组播。若目标地址是全部主机，则称广播。在广播式网络中，信道共享可能导致冲突，因此有效的信道访问控制非常重要。局域网、无线网多采用广播式通信。

2. 按网络规模和覆盖范围分类

网络覆盖的地理范围不同，所用传输技术和服务功能也会有差异。按覆盖的地理范围大小，可将计算机网络分为局域网、城域网和广域网。一个较短距离的网络可包含同一办公室或同一楼层内的多台主机，通常可称为局域网（Local Area Network，LAN）。而覆盖整个城市的网络，一般称为城域网（Metropolitan Area Network，MAN）。更大范围的网络，如联结多个城市甚至整个国家，可称为广域网（Wide Area Network，WAN）。如表4-1所示。

表 4-1　计算机网络按覆盖范围分类

网络分类	分布距离	跨越地理范围	带宽
局域网（LAN）	约 10m	房间	10Mbps～xGbps
	约 200m	建筑物	
	约 2km	校园	
城域网（MAN）	约 100km	城市	2Mbps～xGbps
广域网（WAN）	约 1000km	国家或省	64kbps～xGbps

带宽是指在单位时间（一般为1秒钟）内能传输的数据量，其基本单位为"比特每秒（bps）"。在实际应用中，带宽受网络设备（交换机、路由器、集线器）性能、拓扑结构（即网络构造形状，如星形、环状）、传输介质、传输距离等因素影响。从表4-1可以看出，一般距离越长，速率越低。

（1）局域网（LAN）

如图4-2所示，LAN多分布于房间、楼层、整栋楼及楼群之间，范围较小。相对而言，

LAN 易配置,拓扑结构较简洁。其特点包括:速率高、时延小、误码率低、成本低、应用广、组网方便及使用灵活等。LAN 常被用于构建单位的内部网,如办公室网、实验室网、楼宇内网、校园网、中小企业网、园区网等,一般由所属单位管理。早期局域网多为共享式(例如,以集线器连接多台主机构成的局域网),随着交换机等设备大量普及,交换式局域网现已成为主流。

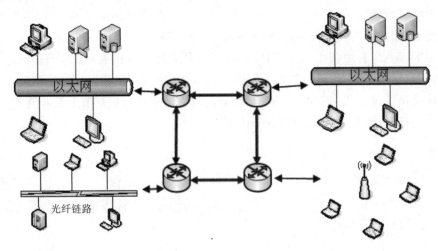

图 4-2　局域网

IEEE 的 802 标准委员会定义了多种主要的局域网:以太网(Ethernet)、令牌环网(Token Ring)、光纤分布式接口网络(FDDI)以及网线局域网(WLAN)。在此基础上,IEEE 制定了 IEEE 802.3 标准,其传输速率从 10Mbps 到 10Gbps 不等。

(2)城域网(MAN)

如图 4-3 所示,众多 LAN 互相连接,成为一个规模较大的城市范围内的网络。其设计目标是满足几十公里范围内的各类企业、单位、机关、学校、家庭等的联网需求,实现大量用户、多种信息传输的综合信息网络。相比 LAN,MAN 的区域更大、速度略慢、网络设备较贵、管理更复杂。

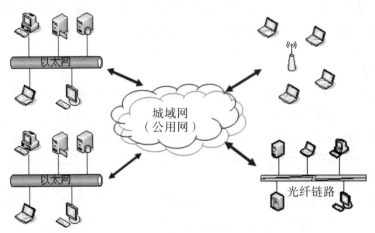

图 4-3　城域网

（3）广域网（WAN）

WAN 的覆盖范围更广，地理范围可从几百千米到几千千米，一般是不同城市和不同国家的 LAN 和 MAN 之间互连。由于 WAN 距离很远，速率往往比 LAN 低得多。譬如横跨太平洋的中美海底光缆其容量也达数十上百 G，但分配到光缆两端上亿的网络用户，其有效单位带宽就很低了。一般企业级 WAN 的构建多通过租用运营商专线或端口，当然也可专门铺设线路，但成本很高。相比 LAN 和 MAN，WAN 的主要特点是：规模很大、距离很远、传输速率一般慢很多、误码率较高、网络设备昂贵。

常见的 WAN 有中国电信的 CHINANET、中国教育科研网（CERNET）等。其中，CHINANET 是我国互联网的主要骨干网。国内许多行业，如政府、金融、部队等都建立了各自的全国性 WAN。不同的局域网、城域网和广域网可以根据需要互相连接，形成规模更大的网际网，如 Internet，如图 4-4 所示。

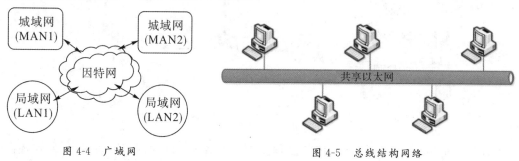

图 4-4　广域网　　　　　　　　图 4-5　总线结构网络

3.按网络拓扑结构分类

网络拓扑结构是指网络中链路和节点的几何排列形式。它关注网络系统的连接形式，能表示服务器、工作站、网络设备的互相连接，在网络方案设计过程中，拓扑结构非常关键。网络拓扑结构一般可分为：总线结构、星形结构、环形结构、树形结构、网状结构等。

（1）总线结构网络

总线结构网络将所有入网计算机均接入到一条通信传输线上，即所有计算机共享一条数据通道，如图 4-5 所示。总线结构网络安装简单，所需线缆短、成本低，但链路故障或任何一个节点出现问题都会导致网络瘫痪，安全性较低，监控困难，新增节点不如星形网络容易。

（2）星形网络

星形结构网络是以一个节点为中心的处理系统，各种类型的入网设备均与该中心节点有物理链路直接相连，如图 4-6 所示。星形网络中，中心节点通过点对点链路连接各节点，而节点间不能直接通信，如要通信，则需要通过该中心节点转发。星形网络新增设备容易，数据安全性和优先级易控制，易实现网络监控，但中心节点故障会使整个网络瘫痪。

（3）环形网络

环形结构网络中各站点的通信介质连成一个封闭环型，其拓扑结构如图 4-7 所示。在环形网络中，信息按固定方向流动，通常通过令牌控制由谁发送信息。环形网易安装和监控，但容量有限，网络建成后，新增站点较困难。

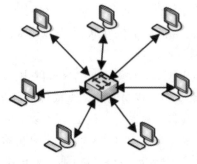

图 4-6　星形网络

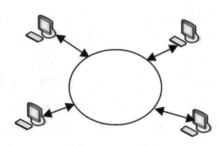

图 4-7　环形网络

（4）树形和网状结构网络

树形、网状及其他类型拓扑结构的网络都以上述 3 种拓扑结构为基础。树形拓扑如图 4-8 所示，网状拓扑如图 4-9 所示。与总线结构、星形以及环形网络相比，树形和网状结构网络都增加了网络结构的复杂性。

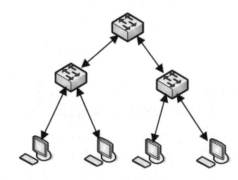

图 4-8　树形网络

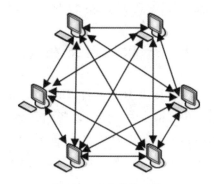

图 4-9　网状结构网络

4.按传输介质分类

（1）有线网络

传统有线网络用同轴电缆或双绞线等有线介质连接。同轴电缆早期较常见，易安装，但传输率和抗干扰性一般，传输距离较短。双绞线是目前最常见的 LAN 组网方式。其价格便宜、安装方便，但传输距离较短。光纤网络传输距离长，传输速率很高，抗干扰性强，保密性好。由于价格较高，安装较复杂，以往多用于 MAN 和 WAN。由于技术进步导致成本下降，现在光纤网络逐步应用于 LAN。

（2）无线网络

无线网络以电磁波、微波和红外线等为媒介传输数据。相比已成熟的有线网络，无线网络的发展和应用前景更为广阔。通常用于无线网络的设备包括便携式计算机、台式计算机、手持计算机、移动电话等。无线技术可用于多种用途，例如，手机用户可以使用移动电话查看电子邮件、上 QQ 聊天等。使用便携式计算机的旅客可以通过安装在机场、火车站和其他公共场所的基站连接到 Internet。在家中，用户可以通过无线路由器连接不同设备组成家庭局域网。

无线网络又分无线个人网、无线区域网和无线城域网。

①无线个人网（WPAN），是在小范围内相互连接数个装置所形成的无线网络，通常是个人可及的范围内。例如，利用蓝牙技术可将耳机与移动手机互联，利用 ZigBee 技术等可实现对家庭内设备的智能控制，在智能家居中得到广泛推广。

②无线区域网，如家庭无线 LAN 和企业无线 LAN。在家庭无线局域网中最常用的设置方法是，一台兼具防火墙、路由器、交换机和无线接入点功能的无线宽带路由器，可以保护家庭网络远离外界的入侵。通常无线宽带路由器基本模块提供 2.4GHz/5.0GHz 操作的 Wi－Fi（Wireless Fidelity）技术。Wi－Fi 是由一个名为"无线以太网相容联盟"（Wireless Ethernet Compatibility Alliance）的组织所发布的业界术语，是一种短程无线传输技术，能够在数百米范围内支持互联网接入的无线电信号。

③无线城域网（Wireless MAN，WMAN），是连接数个无线局域网的无线网络形式。无线城域网是以无线方式构成的城域网，提供面向互联网的高速连接。无线城域网一般是通过 Wi－Fi 布网实现的，可以使用无线网卡来搜索无线信号来实现上网，在热点地区速度最高可以达到 54Mbps 以上。

4.2　计算机网络组成

计算机网络系统由硬件、软件和协议三部分组成。硬件包括网络中的计算机设备、连接设备（包括网络中的接口设备和网络中的互联设备，如交换机、路由器等）和传输介质（如双绞线、光纤以及无线传输介质）三大部分；软件包括网络操作系统（Network Operating System，NOS）和应用软件；网络协议包括各种网络体系结构、网络中的各种协议。

按照数据通信和数据处理的功能，从逻辑上可将网络分为通信子网和资源子网两部分。如图 4-10 所示。

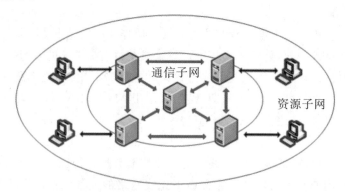

图 4-10　计算机网络结构

（1）通信子网

通信子网是网络通信的基础，由网络设备、通信线路与其他通信设备组成，负责数据传输、转发等通信处理任务。网络设备在网络拓扑中常被称为网络节点。它一方面与资源子网的主机通信，将主机和终端联入网络；另一方面又在通信子网中担任报文分组的存储和转发节点,完成接收和转发分组等功能,最终将源主机的报文准确发送到目标主机。通信线路包括有线和无线两大类。

(2)资源子网

资源子网包括主机系统、终端及控制器、联网外设、软件、信息资源等。

①主机。主机为不同用户提供服务。主机系统是计算机网络的边缘(或叶)节点。一般安装有本地操作系统、网络操作系统、数据库、用户应用软件等,通过通信线路连入通信子网。主机一般具备有效的网络地址,可接收和发送数据。

②终端。终端是用户访问网络的界面。可以是简单的输入、输出终端,也可以是带微处理器、能存储与处理信息的智能终端。

③网络操作系统。是相对主机操作系统而言,主要用于实现不同主机、节点间的通信,以及全网硬件和软件资源的共享,提供统一的网络接口,便于用户使用网络。

④网络数据库。网络数据库建立在 NOS 之上,可集中在一台主机上(集中式),也可分布于多台主机(分布式),实现数据共享。

⑤应用系统。指依托网络基础的各种具体应用软件,满足用户的不同应用需求。

4.2.1　网络软件系统

组成计算机网络的软件系统一般包括网络操作系统、网络应用软件和网络协议等。网络操作系统是管理网络软件、硬件资源的核心,其性能直接影响网络系统的功能。

1.网络操作系统的特点

NOS 主要是指运行在各种服务器上、能够控制和管理整个网络资源的特殊的操作系统,它不但具有通用操作系统功能,还具有网络支持功能。相对单机操作系统而言,NOS 具有如下特点。

(1)复杂性

NOS 负责整个网络资源的管理工作,以实现整个系统资源的共享,实现高效、可靠的计算机间的网络通信能力。

(2)并行性

NOS 在每个节点上的程序都可以并行执行,一个用户的作业既可以分配给自己登录的节点上,也可以分配到远程节点上。

(3)安全性

NOS 的安全性表现在:可对不同用户规定不同的权限;对进入网络的用户能提供身份验证机制;网络本身保证了数据传输的安全性。

(4)提供多种网络服务功能

服务功能如远程作业录入并进行处理的服务功能、文件传输服务功能、电子邮件服务功能、远程打印服务功能等。

2.常用网络操作系统

常见的 NOS 主要有:Windows、Linux 和 UNIX。其中,Windows 系列 NOS 主要包

括 Windows NT、Windows 2019 Server、Windows 2022 Server 等，采用客户机/服务器模式并提供图形操作界面，是目前最受欢迎的 NOS。Linux 是开源的类 UNIX 操作系统，搭载了主流的 UNIX 工具软件、应用程序和网络协议，可安装在不同的计算机硬件设备中，如手机、平板电脑、路由器、视频游戏控制台、台式计算机、大型机和超级计算机。UNIX 操作系统是用于各种类型主机的主流操作系统，有丰富的应用软件支持和良好的网络管理功能，并能通过 TCP/IP 协议与其他 NOS 互联。

3.常用网络应用软件

互联网的普及，为网络应用提供了非常好的应用平台。网络应用软件是指针对某一应用目的而开发的应用程序，是能够为网络用户提供所需要的服务的软件。目前在互联网上的应用软件非常多，主要有 Email、万维网系统（WWW）、即时通讯软件（如 QQ 聊天工具）、网络支付、网络搜索引擎、网络会议软件等。

4.2.2 网络协议

网络协议，即事先约定好的规则，用于主机间或主机和网络设备间的通信。网络技术中为了数据交换而设置的标准、规则或约定的集合称为协议。具体某个协议往往指某一层的协议，它是用于同层实体间通信的相关规则约定的集合。协议的三要素包括：语义、语法和定时。语义是协议控制信息的具体含义，语法是数据和控制信息的格式、编码规则，而定时则是数据和控制信息的收发同步和排序。

1.网络体系结构及划分原则

工程实践中遇到的复杂系统，往往将其分解为若干易处理的子系统，这种结构化方法也被用于网络体系结构。网络体系结构就是网络各层次及对应协议的集合。层次结构一般以垂直分层模型来表示，如图 4-11 所示。

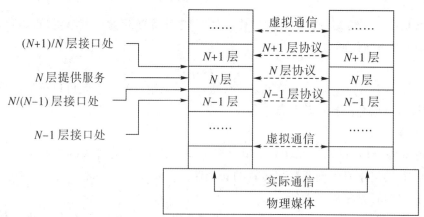

图 4-11　计算机网络层次模型

（1）层次结构的要点

实际通信运行于物理媒体（介质）之上，其余各层对等实体间进行逻辑通信。各种逻辑通信均有对应协议，本层为上层提供服务，也享受下层的服务。

（2）层次结构划分原则

各层相互独立、功能明确。某一层的具体功能更新时，只需保持上下层接口不变，不会影响到邻层。上下层的接口应清晰，接口涉及的信息量应尽量少。

（3）体系结构的特点

以功能作为划分层次的基础，每一层只需与上下层相关，各司其职，各尽其责。

（4）实体、服务和服务访问点

实体表示发送或接收信息的任一硬件或软件进程。在协议控制下，本层为上一层提供服务。同一主机相邻两层的实体交换信息的位置，通常称为服务访问点，它实际上是一个逻辑接口。层与层之间交换的数据单位往往称为协议数据单元。

2. ISO/OSI 模型

讲不同语言的人对话需要一种标准语言才能沟通，而不同类型的主机通信也需遵循共同规则和约定。网络中各方需共同遵守的规则和约定就称为网络协议，由其来定义、协调和管理主机间的通信和操作。OSI（Open System Interconnect），即开放式系统互联，是由国际标准化组织（ISO）为网络通信制定的协议，是一个试图使各种计算机在世界范围内互连为网络的标准框架。

ISO/OSI 模型如图 4-12 所示，它将网络划分为七层，自底向上依次为：物理层、数据链路层、网络层、传输层、会话层、表示层和应用层。最上的应用层与用户软件交互，最下端是传输信号的电缆和连接器。OSI 描述了各层提供的服务、层次间的抽象接口和交互用的服务原语。各层协议规范定义了应当发送何种控制信息及对应的解释过程。

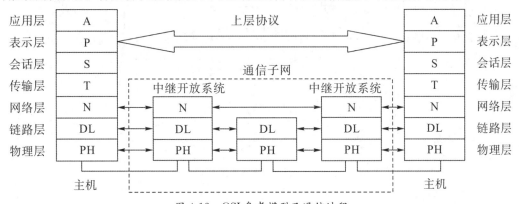

图 4-12　OSI 参考模型及通信过程

需指出，OSI 模型并非具体实现，仅为制定标准网络而提出的概念性框架。鉴于 TCP/IP 已成为事实上的体系结构标准，OSI 模型的特点本书不再赘述。

3. TCP/IP 协议

TCP/IP（Transmission Control Protocol/Internet Protocol，传输控制协议/网际协议）是因特网的通信协议标准，实际为 TCP/IP 协议族，因为其包含了用于因特网等网络的各种具体通信协议。所有联入因特网的主机、设备等均遵循统一的 TCP/IP 协议。

TCP/IP 是一组用于实现网络互连的通信协议，因特网体系结构即以 TCP/IP 为核心。TCP/IP 与 OSI 模型相比,结构更简单,二者对应关系如图 4-13 所示。

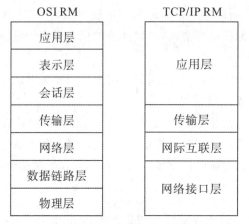

图 4-13   OSI 与 TCP/IP 层次的对应

与 OSI 不同,TCP/IP 中没有会话层和表示层,其应用层包含了会话层和表示层的功能,网络接口层包含了 OSI 模型中的数据链路层和物理层。网际互联层和传输层则分别对应 OSI 中的网络层和传输层。TCP/IP 模型工作原理如图 4-14 所示。

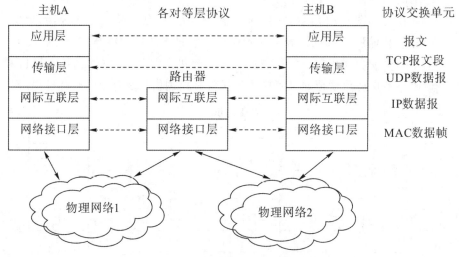

图 4-14   TCP/IP 模型工作过程

(1)网络接口层

网络接口层是 TCP/IP 与各种物理链路的接口。发送方的 IP 数据包封装成 MAC(Media Access Control,介质访问控制)帧后交付给链路层,接收方收到 MAC 帧后,其网络接口层拆封 MAC 帧,并检查其 MAC 目标地址,若为本机地址或广播地址,则接收并上传到网络层,否则丢弃。网络接口层的主要协议包括:串行线路网际协议(Serial Line Internet Protocol,SLIP)、点到点协议(Point to Point Protocol,PPP)等。

(2)网际互联层

网际互联层主要负责主机到主机的通信,以及建立互联网络。由于不同应用的需求差别很大,所以因特网采用一种灵活的分组交换网络,它以一个无连接的网际互联层为基础。该层允许主机将分组发送到任何网络,并让这些分组独立到达目标(可能位于不同类型的网络)。分组到达顺序可能与发送顺序不一致(后发先至),但本层不排序。

网际互联层的主要协议包括:网际协议(IP)、互联网控制报文协议(Internet Control Message Protocol,ICMP)、地址解析协议(Address Resolution Protocol,ARP)和逆向地址解析协议(Reverse Address Resolution Protocol,RARP)。IP 协议的功能是尽力提供无连接的数据传输服务和路由选择服务。用 ARP/RARP 协议来实现 IP 地址与 MAC 硬件地址之间的对应。ICMP 主要传递控制报文,如常用的 Ping 操作就使用了 ICMP 协议。

(3)传输层

传输层的功能是允许源和目标主机上的对等实体间进行对话。该层定义了两类端到端的传输控制协议:传输控制协议(TCP)和用户数据报协议(User Datagram Protocol,UDP)。TCP 是面向连接的、可靠的协议,使一个主机发出的字节流准确传送到网络的另一个主机上。双方在传输数据之前须建立连接,结束时也要拆除连接。TCP 特有的确认、重传、拥塞控制和流量控制等机制,确保报文段按序和准确传输。UDP 则是不可靠的、无连接的协议,通信双方无需建立连接,传输时可能丢失数据或乱序。但 UDP 开销小、效率高,适用于速率要求高而容忍少量差错的应用,譬如多媒体通信。

(4)应用层

TCP/IP 中提供了大量的应用层协议,如广泛应用的超文本传输协议(Hypertext Transfer Protocol,HTTP)、域名系统(Domain Name System,DNS)、文件传输协议(File Transfer Protocol,FTP)、简单邮件传输协议(Simple Mail Transfer Protocol,SMTP)等,不同协议对应不同的具体应用。随着网络技术的发展,新应用不断涌现,有些旧的应用也被陆续淘汰。对应的应用层协议也在不断更新中。

4.局域网协议

常见的局域网组网方式包括令牌环、光纤分布数字接口(Fiber Distributing Data Interface,FDDI)和以太网等。其中,IEEE 802.3 以太网是当今局域网采用的最通用的通信协议标准,组建于 20 世纪 70 年代早期。以太网技术作为数据链路层的一种简单、高效的技术,以其为核心,与其他物理层技术相结合,形成以太网技术接入体系。

5.无线网络协议

常见的无线网络通信技术有蓝牙、ZigBee、Wi-Fi 等。无线网络作为计算机网络的一个重要分支,其协议体系结构也基于分层模型。但不同类型的无线网络,各自所关注的协议层次也不同。譬如无线局域网一般不存在路由问题,所以没有制定网络层协议,而采用传统 IP 协议。鉴于存在共享访问介质问题,MAC 层协议则是多种无线网络关注的重点。此外,无线频谱管理的复杂性,使得物理层协议成为重点。再如移动自组织网络存在路由问题,所以其网络层协议也格外重要。

无线网络的目的是提供更便捷的通信服务。通常,应用层协议并非其关注的重点。只要解决了无线网络的连接和可靠性,各种丰富的业务应用都可直接使用无线网络。

4.2.3　网络传输介质及设备

1.传输介质

（1）双绞线

双绞线,如图 4-15 所示,是由一对相互绝缘的金属导线绞合而成。采用这种方式,不仅可以抵御一部分来自外界的电磁干扰,也可降低多对绞线之间的相互干扰。根据有无屏蔽层,双绞线分为屏蔽双绞线（Shielded Twisted Pair,STP）与非屏蔽双绞线（Unshielded Twisted Pair,UTP）。常见的双绞线有三类:五类线（最高传输速率:100Mbps）、超五类线（最高传输速率:1000Mbps）以及六类线（最高传输速率大于1000Mbps）。

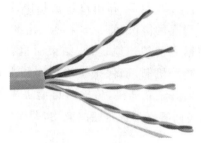

图 4-15　双绞线结构

（2）同轴电缆

同轴电缆,如图 4-16 所示,由绝缘材料隔离的铜线导体组成,在里层绝缘材料的外部是另一层环形导体及其绝缘体,整个电缆由聚氯乙烯或特氟纶材料的护套包住。同轴电缆可用于模拟信号和数字信号的传输,适用于各种各样的应用,其中最重要的有电视传播、长途电话传输、计算机系统之间的短距离连接以及局域网等。

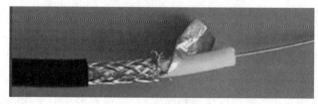

图 4-16　同轴电缆结构

（3）光纤

光纤,也称光导纤维或称光学纤维,是一种由玻璃或塑料制成的纤维,利用光在这些纤维中以全内反射原理传输的光传导介质。华裔物理学家高锟和 George A. Hockham 于 1966 年首先提出光纤可以用于通讯传输的设想,高锟因此获得 2009 年诺贝尔物理学奖,被称为"光纤之父"。

（4）微波与卫星通信

卫星通信系统实际上也是一种微波通信,它以卫星作为中继站转发微波信号,在多个地面站之间通信,如图 4-17 所示。卫星通信的主要目的是实现对地面的"无缝隙"覆盖,由于卫星工作于几百、几千甚至上万公里的轨道上,因此覆盖范围远大于一般移动通信系统。

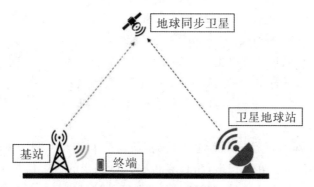

图 4-17　卫星通信示意图

　　针对双绞线、同轴电缆和光纤的传输容量、信号衰减、抗干扰能力、安装难度、价格方面列表做一个比较,如表 4-2 所示。

表 4-2　各种传输介质比较

指标	双绞线		同轴电缆		光纤
	非屏蔽双绞线	屏蔽双绞线	粗同轴电缆	细同轴电缆	
传输容量	三类线适合传输语音信号和速率不超过 10Mbps 的数字信号,五类线适合传输速率为 100Mbps 的数字信号	有较高的传输速率,传输数据时速率不超过 155Mbps	适合传输速率 10Mbps 的数字信号,但具有比双绞线更高的传输带宽	适合传输速率 10Mbps 的数字信号,但具有比双绞线更高的传输带宽	支持极高的传输带宽,以目前技术可以在光纤上以 100Mbps 以上的速率进行数据传输
信号衰减	严重,传输数据时限定 100m 范围内	严重,传输数据时限定 100m 范围内	严重,传输数据时限定 100m 范围内	严重,传输数据时限定 100m 范围内	极低,传输距离可达 20km 以上
抗干扰能力	易受电磁干扰和被窃听	优于非屏蔽双绞线,需要使用特殊的连接器件及相关的屏蔽安装技术	抗电磁干扰好	抗电磁干扰好	不受外界的电磁干扰,适应比较恶劣的环境
安装难度	容易安装和管理,需使用 RJ－45 连接器件	较非屏蔽双绞线困难,需要使用特殊的连接器件及相关的屏蔽安装技术	不容易安装和管理,需使用 AUI 连接器件,线缆两端需要使用终结器件并要有良好接地	容易安装和管理,需使用 BNC 连接器件,线两端需要使用终结器件并要有良好接地	比较复杂和精细,需使用光纤连接器件和光电转换器件
价格	相对便宜	较非屏蔽双绞线贵,但相对于其他线要便宜	相对便宜	相对便宜	昂贵,安装费用远高于材料费用

　　2. 网络中的接口设备

　　(1)网络接口卡

　　网络接口卡(Network Interface Card,NIC),又称网卡,如图 4-18 所示,其被设计用于计算机在网络中进行通讯的计算机硬件。每块网卡都有一个独一无二的 MAC 地址,它被写在卡上的一块 ROM 中。由于电气电子工程师协会(IEEE)负责为网卡销售商分配唯一的 MAC 地址,因此任何两块被生产出来的网卡拥有不同的地址。

网卡和局域网之间的通信是通过电缆或双绞线以串行传输方式进行的,而网卡和计算机之间的通信则是通过计算机主板上的 I/O 总线以并行传输方式进行。因此,网卡的一个重要功能就是要进行串行/并行转换。由于网络上的数据率和计算机总线上的数据率并不相同,因此在网卡中必须装有对数据进行缓存的存储芯片。

(2)调制解调器

调制解调器(Modem)是一种能够实现通信所需的调制和解调功能的电子设备,一般由调制器和解调器组成。在发送端,将计算机串行口产生的数字信号调制成可以通过电话线(或者光纤)传输的模拟信号;在接收端,调制解调器把输入计算机的模拟信号转换成相应的数字信号,送入计算机接口。调制解调器一般有两种:内置式和外置式。其中,内置式调制解调器其实就是一块计算机的扩展卡,插入计算机内的一个扩展槽即可使用,无需占用计算机的串行端口。外置式调制解调器则是一个放在计算机外部的盒式装置,如图 4-19 所示,其需占用电脑的一个串行端口,还需要连接单独的电源才能工作。

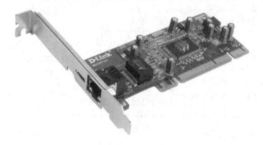

图 4-18　网络接口卡

图 4-19　外置式调制解调器

3.网络中的互连设备

(1)中继器

中继器是在局域网环境下用来延长网络距离的最简单、最廉价的网络互连设备,工作在 OSI 的物理层,其作用是对传输介质中传输的信号接收后经过放大和整形再发送到其传输介质中,经过中继器连接的两段电缆上的工作站就像是在一条加长的电缆上工作一样,中继器只能连接相同数据传输速率的局域网。

(2)集线器

集线器(Hub)可以说是一种特殊的中继器,如图 4-20 所示。集线器能够提供多端口服务,每个端口连接一条传输介质,也称为多端口中继器。集线器将多个节点汇接到一起,起到中枢或多路交汇点的作用,是为优化网络布线结构、简化网络管理而设计的。

(3)交换机

交换机也是目前使用较广泛的网络设备之一,同样用来组建星形拓扑网络。从外观上看,交换机与集线器几乎一样,其端口与连接方式和集线器也是一样的,如图 4-21 所示。但是,由于交换机采用了交换技术,其性能大大优于集线器。

图 4-20　集线器

图 4-21　交换机

在交换式以太网中,交换机供给每个用户专用的信息通道,除非两个源端口企图将信息同时发往同一目的端口,否则各个源端口与各自的目的端口之间可同时进行通信而不发生冲突,并且由于采用交换技术,使其可以并行通信而不像集线器那样平均分配带宽。如一台 100M 交换机的每端口都是 100Mbps,互连的每台计算机均以 100Mbps 的速率通信,这使交换机能够提供更佳的通信性能。

按交换机所支持的速率和技术类型,交换机可分为以太网交换机、千兆位以太网交换机、ATM 交换机、FDDI 交换机等。按交换机的应用场合,交换机可分为工作组级交换机、部门级交换机和企业级交换机三种类型。

（4）路由器

路由器（Router）是在网络层中提供多个独立的子网间连接服务的一种存储/转发设备,工作在 OSI 的网络层,它可以连接数据链路层和物理层协议完全不同的网络。路由器提供的服务比网桥更为完善。路由器可根据传输费用、转接时延、网络拥塞或信源和终点间的距离来选择最佳路径。在实际应用时,路由器通常作为局域网与广域网连接的设备。路由器在使用前必须进行相应的配置,才能正常工作,如图 4-22 所示。

图 4-22　路由器

（5）网关

网关（Gateway）在互联网络中起到高层协议转换的作用。如在 Internet 上用简单邮件传输协议（SMTP）进行电子邮件传输时,如果将其与微软的 Exchange 进行互通,需要电子邮件网关;Oracle 数据库的数据与 Sybase 数据库的数据进行交换时需要数据库网关。

4.2.4　局域网组网

局域网属于计算机网络中的一种,在计算机网络发展过程中,局域网技术占据非常重要的地位。目前局域网带宽已经达到千兆,局域网主干网带宽已经达到万兆。

1.以太网

以太网遵循 IEEE 802.3 协议,采用具有冲突检测的载波侦听多路访问（CSMA/CD）

的方式来传输数据，即在一个局域网内同时只能有且仅有一个客户端发送数据，其他客户端若要发送数据，必须等待一段时间。基本上，以太网由共享传输介质，如双绞线电缆或同轴电缆和交换机构成，典型的结构为一个集线器＋N台计算机。

以太网具有传输速度高、低耗、易于安装且兼容性好等优势，支持常见的网络协议，在商业系统中被广泛选用。

2.交换机组网

目前，交换机组网较为常见。交换式局域网中的所有站点都连接到一个局域网交换机上。局域网交换机具有交换功能。交换式局域网的优点有：①采用星形拓扑结构，容易扩展，而且每个用户的带宽并不因为互连的设备增多而降低；②每个站点独自使用一条链路，不存在冲突问题，可以提高用户的平均数据传输速度。交换式局域网无论是从物理上还是逻辑上都是星形拓扑结构，多台交换机可以串接，连成多级星形拓扑结构。

3.家庭组网

常见的家庭组网方式有以下几种：

①路由器方案。该方案是指仅通过宽带路由器来实现，因为目前的宽带路由器所提供的交换机端口基本上都有4口，所以最多只能连接4台计算机。

在这种方案中，无须单独一台计算机长期开启，当各用户需要上网时，只需打开路由器即可上网，非常方便。网络连接好后，可以在浏览器中直接输入路由器的默认IP地址（如192.168.1.1）和用户账号、密码（可查看相应路由器的使用手册得知），然后在Web界面中配置路由器，可采用路由器的DHCP服务自动分配IP地址；如果是PPPOE虚拟拨号用户，则还可配置路由器的PPPOE协议，使它能自动拨号，代替计算机用户直接拨号。各种用户访问权限的配置也可以在路由器中通过Web配置界面进行详细配置，由此实现"代理型"的共享功能。

②交换机＋路由器方案。如果用户数超过4个，因为宽带路由器只有4个交换式LAN端口，所以先要求对部分用户用交换机集中连接起来，然后再用直通双绞线与路由器LAN端口连接。该方案适合多家庭或者小型企业共享使用。

同样，在这种方案中，当局域网中各用户需要上网时，只需打开路由器，接上交换机，即可轻松上网，非常方便。

③无线家庭组网。要实现无线上网，首先必须要有AP（Access Point，接入点）或带无线功能的宽带路由器。借助于AP，既可实现无线与有线的连接，也可以实现无线网络的Internet共享。由于无线网络无须使用集线设备，只要在每台台式机或笔记本电脑中插上无线网卡，即可实现计算机之间的连接，构建成最简单的无线网络。

4.3 互联网 Internet

4.3.1 Internet 概述

Internet是全球范围的国际互联网，采用分层结构实现，包括物理网络、协议、应用软件和信息四大部分。由于它的开放性及后来的逐步商业化,世界各国的网络纷纷与它相连,使它逐步成为一个国际互联网。

Internet 起源于美国国防部高级计划研究局的 ARPANET。Internet 最初的宗旨是用来支持教育和科研活动。在 Internet 引入商业机制后,准许商业目的的网络连入 Internet,从而使 Internet 得到迅速发展,很快便达到了今天的规模。

从网络技术来看,Internet 是一个以 TCP/IP 协议连接各个国家、各个部门、各个机构计算机网络的数据通信网。从信息资源的观点来看,Internet 是一个集各个领域、各个学科的各种信息资源为一体,并供上网用户共享的数据资源网。

4.3.2　Internet 地址和域名

Internet 是一个庞大的网络,在该网络上进行信息交换的基本要求是网上的计算机、路由器等都要有一个唯一可标志的地址,就像日常生活中朋友间通信必须写明通信地址一样。这样,网上的路由器才能将数据报由一台计算机路由到另一台计算机,准确地将信息由源方发送到目的方。

1. IP 地址

在 Internet 上为每台计算机指定的地址称为 IP 地址,它是 Internet 设备互联的地址格式。Internet 通过 IP 地址使得网上计算机能够彼此交换信息。IP 地址采用固定的 32 位二进制地址格式编码,按照先网络号后主机号的顺序进行寻址。IP 地址贯穿整个网络,而不管每个具体的网络是采用何种网络技术和拓扑结构。

IP 地址就像人们的身份证号码,必须具有唯一性,网上每台计算机的 IP 地址在全网中都是唯一的。所有的 IP 地址都要由国际组织 NIC(Net Information Center)统一分配。目前全球共有 3 个这样的网络信息中心,它们分别是:

➤ Inter NIC——负责美国及其他地区

➤ ENIC——负责欧洲地区

➤ APNIC——负责亚太地区

在中国,IP 地址的分配是由中国互联网络信息中心(China Internet Network Information Center,CNNIC)负责。

(1)IP 地址分类

Internet 管理委员会按网络规模的大小将 IP 地址划分为 A、B、C、D、E 五类,每类 IP 地址都由网络号和主机号组成,如图 4-23 所示。

网络号	主机号

图 4-23　IP 地址结构

A 类地址的最高位为 $(0)_2$,网络号占 7 位,主机号占 24 位,因此 A 类地址范围为 0.0.0.0~127.255.255.255;B 类地址的最高两位为 $(10)_2$,紧接的 14 位为网络地址,低 16 位为主机地址,因此 B 类地址范围为 128.0.0.0~191.255.255.255;C 类地址的高三位为 $(110)_2$,紧接的 21 位为网络地址,低 8 位为主机地址,因此 C 类地址范围为192.0.0.0~

223.255.255.255。在 5 类地址中，A、B、C 类为 3 种主要类型，D 类地址用于组播，允许发送到一组计算机，E 类地址保留，用于实验和以备将来使用，如图 4-24 所示。

A类	0	7位网络号			24位主机号	地址范围：0.0.0.0～127.255.255.255
B类	1	0	14位网络号		16位主机号	地址范围：128.0.0.0～191.255.255.255
C类	1	1	0	21位网络号	8位主机号	地址范围：192.0.0.0～223.255.255.255
D类	1	1	1	0	多播地址	地址范围：224.0.0.0～239.255.255.255
E类	1	1	1	1	预留地址	地址范围：240.0.0.0～247.255.255.255

图 4-24　IP 地址划分

（2）子网掩码

子网掩码的作用是识别子网和判别主机属于哪一个网络，同样用一个 32 位的二进制数表示，采用和 IP 地址一样的点十进制数记法。当主机之间通信时，通过子网掩码与 IP 地址的逻辑与运算，可分离出网络地址，达到正确传输数据分组的目的。设置子网掩码的规则是：凡 IP 地址中表示网络地址部分的那些位，在子网掩码的对应位上设置为 1，表示主机地址部分的那些位设置为 0。

例如，一个 C 类 IP 地址 210.33.16.6，网络地址共 3 个字节，故其子网掩码是 255.255.255.0。而一个 B 类 IP 地址的子网掩码是 255.255.0.0，一个 A 类 IP 地址的子网掩码是 255.0.0.0。可以将网络分成几个部分，这些部分网络称为子网。划分子网的常见方法是用主机号的高位来标志子网号，其余位表示主机号，如图 4-25 所示。

网络号	子网号	主机号

图 4-25　子网和主机号

（3）IPv6 地址

IPv6 是新一代 IP 协议。由于互联网是全球公共的网络，因此大部分的网络资源，如 IP 地址、域名等，都是全球共享的，并由一个统一的互连网络权力机构来实现管理和分配。作为互联网发源地的美国，拥有全世界 70% 的 IP 地址，而其他国家，尤其是亚洲各国获得的 IP 地址就非常有限。

IP 地址已经成为限制中国通信、网络发展的一大瓶颈。但由于互联网采用 IPv4 协议，所以目前还无法解决这个问题。IPv4 地址为 32 位，提供给全世界的 IP 地址大约为 42 亿个，而这些 IP 地址已在 2010 年左右消耗殆尽。

作为下一代网络核心技术的 IPv6，其地址长度为 128 位，据初步计算，其可提供的 IP 地址足以解决全球 IP 地址稀缺的问题。即使人类进入了数字社会，每个手机作为一个移动主机节点可设置一个 IP 地址，同时各种家用电器、汽车和控制设备等也有 IP 地址，IPv6 互联网络作为一个信息传输平台也能为它们提供足够的 IP 地址。另外，IPv6 在服务质量、管理灵活性和安全性等方面有良好的性能。

2. 域名系统

域名系统(DNS)是为了向用户提供一种直观明了的主机标识符所设计的一种字符型的主机命名机制。相对于用数字表示的 IP 地址，域名地址更容易记忆，同时也可以看出拥有该地址的组织的名称或性质。域名服务器是在 Internet 上负责将主机地址转为 IP

地址的服务系统,这个服务系统会自动将域名解析为 IP 地址。在 Internet 中,每个域都有各自的域名服务器,由它们负责注册该域内的所有主机,即建立本域中的主机名与 IP 地址对照表。当访问站点的时候,输入欲访问主机的域名后,由本主机向 DNS 服务器发出查询指令,DNS 服务器首先在其管辖的区域内查找名字,名字找到后把对应的 IP 地址返回给 DNS 客户,对于本域内未知的域名则回复没有找到相应域名项信息,而对于不属于本域的域名则转发给上级域名服务器。

按照 Internet 的域名管理系统规定,在 DNS 中,域名采用分层结构。整个域名空间为一个倒立的分层树形结构,每个节点上都有一个名字。这样一来,一台主机的名字就是该树形结构从树叶到树根路径上各个节点名字的一个序列,如图 4-26 所示。很显然,只要一层不重名,主机名就不会重名。为方便书写及记忆,每个主机域名序列的节点间用分隔,典型的结构如下:

计算机主机名. 机构名. 网络名. 顶级域名

例如,主机"center"的域名是:center. nbu. edu. cn,其中 center 表示这台主机的名称,nbu 表示宁波大学,edu 表示教育系统,cn 表示中国。

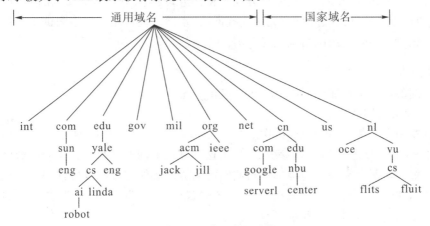

图 4-26　域名空间结构

在 Internet 上,一般每个子域都设有域名服务器,服务器中包含该子域的全体域名和地址信息。Internet 的每台主机上都有地址转换请求程序,负责域名与 IP 地址的转换。域名和 IP 地址之间的转换工作称为域名解析。自从有了 DNS 系统,凡域名空间中有定义的域名都可以有效地转换成 IP 地址,反之,IP 地址也可以等价地转换成域名。

实际上,引入域名系统 DNS 的目的就是方便人们的使用,但在 Internet 中,主机间用来进行交换的数据分组中是用 IP 地址来标明源主机和目的主机的。因此,每当用户输入一个域名后,主机都将利用 DNS 系统的域名解析程序将域名翻译成对应的 IP 地址后再填入要发送的数据分组中,最后才发送出去。

为保证域名系统的通用性,Internet 规定了一些正式的通用标准,从顶层至最下层,分别称之为顶级域名、二级域名、三级域名……顶级域名目前采用两种划分方式:以所从事的行业领域和国别作为顶级域名。例如,在常见的顶级域名中,com 代表商业类,int 代表国际机构,org 代表非营利组织,gov 代表政府部门,而 cn、ca、jp 则分别代表中国、加拿大和日本。

3. Windows 10 网络配置

Windows 10 网络配置主要包括自动获取(动态主机配置协议,DHCP)方式和手工配置的方式。我们通过右击桌面菜单栏上的网络图标可快速进入网络配置界面。点击"打开网络和共享中心"|"更改适配器设置"修改其中的设置即可。目前大部分电脑还在使用 IPv4 类型地址,点击 IPv4 配置即可进行网络配置。

(1)自动获取(DHCP)方式:自动获取方式即 DHCP 服务器给主机指定一个具有时间限制的 IP 地址,时间到期或主机明确表示放弃该地址时,该地址可以被其他主机使用。

(2)手工配置方式:主机的 IP 地址是由网络管理员指定的,用户通过修改 IPv4 配置中使用指定的 IP 地址进行配置,配置内容包括 IP 地址、子网掩码以及默认网关,DNS 服务器可配置首选 DNS 服务器地址以及备用 DNS 服务器地址,正确配置后即可获得上网服务。

4.3.3 Internet 的接入

能否高速地接入 Internet 是能否方便地使用互联网的前提。同时,在使用网络的过程中,也会出现一些网络故障导致无法连接网络,掌握一些常用的网络测试工具以解决网络连接问题对于高效使用网络也是必要的。

1. 网络接入方式

在不同的环境中存在不同的 Internet 连接方式。

(1)办公环境接入

先建立一定规模的局域网,如图 4-27 所示,再通过向互联网服务提供者(Internet Service Provider,ISP)申请一条专线上网,用这种方式上网速度很快。作为局域网用户的微机需配置一块网卡和一根连接本地局域网的电缆。硬件连接好以后,打开"本地连接属性"对话框,如图 4-28(a)所示,双击"Internet 协议版本 4(TCP/IPv4)",在打开的对话框中进行 IP 地址设置,如图 4-28(b)所示。

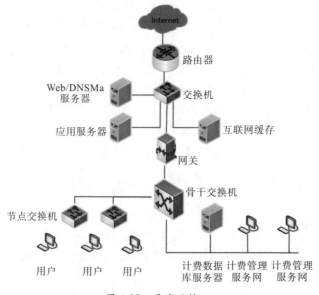

图 4-27 局域网接入

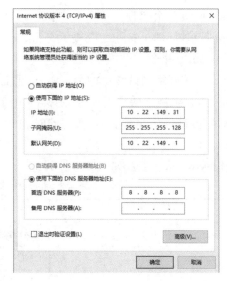

(a)本地连接属性   (b) IP 地址设置

图 4-28 局域网连接

设置完成后,单击"确定"按钮回到"本地连接属性"对话框,再单击"确定"按钮即可。至此,网络配置完成。

(2)家庭环境接入

家庭环境接入网络常采用无线局域网方式,就无线局域网本身而言,其组建过程是非常简单的。当一块无线网卡与无线 AP(Access Point,访问点)建立连接并实现数据传输时,一个无线局域网便完成了组建过程。然而考虑到实际应用方面,数据共享并不是无线局域网的唯一用途,大部分用户(包括企业和家庭)所希望的是一个能够接入 Internet 并实现网络资源共享的无线局域网,如图 4-29 所示。

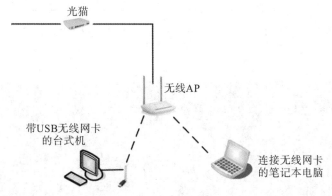

图 4-29 无线网接入

此外,小区宽带是目前城市中较普遍的一种宽带接入方式,网络服务商采用光纤接入到楼,再通过网线接入用户家里的路由器。

2.连接测试工具

下面介绍几个常用的基于 TCP/IP 协议的网络测试命令行工具,可用于网络维护。

在 Windows 10 的命令提示符窗口中执行,具体可单击"开始"按钮,在搜索空白框中输入"cmd",按回车键,即可打开命令提示符窗口。

(1)ipconfig 命令

ipconfig 是网络调试常用的测试工具,通常网络管理者使用该命令查看 IP 协议的具体配置信息,显示网卡的物理地址、主机的 IP 地址、子网掩码以及默认网关等。如果你所在的计算机网络默认配置了 DHCP,此时,ipconfig 可让你查询到你的计算机是否获得一个分配的 IP。

具体的 ipconfig 参数如表 4-3 所示。

表 4-3　ipconfig 常用命令参数

命令	简介
ipconfig /all	显示本机 TCP/IP 配置的详细信息
ipconfig /release	DHCP 客户端手工释放 IP 地址
ipconfig /renew	DHCP 客户端手工向服务器刷新请求
ipconfig /flushdns	清除本地 DNS 缓存内容
ipconfig /displaydns	显示本地 DNS 内容
ipconfig /registerdns	DNS 客户端手工向服务器进行注册
ipconfig /showclassid	显示网络适配器的 DHCP 类别信息
ipconfig /setclassid	设置网络适配器的 DHCP 类别
ipconfig /renew "Local Area Connection"	更新"本地连接"适配器的由 DHCP 分配 IP 地址的配置
ipconfig /showclassid Local *	显示名称以 Local 开头的所有适配器的 DHCP 类别 ID
ipconfig /setclassid "Local Area Connection" TEST	将"本地连接"适配器的 DHCP 类别 ID 设置为 TEST

例如,在命令提示符窗口输入命令:ipconfig /all,可查看计算机 IP 配置的信息,如图 4-30 所示。

图 4-30　ipconfig /all 执行结果

（2）ping 命令

ping 是用来测试网络连接状况以及信息包发送和接收状况的非常有效的工具，是网络测试中最常用的命令。ping 向目标主机（地址）发送一个回送请求数据包，要求目标主机收到请求后给予答复，从而得出计算网络的响应时间和判断本机是否与目标主机（地址）连通。

命令格式：ping IP 地址或主机名［－t］［－a］［－n count］［－l1 size］

例如，在命令提示符窗口输入命令：ping 192.168.0.2，可能得到两种结果：

①网络测试不通，见图 4-31。如果返回"请求超时"信息，则意味着目的站点在 1s 内没有响应。如果返回 4 个"请求超时"信息，说明该站点拒绝 ping 请求。

图 4-31　网络测试不通

如果在局域网内执行 ping 不成功，则故障可能出现在以下几个方面：网线是否连通、网卡配置是否正确、IP 地址是否可用等。

②网络连接通畅，返回信息如图 4-32 所示。如果执行 ping 成功而网络仍然无法使用，那么问题可能出现在网络系统的软件配置方面。

图 4-32　网络连接通畅

（3）arp 命令

arp 地址解析协议，是根据 IP 地址获取物理地址的一个 TCP/IP 协议。主机发送信息时将包含目标 IP 地址的 ARP 请求广播到局域网上的所有主机，并接收返回消息，以此确定目标的物理地址；收到返回消息后将该 IP 地址和物理地址存入本机 ARP 缓存中并保留一定时间，下次请求时直接查询 ARP 缓存以节约资源。ARP 命令可用于查询本机 ARP 缓存中 IP 地址和 MAC 地址的对应关系、添加或删除静态对应关系等。相关协议有 RARP、代理 ARP。NDP 用于在 IPv6 中代替地址解析协议。

常见用法：

①arp—a 或 arp—g。用于查看缓存中的所有项目。—a 和—g 参数的结果是一样的，多年来—g 一直是 Unix 平台上用来显示 ARP 缓存中所有项目的选项，而 Windows 用的是 arp—a(—a 可被视为 all，即全部的意思)，但它也可以接受比较传统的—g 选项，如图 4-33 为 Windows 10 上 arp—a 运行情况。

图 4-33　arp—a 命令使用

②arp—a <IP>。如果有多个网卡，那么使用 arp—a 加上接口的 IP 地址，就可以只显示与该接口相关的 ARP 缓存项目。

③arp—s <IP> <物理地址>。可以向 ARP 缓存中人工输入一个静态项目。该项目在计算机引导过程中将保持有效状态，或者在出现错误时，人工配置的物理地址将自动更新该项目。

④arp—d <IP>使用该命令能够人工删除一个静态项目。

(4)nslookup 命令

nslookup 是域名查询命令，在网络故障时用来诊断网络问题。一般是指查询域名的 WHOIS 注册信息。WHOIS 是链接到域名数据库的搜索引擎，一般来说是属于网络信息中心所提供和维护的名字服务之一。图 4-34 为 www.nbu.edu.cn 的 nslookup 查询结果。

图 4-34　nslookup 命令使用

4.3.4　Internet 服务

人们使用 Internet 的目的就是利用 Internet 为人们提供服务,如万维网 WWW (World Wide Web)、电子邮件、远程登录、文件传输协议等。

1. WWW 基本概念

WWW 是环球信息网的缩写,中文名字为"万维网",简称为 Web。万维网将世界各地的信息资源以特有的含有"链接"的超文本形式组织成一个巨大的信息网络,它分为 Web 客户端和 Web 服务器程序。WWW 可以使用 Web 客户端(常用浏览器)访问 Web 服务器上的页面,这个页面称为 Web 页面。用户只需单击页面上相关链接,就可从一个网站进入另一个网站,浏览或获取所需的文本、声音、视频及图像的内容。这些内容通过超文本传输协议 HTTP 传送给用户,而后者通过点击链接来获得这些内容。

(1)浏览器

浏览器(Browser)是用来解释 Web 页面并完成相应转换和显示的程序,安装在客户端。Web 页面是用超文本标记语言(HyperText Markup Language,HTML)编写的文档,Web 页中包括文字、图像、各种多媒体信息,也包括用超文本或超媒体表示的链接。浏览器可以实现对 HTML 文件的浏览,目前常用的浏览器包括 IE、Chrome、火狐、Opera、360 安全浏览器等,用户可根据各自习惯使用不同的浏览器。

WWW 是 Internet 提供的最常见的服务,每天用网页浏览器浏览各种信息就是使用 WWW 提供的服务功能。

(2)URL

URL(Uniform Resource Location,统一资源定位器)是用来表示超媒体之间的链接。URL 指出用什么方法、去什么地方、访问哪个文件。URL 由双斜线分成两部分,前一部分指出访问方式,后一部分指明文件或服务所在服务器的地址及其具体存放位置。它的格式为"协议://主机地址[:端口号]/路径/文件名",例如 http://www.njtu.edu.cn/,访问时如果该服务采用默认端口号,则可以省略,如 HTTP 默认 80 端口。

(3)客户/服务方式

WWW 由三部分组成,即浏览器(Browser)、Web 服务器(Web Server)和超文本传输协议(HTTP)。它是以 C/S(客户/服务)方式工作的,客户机向服务器发送一个请求,并从服务器上得到一个响应,服务器负责管理信息并对来自客户机的请求作出回答。客户机与服务器都使用 HTTP 协议传送信息,而信息的基本单位就是网页。当选择一个超链接时,WWW 服务器就会把超链接所附的地址读出来,然后向相应的服务器发送一个请求,要求相应的文件,最后服务器对此作出响应,将超文本文件传送给用户。

2. FTP 服务

FTP 通过客户端和服务器端的 FTP 应用程序,在 Internet 上实现远程文件传送,是 Internet 上实现资源共享的基本手段之一。只要两台计算机遵守相同的 FTP 协议,就可以不受操作系统的限制,进行文件传输。

（1）FTP 的作用和工作原理

FTP 的主要作用是让用户连接上一个远程计算机（这些计算机上运行着 FTP 服务器程序）查看远程计算机有哪些文件，然后把文件从远程计算机下载到本地计算机，或把本地计算机的文件送到远程计算机去。以下载文件为例，当启动 FTP 从远程计算机复制文件时，事实上启动了两个程序：一个是本地机上的 FTP 客户程序，它向 FTP 服务器提出复制文件的请求；另一个是在远程计算机上的 FTP 服务器程序，它响应用户的请求把指定的文件传送到用户的计算机中。FTP 采用"客户机/服务器"方式，用户端要在自己的本地计算机上安装 FTP 客户程序。

要使用 FTP 进行文件传送，首先必须在 FTP 服务器上使用正确的账号和密码登录，以获得相应的权限，常见的权限有：列表、读取、写入、修改、删除等，这些权限由服务器的管理者在为用户建立账号时设置，一个用户可以设置一项或多项权限，如拥有读取、列表权限的用户就可以下载文件和显示文件目录，拥有写入权限的用户可以上传文件。

（2）登录 FTP 和匿名账号

用户登录 FTP 时使用的账号和密码，必须由服务器的系统管理员为用户建立，同时为该用户设置使用权限，这样用户使用该账号和密码登录到服务器后，就可以在管理员所分配的权限范围内操作。使用 FTP 应用软件进行注册时，通常要指定登录的 FTP 服务器地址、账号名、密码 3 个主要信息。

由于 Internet 上的用户成千上万，服务器管理者不可能为每一个用户都开设一个账号，对于可以提供给任何用户的服务，FTP 服务器通常开设一个匿名账号，任何用户都可以通过匿名账号登录，匿名账号的账号名统一规定为"anonymous"，密码可以是电子邮件地址，也可能不设密码。匿名 FTP 是 Internet 上应用广泛的服务之一，在 Internet 上有成千上万的匿名 FTP 站点提供各种免费软件。

（3）FTP 客户端

图形界面的 FTP 软件种类繁多，常用的有 CuteFTP、WS－FTP 等，此外，还有一些不是专用的 FTP 软件也可以用来完成 FTP 操作，如 Web 浏览器、网络蚂蚁、BT、迅雷等软件。

（4）在 IE 浏览器中使用 FTP

使用浏览器不但能访问 WWW 主页，也可以访问 FTP 服务器，进行文件传输。但使用浏览器传输文件时，其传输速度和对文件的管理功能要比专用的 FTP 客户软件差。

启动 Internet Explorer，在地址栏中输入包含 FTP 协议在内的服务器地址和账号，如 ftp://usemame@202.192.173.3 或 ftp://usename@ftp.cemet.edu.cn（此处"ftp://"不能省略，它代表 FTP 协议），弹出登录对话框，要求用户确认用户名并输入密码。使用这种方法访问 FTP 服务器时，应注意下面两点：

➤ 直接输入 FTP 服务器地址，如 ftp://ftp.net.tsinghua.edu.cn 可以匿名登录。

➤ 如果不能匿名登录，则需要输入用户名。

连接到服务器后，在浏览器的窗口工作区将显示 FTP 服务器指定账号下的文件和目录，其文件管理方法与资源管理器类似。

3. 电子邮件

(1)电子邮件概述

电子邮件的发送和接收是由 ISP 的邮件服务器支持。ISP 的邮件服务器 24 小时不停地运行,用户才可能随时发送和接收邮件,而不必考虑收件人的计算机是否启动,ISP 的电子邮件服务器起着网上"邮局"的作用。

电子邮件在发送和接收过程中,要遵循一些基本协议和标准,这些协议和标准保证了电子邮件在各种不同系统之间进行传输。常见的协议有电子邮件传送(寄出)协议 SMTP、电子邮件接收协议 POP3 和 IMAP4 等。

目前 ISP 的邮件服务器大都安装了 SMTP 和 POP3 这两项协议,大多数电子邮件客户端软件也都支持 SMTP 协议和 POP3 协议。用户在首次使用这些软件发送和接收电子邮件之前,需要对邮件收发软件进行设置。

要使用 Internet 提供的电子邮件服务,用户首先要申请自己的电子邮箱,以便接收和发送电子邮件。每个用户的电子信箱都有一个唯一的标志,这个标志通常被称为 Email 地址。

当用户向 ISP 登记注册时,ISP 就会在电子邮件服务器上开辟一个有一定容量的电子信箱,同时配备一个 Email 地址。Internet 上 Email 地址的统一格式是:用户名@域名。其中,"用户名"是用户申请的账号,"域名"是 ISP 的电子邮件服务器域名,这两部分中间用"@"隔开,如 wang@163.com。

(2)常用电子邮件客户端 Outlook Express 和 Outlook

Outlook Express 和 Outlook 是微软公司研发的一个电子邮件服务程序,是很多办公人员的首选邮件客户端软件。Outlook Express 和 Outlook 不是电子邮箱的提供者,它是微软的一个收、发、写、管理电子邮件的自带软件,即收、发、写、管理电子邮件的工具,使用它收发电子邮件十分方便。

通常在某个网站注册了自己的电子邮箱后,要收发电子邮件,必须登入该网站,进入电邮网页,输入账户名和密码,然后进行电子邮件的收、发、写操作。

使用 Outlook Express 后,这些顺序便一步跳过。只要打开 Outlook Express 界面,Outlook Express 程序便自动与注册的网站电子邮箱服务器联机工作,收下电子邮件。发信时,可以使用 Outlook Express 创建新邮件,通过网站服务器联机发送(所有电子邮件可以脱机阅览)。另外,Outlook Express 在接收电子邮件时,会自动把发信人的电邮地址存入"通讯簿",供以后调用。Outlook 可帮助查找和组织信息,以便可以无缝地使用 Office 应用程序。

利用强大的收件箱规则可以筛选和组织电子邮件。使用 Outlook,可以集成和管理多个电子邮件账户中的电子邮件、个人日历和组日历、联系人以及任务。

Outlook 适用于 Internet(SMTP、POP3 和 IMAP4)、Exchange Server 或任何其他基于标准的、支持消息处理应用程序接口(MAPI)的通信系统(包括语音邮件)。使用 Outlook 之前也必须进行 Outlook 账户设置。设置的内容是注册的网站电子邮箱服务器及账户名和密码等信息,如图 4-35 和图 4-36 所示。

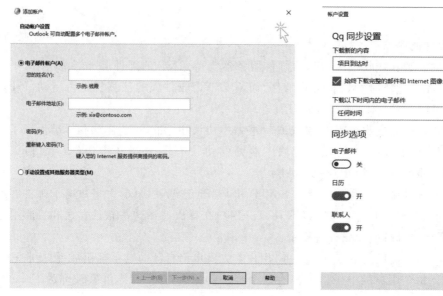

图 4-35　添加 Outlook 账户　　　　　　　图 4-36　账户设置

（3）基于 WWW 的电子邮件系统

基于 WWW 的电子邮件系统采用 WWW 浏览器提供电子邮件账户访问的技术，它使用起来与浏览网站一样容易。用 WWW 浏览器作为电子邮件客户程序，能够通过任何连接到因特网的计算机访问电子邮件账户，而不需要配置客户端软件。

Hotmail 是最成功的免费电子邮件业务提供者，全球拥有上千万个用户。国内提供免费 WWW 电子邮件服务的知名网站有 www. sohu. com、www. sina. com. cn、www. 163. com 等。

申请免费 WWW 方式电子邮箱的方法在各个提供免费邮箱的网站中都有详细说明，用户只需要登录到相应的网站，如 www.163.com，通过超级链接查看说明或按要求填写个人资料，就可以获得一个免费的电子邮箱。

4.4　物联网

物联网（Internet of Things，简称 IoT）是指通过各种信息传感器、射频识别技术、全球定位系统、红外感应器、激光扫描器等各种装置与技术，实时采集任何需要监控、连接、互动的物体或过程，采集其声、光、热、电、力学、化 学、生物、位置等各种信息，通过各类可能的网络接入，实现物与物、物与人的泛在连接，实现对物品和过程的智能化感知、识别和管理。物联网是一个基于互联网、传统电信网等的信息承载体，它让所有能够被独立寻址的普通物理对象形成互联互通的网络。

4.4.1　物联网的产生与发展

众所周知，互联网将人与社会密切相关的各种信息通过网络进行存储、传输和分析，但这些信息主要是人与人的信息交互，而物联网的思路则是将各种物体也纳入网络中。

物联网指通过各种信息传感设备，根据不同需要，将物体信息接入到网络中，实时采集任何物体的信息，最终实现物与物、物与人的信息交互，并有效识别、管理和控制。

物联网可简单表达为"世界范围内具有唯一地址的物体通过标准通信协议互联的网络"，这意味着它将纳入大量异构物体。显然，大量物体的寻址、表达、信息交换和存储使物联网面临巨大挑战。图 4-37 对物联网的主要概念、技术和标准从不同视角进行了分类。

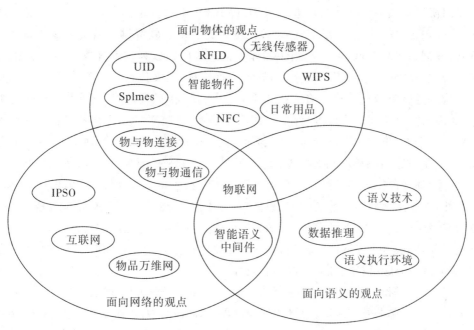

图 4-37　不同视角下的物联网主要概念、技术和标准

物联网的最初定义主要面向物体，即相对简单的电子标签，这一概念来源于麻省理工学院的 Auto-ID 实验室。该实验室致力于研究射频识别（Radio Frequency Identification，RFID）和新兴感知技术，关注电子产品编码（Electronic Product Code，EPC）的发展，以推动 RFID 的应用，并为全球 EPC 网络制定标准，以实现物体的可追踪性、当前状态感知、位置可知性等。这些工作可看作实现物联网完全部署的关键一步。

但是从更广泛的意义上看，物联网不应只是 EPC 系统，应超越对物体的识别这一层面。RFID 技术的完备性、低功耗特点和商业应用价值等已获广泛认可。最终构建物联网时需进一步组合其他设备、网络和服务技术。除了 RFID，无线传感器网络和近场通信（Near Field Communication，NFC）等技术也将在物联网中扮演重要角色。

物联网既然面向物体，其全面部署需要物体的智能化。物体在其生命期内，能在一定空间和时间范围内被追踪到，并能够被唯一地识别。智能物体应具有无线通信、存储、上下文感知、协作通信等功能以及自主性和积极行为。

ITU 对物联网的设想是"从任何时间、任何地点能够连接到任何物体"。欧盟对物联网的设想则是"在智能空间，物体拥有自己的身份和虚拟的特定操作，并可通过智能接口与社会、环境和用户进行上下文连接和通信"。而 CASAGRAS 则提出在物联网中"一个物体可自动与计算机和彼此相互通信,提供服务"。物联网作为全球基础设施,连接虚拟和物理对象,成为部署各种服务和应用的自然支撑架构,具有数据捕获、事件转移、网络连接和互操作性等,融合了以物为中心和以网络为中心两种思路。始以网络为中心思路的代表是智能物体IP(IP for Smart Objects,IPSO)联盟,力图以IP协议作为基础网络技术连接全球智能物体。IPSO联盟认为IP栈是一个轻量级协议,已连接了大量通信设备,可依靠嵌入式设备进一步连通整个物联网。IPSO联盟提出智能IP适应性和将IEEE 802.15.4协议纳入IP架构,尤其是使用6LoWPAN使物联网得以全面部署。要实现IP over Anything的设计,需降低IP协议栈的复杂性。由于物联网涉及的物体数量非常庞大,如何表现、存储、互联、搜索和组织物体的信息等问题成为技术挑战。在这方面,语义技术将扮演重要角色。可考虑对事物描述、数据推理、语义执行环境架构、可扩展存储和通信架构等进行有效的建模。有人提出Web of Things的概念,即按照网站标准把日常事务(如嵌入式设备和计算机等)都接入网络。显然,这将对社会生活各方面产生巨大影响。对普通个人,将涉及智能家居、生活辅助、电子医疗、学习辅导等;对商业而言,将涉及自动化、工业制造、后勤管理、智能交通等。据预测,未来的日常生活物品,如食物袋、家具、文件等,都将被接入物联网。社会需求和各种新技术相结合,将推动物联网迅速普及。

当然,物联网全面实施前还需解决许多技术和社会挑战。一个关键问题是实现互联设备的完全互操作性,在保证信任、隐私和安全的前提下,通过适应和自治行为,实现高度智能化。此外,还有许多网络方面的新问题,如物体将受限于计算和能量等方面的有限资源,相应方案需兼顾可扩展性和资源的有效性。

这里简单介绍另一项和物联网密切相关的技术——信息物理系统(Cyber Physical System,CPS)。它融合了计算、网络和物理世界,力图将计算与网络通信能力嵌入传统物理系统,近几年相关研究也蓬勃兴起。如果说物联网侧重物体间的互联和信息传输,那么就可以说CPS侧重物体的信息控制和信息服务。

4.4.2　物联网的应用

物联网使大量新应用成为可能,本节简单介绍其中一小部分。

1.物流、交通、移动票务和环境参数检测

(1)物流

应用RFID和NFC可实时监控供应链,包括设计、采购、生产,运输、仓储、分配、半成品/成品销售、售后服务等。可迅速、及时、准确获取信息,使企业或供应链快速反应,物流成本明显下降,效率则大为提高。传统企业从客户提出要求到商品供应的响应时间长达60天,而沃尔玛和麦德龙等企业往往只需几天,且基本上接近零库存。

(2)交通

在汽车、列车等上面配备传感器、执行器和处理器,可为驾驶员和乘客提供信息、导航和安全保障服务,如避免碰撞和监控危险品运输。车辆能利用交通堵塞和事故信息找到更优路线,提高效率和节能。

（3）移动票务

交通服务信息的时刻表、海报或票务设备面板上也可配备 NFC/RFID 标签、可见标记或数字 ID。用户用手机刷设备或对准标签，可自动得到目的地、乘客数、票价、空座和服务等信息并购票。2010 年上海世博会的门票集成了 RFID 标签，在阅读器上可读出唯一序列号，确保了门票的有效性。

（4）环境参数检测

生鲜物品（如水果、农产品、肉和乳制品等）在生产和销售过程中的运输可能覆盖上千公里甚至更远。对运输过程中保鲜和完好状况，如温度、湿度、震动等，都需进行检测，以减少产品质量检验时的不确定因素。普适计算和传感技术为提高食物供应链效率提供了可能。

2. NFC 和手机支付

NFC 为实现手机支付提供了有效的技术支持。配备 NFC 芯片的手机支付可以有 3 种应用模式：卡模式、读卡器模式、点对点模式，分别适用于不同应用场景，可作为非接触式智能卡用于无线支付，或作为读写器用于数据交换与采集。

（1）卡模式

有 NFC 功能的手机可作为非接触式 IC 卡，典型应用有直接支付、门禁管理、电子票证等。在商场，交通等非接触移动支付应用中，用户将手机靠近读卡器，并输入密码确认交易或直接交易即可。在该模式下，卡片通过读卡器供电，读卡器从手机中采集数据，然后将数据传输到应用系统进行处理。

（2）读卡器模式

将有 NFC 功能的手机作为非接触式读卡器，可以从路边海报或其他媒体电子标签上读取相关信息，然后根据应用要求进行处理。有些应用可直接在本地完成，有些则需与网络进一步交互才能完成。该模式的典型应用包括电子广告读取和购买车票、电影票、门票等。该模式还可用于简单的数据获取应用，如公交车站、公园地图信息等。

（3）点对点模式

两个有 NFC 功能的手机互联，即可实现点对点数据传输。而多个手机或消费电子设备都可进行无线互联，实现数据交换，如交换名片或其他应用。由于充分结合了移动类消费电子产品，NFC 技术和应用的发展非常迅速，如图 4-38 所示。用安装了安全 NFC 芯片的手机进行支付具有巨大的商业前景，被认为是继信用卡、移动互联网支付之后的又一次支付革命，有可能替代传统钱包。在我国，手机支付由银联主导，各大电信运营商和各大银行积极参与。

图 4-38　NFC 主要应用实例

3. 医疗保健

(1) 跟踪

跟踪即识别运动物体或人。一是实时定位跟踪，如监控病人流程来提高医院工作效率。二是拥塞点的运动跟踪，如监控进入指定区域的人流或车流。三是管理资产，持续进行库存跟踪（维护、可用性和使用监控）和材料跟踪，如对手术过程中的采样和血液制品进行跟踪。

(2) 识别和认证

识别和认证病人，可减少事故性伤害（药物、剂量、时间、过程），维护综合电子病历，防止新生儿错认等。识别医护人员可用于授权访问和改善工作作风。对医院资产方面的识别和认证主要出于安全需要，可以避免重要器具和产品被盗和丢失。

(3) 数据收集

利用数据收集，可减少处理时间，实现处理自动化（数据输入和错误收集）、自动诊疗和过程审核、医疗库存管理等，还涉及 RFID 技术与其他医疗信息，临床应用技术的整合。

(4) 感知

传感设备以病人为中心，在诊断病人时实时提供病人健康体征信息。其应用领域包括远程医疗、监控病人治疗过程、病人状况警报等。传感器可应用于住院和门诊服务，无线远程监控系统可部署在与病人相关的任何场所。

4. 智能环境

(1) 舒适家居和办公室

传感器和执行器可分布在房间中，根据个人体感和气温调节供暖通风，在不同时间段改变室内照明，通过监控和预警系统避免事故，在家电不用时将其自动关闭以节能。

(2) 工业厂房

可在产品零件上部署 RFID 标签以提高自动化水平。当产品零件到达处理点时，阅读器读取标签,将相关数据和事件通过网络传输。机器或机器人注意到该事件并捡起产品零件。通过匹配整体系统和RFID,机器明确下一步如何处理该零件。若传感器监测到机器振动超过阈值,立刻产生事件,相关设备立刻予以反应,并通知管理人员。

(3)健身娱乐

在健身房中,教练可将训练安排上传到学员训练机上,训练机通过RFID标签自动识别学员。在训练过程中实时监测健康状况,检查数值,判断学员是否训练过度或过于放松。

5.个人和社会应用

(1)社交网络和历史查询

生活环境中的RFID标签自动产生有关人和地点的事件,并在社交网络上实时更新。数字日记可记录和统计事件,产生历史趋势图,展示用户活动的时间、地点、人物、过程等。

(2)个人物品管理

物品搜索引擎可帮助人们寻找遗失物品,简单的网页RFID应用能让用户了解其标记物品的历史位置记录或寻找特定物品位置,当物品位置符合条件时直接通知用户。如果物品从限制区域未经授权向外移动,表明物品可能被盗,此时可产生事件,实时发出警报。

(3)设备管理

各种设备都可应用RFID进行管理,这里以灭火器管理为例。传统的灭火器管理以人工方式为主,检查记录以纸质表格存档,巡检中发现的情况需填写纸质表格,或事后录入到微机数据库中。但管理中很容易混淆不同灭火器,因为灭火器外观相似,较难辨别。紧急情况下,如需使用或查看某一灭火器时,往往无法及时有效获知相关信息。而灭火器日常管理、定期统计、到期更换等工作也往往效率低下。应用RFID技术,可为每个灭火器配备电子标签,录入生产日期、厂家、巡检情况、是否应送修或报废等信息。这种物联网化管理使得灭火器查验、巡检、使用的效率大为提高。

4.5 网络信息安全

4.5.1 信息安全概述

信息安全问题在人类社会发展中从古至今都存在。在政治军事斗争、商业竞争甚至个人隐私保护等活动中,人们常常希望他人不能获知或篡改某些信息,并且也常常需要查验所获得信息的可信性。普通意义上的信息安全是指实现以上目标的能力或状态。例如,人们在工作中常提到:系统的信息安全怎样、有没有信息安全保障等。信息安全自古以来一直受到人们的重视,近年来已逐步上升至国家安全层面。随着人类存储、处理和传输信息的方式变革,信息安全内涵在不断延伸。

信息安全是指信息网络的硬件、软件及其系统中的数据受到保护,不受偶然的或者恶意的原因而遭到破坏、更改、泄露,系统连续可靠正常地运行,信息服务不中断。

信息安全是一门涉及计算机科学、网络技术、通信技术、密码技术、信息安全技术、应用数学、数论、信息论等多种学科的综合性学科。网络环境下的信息安全体系是保证信息安全的关键，包括计算机安全操作系统、各种安全协议、安全机制（数字签名、信息认证、数据加密等）以及安全系统，其中任何一个出现安全漏洞便可以威胁全局安全。

1. 信息安全属性

当前，在信息技术获得迅猛发展和广泛应用的情况下，信息安全可被理解为信息系统抵御意外事件或恶意行为的能力，这些事件和行为将危及所存储、处理或传输的数据或由这些系统所提供的服务的可用性、机密性、完整性、非否认性、真实性和可控性。以上这 6 个属性刻画了信息安全的基本特征和需求，被普遍认为是信息安全的基本属性，其具体含义如下：

（1）可用性（Availability），即使在突发事件下，依然能够保障数据和服务的正常使用，如网络攻击、计算机病毒感染、系统崩溃、战争破坏、自然灾害等。

（2）机密性（Confidentiality），能够确保敏感或机密数据的传输和存储不遭受未授权的浏览，甚至可以做到不暴露保密通信的事实。

（3）完整性（Integrity），能够保障被传输、接收或存储的数据是完整的和未被篡改的，在被篡改的情况下能够发现篡改的事实或者篡改的位置。

（4）非否认性（Non-repudiation），能够保证信息系统的操作者或信息的处理者不能否认其行为或者处理结果，这可以防止参与某次操作或通信的一方事后否认该事件曾发生过。

（5）真实性（Authenticity），也称可认证性，能够确保实体（如人、进程或系统）身份或信息、信息来源的真实性。

（6）可控性（Controllability），能够保证掌握和控制信息与信息系统的基本情况，可对信息和信息系统的使用实施可靠的授权、审计、责任认定、传播源追踪和监管等控制。

2. 信息安全威胁

所谓信息安全威胁，是指某人、物、事件、方法或概念等因素对某信息资源或系统的安全使用可能造成的危害。一般把可能威胁信息安全的行为称为攻击。在现实中，常见的信息安全威胁有以下几类：

（1）信息泄露：指信息被泄露给未授权的实体（如人、进程或系统），泄露的形式主要包括窃听、截收、侧信道攻击和人员疏忽等。其中，截收泛指获取保密通信的电波、网络数据等；侧信道攻击是指攻击者不能直接获取这些信号或数据，但可以获得其部分信息或相关信息，而这些信息有助于分析出保密通信或存储的内容。

（2）篡改：指攻击者可能改动原有的信息内容，但信息的使用者并不能识别出被篡改的事实。在传统的信息处理方式下，篡改者对纸质文件的修改可以通过一些鉴定技术识别修改的痕迹，但在数字环境下，对电子内容的修改不会留下这些痕迹。

（3）重放：指攻击者可能截获并存储合法的通信数据，以后出于非法的目的重新发送它们，而接收者可能仍然进行正常的受理，从而被攻击者所利用。

(4)假冒:指一个人或系统谎称是另一个人或系统,但信息系统或其管理者可能并不能识别,这可能使得谎称者获得了不该获得的权限。

(5)否认:指参与某次通信或信息处理的一方事后可能否认这次通信或相关的信息处理曾经发生过,这可能使得这类通信或信息处理的参与者不承担应有的责任。

(6)非授权使用:指信息资源被某个未授权的人或系统使用,也包括被越权使用的情况。

(7)网络与系统攻击:由于网络与主机系统不免存在设计或实现上的漏洞,攻击者可能利用它们进行恶意的侵入和破坏,或者攻击者仅通过对某一信息服务资源进行超负荷的使用或干扰,使系统不能正常工作,后面一类攻击一般被称为拒绝服务攻击。

(8)恶意代码:指有意破坏计算机系统、窃取机密或隐蔽地接受远程控制的程序,它们由怀有恶意的人开发和传播,隐蔽在受害方的计算机系统中,自身也可能进行复制和传播,主要包括木马、病毒、后门、蠕虫、僵尸网络等。

(9)灾害、故障与人为破坏:信息系统也可能由于自然灾害、系统故障或人为破坏而遭到损坏。

4.5.2 计算机病毒

在《中华人民共和国计算机信息系统安全保护条例》中明确定义了计算机病毒(以下简称病毒)为:"编制或者在计算机程序中插入的破坏计算机功能或者破坏数据,影响计算机使用并且能够自我复制的一组计算机指令或者程序代码"。

1991年全球病毒数量不到500种,1998年病毒数量也不足1万种。但自2000年以来,病毒数量猛增,每天都会产生几十种新的或变种的病毒,计算机病毒已经严重地威胁着所有计算机的运行安全和信息安全,防治计算机病毒、建立有效的防范体系的工作刻不容缓。

1.计算机病毒的定义和特点

计算机病毒虽然是一种人为编制的计算机程序,但与其他的一般程序相比,它具有以下显著特征。

(1)寄生性:计算机病毒寄生在其他程序之中,当执行这个程序时,病毒就起破坏作用,而在未启动这个程序之前,它是不易被人发觉的。

(2)破坏性:任何病毒只要侵入系统,都会对系统及应用程序产生不同程度的影响,降低计算机工作效率,占用系统资源,甚至会导致系统崩溃。

(3)传染性:病毒一般都具有自我复制能力,并能将自身不断复制到其他文件内,达到自我繁殖的目的。

(4)隐蔽性:病毒将自身附加在可执行程序内或隐藏在磁盘的较隐蔽处,用户一般很难察觉,不通过专门的查杀病毒程序很难发现它们。

(5)潜伏性:病毒在发作之前长期潜伏在计算机内并不断自身繁殖,当满足了它的触发条件并启动破坏模块时,病毒就开始实施破坏行为。

(6)不可预见性:由于病毒的制作技术不断提高,从病毒的检测技术来看,病毒具有不可预见性，对反病毒软件来说，病毒永远是超前的。

2. 计算机病毒分类

计算机病毒的分类按方式不同有多种分类。按传染方式分类分为：引导型、文件型和混合型病毒。按传播方式分为传统单机病毒和网络病毒。

（1）传统单机病毒

传统病毒可根据病毒的寄生方法分为以下4种类型。

①引导区病毒。20世纪90年代中期，最为流行的计算机病毒是引导区病毒而且也能够感染用户硬盘内的主引导区。一旦计算机中毒，每一个经感染计算机读取过的软盘都会受到感染，这种病毒在系统启动时就能获得控制权。典型的有"大麻病毒"和"小球病毒"。

②文件型病毒。文件型病毒，又称寄生病毒，通常感染执行文件（.exe），但是也有些会感染其他可执行文件，每次执行受感染的文件时，计算机病毒便会发作。计算机病毒会将自己复制到其他可执行文件中，并且继续执行原有的程序，以免被用户所察觉。如CIH会感染Windows 95/98的.exe文件，并在每月的26日发作。此计算机病毒会试图把一些随机资料覆盖系统的硬盘，令硬盘无法读取原有资料。

③复合型病毒。复合型病毒具有引导区病毒和文件型病毒的双重特征。它既感染可执行文件又感染磁盘引导记录。

④宏病毒。宏病毒与其他计算机病毒类型的区别是攻击数据文件而不是程序文件。宏病毒专门针对特定的应用软件，可感染依附于某些应用软件内的宏指令，它可以很容易地通过电子邮件附件、软盘、文件下载等多种方式进行传播，如Word和Excel。宏病毒采用程序语言撰写，例如Visual Basic，而这些又是易于掌握的程序语言。宏病毒最先在1995年被发现，不久后已成为最普遍的计算机病毒。

（2）网络病毒

①蠕虫病毒。蠕虫病毒是另一种能自行复制和经由网络扩散的程序。它以计算机为载体，以网络为攻击对象。它跟计算机病毒有些不同，计算机病毒通常会专注感染其他程序，但蠕虫是专注于利用网络去扩散的。随着互联网的普及，蠕虫主要利用网络的通信功能如电子邮件系统去复制，即把自己隐藏于附件中并于短时间内用电子邮件发给多个用户，有些蠕虫更会利用软件上的漏洞去扩散和进行破坏。

②特洛伊/特洛伊木马。特洛伊/特洛伊木马是一个看似正当的程序，但事实上当它执行时会进行一些恶性及不正当的活动。特洛伊可被用作黑客工具去窃取用户的密码资料或破坏硬盘内的程序或数据。与计算机病毒的区别是特洛伊不会复制自己。它的传播手段通常是诱骗计算机用户把特洛伊木马植入计算机内，如通过电子邮件上的游戏附件等。

③电子邮件病毒。电子邮件病毒一般是通过邮件中"附件"夹带的方法进行扩散的，如果用户没有运行或打开附件，病毒是不会激活的。因此不要轻易打开邮件中的"附件"文件，尤其是陌生人的，也应该切忌盲目转发别人的邮件。选用优秀的具有邮件实时监控能力的反病毒软件，能够在那些从因特网上下载的受感染的邮件到达本地之前拦截它们，

从而保证本地网络或计算机的无毒状态。

3.计算机病毒的防治

计算机病毒防治的第一步是做好预防工作,采取"预防为主,防治结合"的方针。预防计算机病毒主要应从管理和技术两个方面进行。

①首先要注意病毒的传播渠道,如移动硬盘、U 盘及光盘等传播媒介。

②安装实时监控的杀毒软件,定期升级并更新病毒库。

③经常运行 Windows Update 系统更新程序,安装最新的补丁程序。

④安装防火墙软件,设置相应的安全措施,过滤不安全的站点访问。

⑤系统中的数据盘和系统盘要定期进行备份。

⑥不要随意打开不明来历的电子邮件及附件。

⑦浏览网页时,也要谨防一些恶意网页中隐藏的木马病毒。

⑧注意一些游戏软件中隐藏的病毒,对游戏程序要严格控制。

一旦计算机出现异常情况,如计算机运行速度变得特别慢、系统文件或某些文档莫名丢失、系统突然重新启动等,首先运行杀毒软件对计算机系统、内存和所有的文件进行查毒,一旦查到病毒,必须彻底清除。

(1)使用杀毒软件

利用杀毒软件来检测和清除病毒是一种简单、方便的方法。市面上常用的杀毒软件有:诺顿防毒软件、金山毒霸、360 杀毒等。这些杀毒软件一般都具有实时监控功能,能够监控所有打开的文件、网上下载的文件、收发的电子邮件和网页,一旦检测到计算机病毒,就会立即发出警报。虽然可随时升级杀毒软件,但还是不能清除最新的计算机病毒,这是因为病毒的防治总是滞后病毒的制作。

(2)手工清除病毒

手工清除是指通过一些软件工具(debug. com、pctools. exe、NU. com 等)提供的功能进行病毒的检测或编辑修改 Windows 的注册表。这种方法比较复杂,需要检测者熟悉机器指令和操作系统。

(3)使用专杀工具

现在一些反病毒公司提供了病毒的专杀工具,即对某个特定病毒进行清除。如冲击波(Worm. Blaster)病毒专杀工具 Ravblaster. exe、震荡波(Worm. Sasser)病毒专杀工具 RavSasser. exe、"QQ 病毒"专杀工具 RavQQMsender. exe、MSN 蠕虫病毒专用查杀工具 RavMSN. exe 等。

4.5.3　黑客攻击手段

信息安全威胁来自诸多方面,其中黑客攻击是最重要的威胁来源之一。有效地防范黑客的攻击,应做到知己知彼,方可百战不殆。

1.什么是黑客?

黑客起源于 20 世纪 50 年代美国著名高校的实验室,黑客智力非凡、技术高超、精力充沛,热衷于解决一个个棘手的计算机网络难题。"黑客"可分为"善意"与"恶意"两种,即白帽(White Hat)和黑帽(Black Hat)。白帽依靠自己掌握的知识帮助系统管理员找出系统中的漏洞并加以完善,而黑帽则是通过各种黑客技能对系统进行攻击、入侵或做其他一些有害于网络的事情。因为黑帽所从事的事情违背了黑客守则,所以他们真正的名字称为"骇客"而非"黑客"。不论主观意图如何,"黑客"的攻击行为在客观上会对计算机网络造成极大的破坏,同时也是对隐私权的极大侵犯,所以在今天人们把那些侵入计算机网络的不速之客都称为"黑客"。

2.黑客的分类及目的

(1)黑客的分类

一般情况下,可将黑客分成三类:白帽子、黑帽子、灰帽子。

①白帽子——创新者。力求设计新系统,具有打破常规、精研技术和勇于创新的精神。追求没有最好,只有更好。

②灰帽子——破解者。致力于破解已有系统,发现现有系统的问题和漏洞,突破极限的禁制,能够展现自我。追求自由,并为人民服务。

③黑帽子——入侵者。追求随意使用资源,进行恶意破坏,散播蠕虫、病毒,进行商业间谍活动。信仰人不为己,天诛地灭。

在网络世界中,要想区分开谁是真正意义上的黑客,谁是真正意义上的入侵者并不容易,因为有些人可能既是黑客,也是入侵者。而且在大多数人的眼里,黑客就是入侵者。所以,在以后的讨论中不再区分黑客、入侵者,将他们视为同一类。

(2)黑客的目的

①好奇心。许多黑帽声称他们只是对计算机及电话网感到好奇,希望通过探究这些网络更好地了解它们是如何工作的。

②个人声望。通过破坏具有高价值的目标以提高在黑客社会中的可信度及知名度。

③智力挑战。为了向自己的智力极限挑战或为了向他人炫耀,证明自己的能力;还有些甚至不过是想做个"游戏高手"或仅仅为了"玩玩"而已。

④窃取情报。在 Internet 上监视个人、企业及竞争对手的活动信息及数据文件,以达到窃取情报的目的。

⑤报复。计算机入侵者感到其雇主本该提升自己、增加薪水或以其他方式承认他的工作。入侵活动成为他反击雇主的方法,也希望借此引起别人的注意。

⑥金钱。有相当一部分计算机犯罪是为了赚取金钱。

⑦政治目的。任何政治因素都会反映到网络领域。主要表现在敌对国之间利用网络的破坏活动;或者个人及组织对政府不满而产生的破坏活动。这类黑帽的动机不是钱,几乎永远都是为政治,一般采用的手法包括更改网页、植入计算机病毒等。

(3)黑客行为发展趋势

黑客的行为有 3 个方面发展趋势。

①手段高明化:黑客界已经意识到单靠一个人力量远远不够了,已经逐步形成了一个

团体,利用网络进行交流和团体攻击,互相交流经验和自己编写的工具。

②活动频繁化:做一个黑客已经不再需要掌握大量的计算机和网络知识,学会使用几个黑客工具,就可以在互联网上进行攻击活动,黑客工具的大众化是黑客活动频繁的主要原因。

③动机复杂化:黑客的动机目前已经不再局限于为了国家、金钱和刺激。已经和国际的政治变化、经济变化紧密地结合在一起。

3.黑客攻击的分类

黑客攻击攻击可分为主动攻击和被动攻击两类。按照 TCP/IP 层次进行分类,可分为针对数据链路层的攻击、针对网络层的攻击、针对传输层的攻击、针对应用层的攻击。按照攻击者的目的分类,可分为拒绝服务、Sniffer 监听、会话劫持与网络欺骗、获得被攻击主机的控制权,针对应用层协议的缓冲区溢出基本上都是为了得到被攻击主机的Shell。按危害范围分类,可分为局域网范围、广域网范围。

4.黑客攻击的步骤

通常黑客的攻击思路与策略分为 3 个阶段,即预攻击阶段、攻击阶段、后攻击阶段。预攻击阶段主要是信息的搜集,包括一些常规的信息获取方式,如端口扫描、漏洞扫描、搜索引擎、社会工程学等。在攻击阶段采取缓冲区溢出、口令猜测、应用攻击等技术手段。后攻击阶段主要释放木马、密码破解、隐身、清除痕迹。

尽管黑客攻击系统的技能有高低之分,入侵系统手法多种多样,但他们对目标系统实施攻击的流程却大致相同。其攻击过程可归纳为 9 个步骤:踩点、扫描、查点、获取访问权、权限提升、窃取、掩盖踪迹、创建后门。各步骤与之对应的一些操作如表 4-4 所示。

表 4-4　黑客的攻击步骤与操作

攻击步骤	相应操作
踩点	使用 Whois、DNS,Google、百度等工具搜集目标信息
扫描	利用踩点结果,查看目标系统在哪些通道使用哪些服务,以及使用的操作系统类型
查点	根据扫描,使用与特定操作系统及服务相关的技术收集账户信息。共享资源及export 等信息
获取访问权	发起攻击获取访问权限,如获取失败,可采取拒绝服务攻击
权限提升	获取权限后,试图成为 admin/root 或超级用户
窃取	改变、添加、删除及复制用户数据
掩盖踪迹	修改,删除系统日志
创建后门	为以后再次入侵做准备

4.5.4　防火墙的应用

1.防火墙的概念

Internet 是一个由很多网络互联而形成的网络,在带给人们极大便利的同时,也由于其上诸如黑客攻击等不安全因素和不良信息给使用者带来种种损害。为了使计算机网络免受外来入侵的攻击,阻隔危险信息的防火墙是保护网络安全的必然选择。

防火墙被认为最初是一个建筑名词,指的是修建在房屋之间、院落之间、街区之间,用以隔绝火灾蔓延的高墙。而这里介绍的用于计算机网络安全领域的防火墙则是指设置于网络之间,通过控制网络流量、阻隔危险网络通信以达到保护网络的目的,由硬件设备和软件组成的防御系统。像建筑防火墙阻挡火灾保护建筑一样,它有阻挡危险流量以保护网络的功能。

防火墙一般都是布置于网络之间的。防火墙最常见的形式是布置于公共网络和企事业单位内部专用网络之间,用以保护内部专用网络。有时在一个网络内部也可能设置防火墙,用来保护某些特定的设备,但被保护关键设备的 IP 地址一般会和其他设备处于不同网段。甚至有类似大防火墙(Great Fire Wall,GFW)那样保护整个国家网络的防火墙。其实,只要是有必要、有网络流量的地方都可以布置防火墙。

防火墙保护网络的手段就是控制网络流量。网络上的各种信息都是以数据包形式传递,网络防火墙要实现控制流量就要对途经的各个数据包进行分析,判断其危险与否,据此决定是否允许其通过,对数据包说"Yes"或"No"是防火墙的基本工作。不同种类的防火墙查看数据包的不同内容,但是究竟对怎样的数据包内容说"Yes"或"No",其规则是由用户来配置的。也就是说,防火墙决定数据包是否可以通过,要看用户对防火墙制定怎样的规则。

用以保护网络的防火墙会有不同的形式和不同的复杂程度。它可以是单一设备也可以是一系列相互协作的设备;设备可以是专门的硬件设备,也可以是经过加固甚至只是普通的通用主机;设备可以选择不同形式的组合,具有不同的拓扑结构。

2.防火墙的分类

依据不同的保护机制和工作原理,人们一般将防火墙分为三类:包过滤防火墙、状态检测包过滤防火墙、应用服务代理防火墙。这些防火墙的功能不同,常见的实现方式,以及它们的性能、安全性也不同。

(1)包过滤防火墙

包过滤防火墙也称为分组过滤防火墙,只查看数据包的 IP 头和 TCP/UDP 头的部分信息,据此判断是否允许数据包通过。其查看的信息包括源 IP 地址、目的 IP 地址、TCP/UDP 端口号、承载协议等。

用户为防火墙制定的规则需要说明防火墙查看的信息,以及是否允许通过。表 4-5是一个包过滤防火墙规则的实例。

表 4-5　包过滤防火墙规则实例

编号	方向	源 IP 地址	目的 IP 地址	协议	源端口	目的端口	操作
1	进	Any	120.100.80.1	n/a	n/a	n/a	拒绝
2	进	202.100.50.3	120.100.80.0	TCP	23	>1023	允许
3	出	120.100.80.2	Any	TCP	>1023	25	允许
4	进	Any	120.100.80.2	TCP	25	>1023	允许
5	进	192.100.5.0	120.100.80.4	TCP	>1023	80	允许
6	出	120.100.80.4	192.100.5.0	TCP	80	>1023	允许

各条包过滤规则以一定顺序排列,包过滤防火墙在决定一个数据包是否可以通过时会逐一查看各条规则。当遇到一条规则与数据包相匹配时,就按照该规则来处理数据包,而不再继续查看列表中该规则后面的其他规则。防火墙将按照匹配的规则是"允许"还是"拒绝"来决定是否让数据包通过。如果没有任何一条规则与数据包匹配,防火墙将拒绝该数据包通过,这是一种"一切未被允许的都是被禁止"的原则。

包过滤防火墙处理数据包时需要查看的内容比较少,执行起来简单、迅速,但是功能相对有限。从其规则的制定上来看,单条规则的制定很容易,但当规则条目太多时可能会有意想不到的麻烦。

由于包过滤防火墙的功能很简单,因此容易以专门的硬件来实现。在这些硬件设备中,用户配置的规则列表存放于专门寄存器而不是普通内存中,依据规则查验数据包决定是否放行的功能用硬件或固件来实现。这种形式的专用防火墙设备本身具有更强的抗攻击能力,有较高的安全性。有时也可以通过在路由器上设置访问控制列表来实现包过滤防火墙的功能,但这样做的安全性要差。

(2)状态检测包过滤防火墙

状态检测包过滤防火墙可以视为是普通包过滤防火墙的一种扩展。它也查看数据包 IP 头和 TCP 头中关于承载协议、端口号之类的信息,并依据人们设置的规则来决定是否对数据包放行。除此之外,状态检测包过滤防火墙还会跟踪每个通过防火墙的 TCP 连接的状态,根据一个数据包是否合乎某个 TCP 连接的状态来决定是否放行该数据包。

一个 TCP 连接有自己的生存周期和不同状态。其通过三次握手协议建立,四次握手协议终止,这些都是有明显时序性质的。此外,在正常数据交换时,有接收窗口和发送窗口的设置,超出窗口范围的数据都将不被处理。这些都可以作为判断数据包是否符合 TCP 连接状态的依据。通过检测数据包是否属于某一个 TCP 连接,其是否符合该 TCP 连接应有的状态,将此作为基本包过滤规则基础上进一步判断数据包是否应该放行的依据。

对于 UDP 应用,状态检测包过滤防火墙可以通过在相应 UDP 通信上设置一个虚拟的 UDP 连接。对于 UDP 数据包,除了检测其满足包过滤规则外还可以查验其是否满足预期的 UDP 状态。

状态检测包过滤防火墙在普通包过滤防火墙基础上增加了检测内容,其处理复杂一些,功能更强大一些。如果做成专门的防火墙硬件,除了增加判断 TCP 状态的硬件或固件外,还需要用以存储 TCP/UDP 状态的寄存器。

(3)应用服务代理防火墙

在使用网络服务的时候,用户可以不必用自己的计算机直接连接服务器,而通过一种称为"应用服务代理"的服务器来获取自己需要的服务。如果在应用服务代理服务器上增加了判断是否应该转发需要传递的数据包的功能,它就成了应用服务代理防火墙。和包过滤以及状态检测包过滤防火墙仅查看数据包的 IP 头和 TCP 头的部分数据不同,应用服务代理防火墙可以查看数据包中的应用协议和应用数据部分。比如说可以查找数据包中是否具有某些关键字、关键序列。

应用服务代理防火墙需要查看的内容更多,按照用户不同的需要做各种复杂的分析操作,对不同种类的应用也需要有不同的查看和分析操作。相比前面介绍的两种防火墙,应用服务代理防火墙对数据包有更深入的分析,功能更为强大。但同时由于需要进行的处理更加复杂和多样,应用服务代理防火墙需要进行大量的运算,对数据包的处理效率也最低。

由于处理情况复杂,数据量大,需要进行的运算量也非常大,应用服务代理防火墙的功能很难用硬件或固件来实现。一般应用代理防火墙会采用经过一定加固的通用计算机设备。

4.5.5　其他信息安全技术

1. 访问控制

访问控制是网络安全防范和保护的主要核心策略,它的主要任务是保证网络资源不被非法使用和访问。访问控制规定了主体对客体访问的限制,并在身份识别的基础上,根据身份对提出资源访问的请求加以控制。它是对信息系统资源进行保护的重要措施,也是计算机系统最重要和最基础的安全机制。根据控制手段和具体目的的不同,通常将访问控制技术划分为如下几个方面:入网访问控制、网络权限控制、目录级安全控制、属性安全控制以及网络服务器的安全控制等。访问控制的手段包括用户识别代码、口令、登录控制、资源授权(如用户配置文件、资源配置文件和控制列表)、授权核查、日志和审计等。

2. 登录控制

登录(Login)控制为网络访问提供了第一层访问控制。它控制哪些用户能够登录到服务器并获取网络资源,控制准许用户入网的时间和准许入网的工作站等。登录控制可分为用户名和用户口令的识别与验证、用户账号的默认限制检查,只要任何一个未通过校验,该用户便不能进入该网络。可以说,对网络用户的用户名和口令进行验证是防止非法访问的第一道防线。口令一般是由数字和字母组成的字符串,一般不少于 6 个字符。用户可以修改自己的口令,但系统管理员可以对设置口令进行限制,如最小口令长度、修改口令的时间间隔、尝试多次口令输入的次数等。

3.权限控制

权限控制是针对网络非法操作所提出的一种安全保护措施。能够访问网络的合法用户被划分为不同的用户组,用户和用户组被赋予一定的权限。访问控制机制明确了用户和用户组可以访问哪些目录、子目录、文件和其他资源,指定用户对这些文件、目录、设备能够执行哪些操作。它有两种实现方式:"受托者指派"和"继承权限屏蔽"。"受托者指派"控制用户和用户组如何使用网络服务器的目录、文件和设备。"继承权限屏蔽"相当于一个过滤器,可以限制子目录从父目录那里继承哪些权限,并且可以根据访问权限将用户分为以下几类:特殊用户(即系统管理员)、一般用户(系统管理员根据他们的实际需要为他们分配操作权限)、审计用户(负责网络的安全控制与资源使用情况的审计)。

目录级安全控制是针对用户设置的访问控制,控制用户对目录、文件、设备的访问。用户在目录一级指定的权限对所有文件和子目录有效,用户还具有可以进一步指定对目录下的子目录和文件的权限。对目录和文件的访问权限一般有 8 种:系统管理员权限、读权限、写权限、创建权限、删除权限、修改权限、文件查找权限和访问控制权限。8 种访问权限的有效组合可以让用户有效地完成工作,同时又能有效地控制用户对服务器资源的访问,从而加强了网络和服务器的安全性。

4.数据加密

尽管访问控制能够有效地保证非授权用户不能使用受保护的信息文件,但这道防线还是脆弱的。数据加密技术的作用是即使非授权用户拿到了受保护的信息文件,仍然无法读懂文件的内容,数据加密是信息安全的一个有效手段。

加密是对数据(明文)进行替换或者隐藏信息的过程,数据被加密后的文本称密文。非法用户得到的密文其表面上只是一堆杂乱无章的乱码,它必须经过解密后才能正常阅读。解密是加密的反过程,其作用是将加密的密文还原成原始数据。

无论是加密还是解密,都需要使用密钥。但是加密和解密不一定要使用同一把密钥。使用同一把密钥进行加密和解密的方法称对称密钥密码体制,而使用不同的密钥进行加密和解密的方法称公开密钥密码体制。常规密钥密码体制的缺陷是当通过网络将密文传输至另一台计算机时,密钥也必须进行传输,这显然是危险的。公开密钥密码体制则有两把密钥,一把称加密密钥,是公开的,用于进行加密。另一把称解密密钥,不公开,存放在接收方,用于解密。加密后,只能用解密密钥进行解密,而不能用加密密钥进行解密。因此,只要传输密文即可,减少了泄密的可能性。

5.鉴别技术

信息系统安全除了考虑信息本身的保密性之外,还要考虑信息的完整性和通信过程中用户身份的真实性。这方面的安全技术是通过数字签名、报文鉴别、数字证书等来实现的。

(1)数字签名

书信或文件根据亲笔签名或印章来证明其真实性,但在计算机网络中传送的电文又如何盖章呢?数字签名就是通过密码技术对电子文档形成的签名,类似于手写签名,但数字签名并不是手写签名的数字图像化，而是加密后得到的一串数据。数字签名可做到以下 3 点。

①接收者能够核实发送者对文档的签名。

②发送者事后不能抵赖对文档的签名。

③接收者不能伪造对文档的签名。

它已经应用于网上支付系统、电子银行系统、电子证券系统、电子订票系统、网上购物系统等一系列电子商务应用领域。

（2）报文鉴别和数字证书

报文鉴别也是用来对付篡改和伪造的一种有力手段，它使接收方能够验证所收到的报文（发送者、报文内容、发送时间、序列等）的真伪。和数字签名道理相同，报文鉴别是不可伪造的，不可抵赖的。

数字证书是用于在 Internet 上建立人们身份和电子资产的数据文件。它们保证了安全、加密的在线通信，并常常被用于保护在线交易。

数字证书由被称为认证中心（Certificate Authority，CA）的可信赖的第三方来发放。CA 认证证书持有者并"签署"证书来证明证书不是伪造的或没有以任何方式篡改。以数字证书为核心的加密技术可以对网络上传输的信息进行加密和解密、数字签名和签名验证，确保网上传递信息的机密性、完整性，以及交易实体身份的真实性、签名信息的不可否认性，从而保障网络应用的安全性。

内嵌在证书中的身份信息包括持有者的姓名和电子邮件地址、发证 CA 的名称、序列号以及证书的有效或失效期。当一位用户的身份为 CA 所确认后，证书使用持有者的公共密钥来保护这一数据。数字证书主要用于数字签名和信息的保密传输。

4.5.6 信息安全法规、政策与标准

信息安全法律法规体系初步形成，但体系化与有效性等方面仍有待进一步完善。据相关统计，截至 2008 年与信息安全直接相关的法律有 65 部，涉及网络与信息系统安全、信息内容安全、信息安全系统与产品、保密及密码管理、计算机病毒与危害性程序防治、金融等特定领域的信息安全、信息安全犯罪制裁等多个领域。与此同时，与信息安全相关的司法和行政管理体系迅速完善。但整体来看，与美国、欧盟等先进国家与地区比较，我们在相关法律方面还欠体系化、覆盖面与深度。

我国信息技术安全标准化技术委员会（CITS）主持制定了 GB 系列的信息安全标准对信息安全软件、硬件、施工、检测、管理等方面的几十个主要标准。总体而言，我国信息安全标准体系目前仍处于发展和建立阶段，基本上引用与借鉴国际以及先进国家的相关标准。

目前比较著名的计算机安全标准有美国国防部为计算机安全的不同级别制定的 4 个准则，俗称计算机安全橙皮书（正式名称为可信任计算机标准评估标准）包括计算机安全级别的分类和我国的 2001 年 1 月 1 日起实施的《计算机信息系统安全保护等级划分准则》。

我们国家由公安部提出并组织制定、国家质量技术监督局发布的强制性国家标准——《计算机信息系统安全保护等级划分准则》，将计算机信息系统安全保护等级划分为用户自主保护级、系统审计保护级、安全标记保护级、结构化保护级、访问验证保护级 5 个级别。用户可根据自己计算机信息系统重要程度确定相应的安全保护级别，并针对相应级别进行建设。

与发达国家相比，我国的信息安全产业不单是规模或份额的问题，在深层次的安全意识等方面差距也不少。而从个人信息安全意识层面来看，与美欧等相比较，仅盗版软件使用率相对较高这种现象就可以部分说明我国个人用户的信息安全意识仍然较差，包括信用卡使用过程中暴露出来的签名不严格、加密程度低，以及在互联网使用过程中的密码使用以及更换等方面都更多地表明，我国个人用户的信息安全意识有待于提高。

信息安全意识较低的必然结果就是导致信息安全实践水平较差。广大中小企业与大量的政府、行业与事业单位用户对于信息安全的淡漠意识直接表现为缺乏有效的信息安全保障措施，虽然这是一个全球性的问题，但是我国用户在这一方面与发达国家还有一定差距。

4.6　信息检索

4.6.1　信息检索的基本概念

广义上说，信息检索是指将信息按照一定的方式组织和存储起来，并能根据信息用户的需要找出其中相关信息的过程。

信息检索的全称是信息存储与检索，包含两个方面，存储的过程是信息的组织加工和记录的过程，即建立检索系统（编制检索工具）的过程——输入的过程。检索的过程是按一定方法从检索系统（检索工具）中查出用户需要的特定信息的过程——输出的过程。二者是相辅相成的，存储是为了检索，而检索又必须先进行存储。只有经过组织的有序信息集合才能提供检索，因此了解了一个信息系统（检索工具）的组织方式也就找到了检索该检索系统（检索工具）的根本方法。

检索的本质是信息用户的需求和信息集合的比较与选择，即匹配的过程。从用户需求出发，对一定的信息集合（系统）采用一定的技术手段，根据一定的线索与准则找出（命中）相关的信息的过程，这就是检索。

1. 信息检索的意义

21 世纪是经济信息化、社会信息化的时代。终身教育、开放教育、能力导向学习成为教育理念的重要内涵。为满足知识创新和终身学习的需求，培养适应 21 世纪需要的新型人才，发达国家和地区纷纷将信息素养或信息能力作为人才能力的重要内容。目前，美国从小学、中学到大学都已全面将信息素养纳入正式的课程设置中，信息素养是一个带根本性的、重要的教育议题，是未来信息社会衡量国民素质和生产力的重要指标。在素质教育中，信息素质是一种综合的、在未来社会具有重要独特作用的基本素质，是当代大学生素质结构的基本内容之一。

通过信息检索知识的系统学习，学生应具有良好的信息意识素质，和对信息的查询、获取、分析和应用能力，对信息进行去伪存真、去粗取精、提炼、吸取符合自身需要的信息。

2. 信息检索技术的发展

在古代，人类就开始对信息进行有意义的组织利用，典型例子就是图书目录的编制，使特定的信息能够以结构化的形式方便人们查阅。后来发展的索引（Index）进一步加速了信息的快速存取，通过索引可以从一个概念或一组词出发，找到其他与之相关联的信息。早期索引都是以手工方式产生的，一般是由编制人员凭借其知识和经验进行设计而形成的结构性的分类，这样产生的索引为人们的信息检索提供了方便，但也难免有分类上的局限性，另外，大型索引很难凭人力编制。随着计算机技术的发展，使大型索引的编制成为可能，索引技术的发展也为快速地检索信息提供了前提条件。

1990 年以前，网络信息检索的现状与发展没有任何人能够检索互联网上的信息。应该说，所有的网络信息检索工具都是从 1990 年的 Alan Emtage 等人发明的 Archie 开始的，虽然它当时只可以实现简单意义上的 FTP 文件检索。随着 WWW 的出现和发展，基于网页的信息检索工具出现并迅速发展起来。1995 年基于网络信息检索工具本身的检索工具元搜索引擎由美国华盛顿大学的 Eric Selberg 等发明。伴随着网络技术的发展，网络信息检索工具也取得了长足的发展。

网页是因特网的最主要的组成部分，也是人们获取网络信息的最主要的来源，为了方便人们在大量繁杂的网页中找寻自己需要的信息，这类检索工具发展得最快。一般认为，基于网页的信息检索工具主要有网页搜索引擎和网络分类目录两种。网页搜索引擎是通过"网络爬虫"等网页自动搜寻软件搜索到网页的，然后自动给网页上的某些或全部字符做上索引，形成目标摘要格式文件以及网络可访问的数据库，供人们检索网络信息的检索工具。网络目录则与搜索引擎完全不同，它不会将整个网络中每个网站的所有页面都放进去，而是由专业人员谨慎地选择网站的首页，将其放入相应的类目中。网络目录的信息量要比搜索引擎少得多，再加上不同的网络目录分类标准有些混乱，不便人们使用，因此虽然它标引质量比较高，利用它的人还是要比利用搜索引擎的人少得多。

由于网络信息的复杂性和网络检索技术的限制，上述检索工具也有着明显的不足。①随着网页数量的迅猛增加，人工无法对其进行有效的分类、索引和利用。网络用户面对的是数量巨大的未组织信息，简单的关键词搜索，返回的信息数量之大，让用户无法承受。一些站点在网页中大量重复某些关键字，使其容易被某些著名的搜索引擎选中，以期借此提高站点的地位，但事实上却可能没有提供任何对用户有价值的信息。②网络信息日新月异的变更，人们总是期望挑出最新的信息。然而网络信息时刻在变，实时搜索几乎不可能，就是刚刚浏览过的网页，也随时都有更新、过期、删除的可能。

过去一般网络检索工具提供商只依靠自己建立的数据库来提供检索服务，检索范围有限，而现在某些著名的搜索引擎在购买其他公司的数据库或者技术内核，有的与其他搜索引擎建立伙伴关系，以便用户使用。目前信息检索发展趋势之一是信息检索工具专业化及服务内容更加深化，一些检索工具已经不再盲目追求加大收录和标引量，而更加突出专业特色。

网络信息工具智能化发展：①网络爬虫的智能化。针对网络信息的动态更替性，网络爬虫通过启发式学习采取最有效的搜索策略，选择最佳时机从 Internet 上自动收集、整理信息。②检索软件智能化。如智能搜索引擎、智能浏览器、智能代理，它们都非常重视开发实现基于自然语言形式的输入，检索者可以将自己的检索提问以所习惯的短语、词组甚至句子等自然语言的形式输入，智能化的检索软件将能够自动分析，而后形成检索策略进行检索。

4.6.2　常用的信息检索技术

随着计算机技术、通信技术、多媒体技术和网络技术的发展，信息检索技术也得到了快速发展，许多新颖、便捷、高效的理论和算法，如人工智能、分布式挖掘、网格计算应用于现代信息检索技术，使现代检索技术更具效力和穿透性。此外，现代信息检索技术已经成为 Internet 最重要的业务之一，信息检索技术的应用已经深入到学习、工作和生活的各个领域。下面介绍一些目前常见和比较前沿的信息检索技术。

1. 搜索引擎技术

互联网信息检索技术始于 20 世纪 90 年代。随着知识经济的到来，Internet 上 Web 资源的增多，互联网上的信息呈爆炸式增长，人们用以往的信息查询方式（如基于超文本/超媒体的浏览方式或基于目录的信息查询）很难找到所需要的资源。为了能够解决海量 Web 信息的检索问题，搜索引擎成为一种最常见的 Web 信息检索系统，其基本工作方式是使用 robot（机器人）来遍历 Web。由于专门用于检索信息的 robot 程序像爬虫（Spider）一样在网络间爬来爬去，因此，搜索引擎的 robot 程序被称为 spider（spider FAQ）程序。世界上第一个 spider 程序，用于追踪互联网发展规模。开始时，它只用来统计互联网上的服务器数量，后来则发展为能够捕获网址（URL）。将 Web 上分布的信息下载到本地文档库，然后对文档内容进行自动分析并建立索引；对于用户提出的检索请求，搜索引擎通过检查索引找出匹配的文档（或链接）并返给用户。在查询时，用户不需要知道搜索引擎中索引的具体组织形式。目前互联网上的搜索引擎站点有成千上万个，各个搜索引擎在收录的范围、内容、检索方法上都各有不同。最为著名的英文搜索引擎有 Google 等。以中文网页为主要检索内容的搜索引擎也越来越多，功能也越来越强大，目前检索中文网页的搜索引擎主要有百度、神马等。

目前，各个搜索引擎为了在竞争中获胜而不断地增加其索引的 Web 页面数目，但仍然赶不上 Web 的发展速度。Lawrence 等人 1999 年在 Nature 杂志上发表的一份研究报告表明，任何一个搜索引擎对 Web 的覆盖度都不超过 20%。因此，用户经常需要检索多个系统以提高检索的查准率。但是，各个搜索引擎的用户接口是异构的，有其特定且复杂的界面和查询语法，这给用户同时使用多个系统带来了不便。一些研究人员针对这种状况开发了元搜索引擎（也称为集成搜索引擎）。

元搜索引擎的基本工作方式是：①对用户查询请求进行预处理，分别将其转换为若干个底层搜索引擎能处理的格式；②向各个搜索引擎发送查询请求，并等待其返回检索结果。例如，MetaCrawler 同时检索 Yahoo、LookSmart、AltaVisa 等 9 个主要的搜索引擎；③对检索结果进行后处理，包括组合各个搜索引擎返回的检索结果，消除重复项，对结果进行排序等。有些搜索引擎在必要时还通过下载 Web 文档来实现一些搜索引擎不支持的查询，或者对文档作进一步的分析以提高信息检索的查准率；④向用户返回经过组合和处理后的检索结果。

2. 超文本全文检索技术

超文本全文检索技术（Full Text Search for Hypertext）是基于互联网超文本网页的检索方式。超文本的特点是联想式的、非线性的，信息的组织方式是网状的，基本信息单元可以是单个字、句子、章节、文献甚至是图像、音乐或录像等多媒体资源。这种非结构化文档，一般仅适合于信息的浏览和导航，而无法像数据库那样实现基于主题、关键词、内容等的信息检索。另外，一张网页至少对应一个以上的文件，当信息规模较大时，不仅文件数量巨大，而且文件间存在的错综复杂的链接关系也难以维护。

为了使 Internet 上的资源得到更好的利用，人们将全文检索的概念应用于对超文本信息的检索。目前，可以从以下两种途径实现超文本信息的全文检索：①采用 Web 服务器自带的索引服务器，但这种方法只能实现字符串匹配查询，无法实现按主题查询，效率低下，无法跨平台，也无移植性；②通过将非结构化的超文本文件集中转换为结构化数据库，并对数据库中超文本记录的特征字段进行标引，形成完整的超文本数据库。在此基础上开发相应的基于 Web 的检索引擎，实现对超文本查询的目的。其关键技术涉及超文本关键词提取、查询条件构造、全文检索算法及查询结果处理等。

3. 多媒体信息检索技术

随着多媒体信息资源的不断增多，查找和利用图形、图像、音频、视频等多媒体文档的需求也不断上升。由于传统的信息检索技术不适用于多媒体信息的检索，因此，多媒体信息检索技术便应运而生。

不同格式的多媒体文件应采用不同的处理技术。图形文件的检索主要是基于空间的约束关系进行的，主要有以下几种方法：

（1）点检索。检索某坐标处的目标。

（2）线检索。检索线状目标两侧的目标，例如，检索公路两侧的建筑。

（3）区域检索。检索某区域内的图形目标。

（4）关联检索。利用两个或多个图形对象之间的空间和拓扑关系来检索。空间约束关系可以为方向、邻接、包含等。

（5）形状检索。形状是图形的唯一重要的特征，以用户提供的形状作为输入，匹配形状的特征有面积、周长、离心率、主轴方向以及由对象导出的其他特征。

（6）轮廓检索。匹配图形中的主要边、线等。

对图像文件的检索处理需针对图像的具体特征进行匹配检索。目前主要运用的手段和方法有：

（1）特征描述法。可通过自然语言描述法和图像解释法为图像附上一组特征数据，用这种特征数据来表达媒体数据的信息内容,供检索时采用。

(2)基于内容的检索。它是目前多媒体技术研究中的热点课题,根据媒体对象的语义、特征进行检索,如图像中的颜色、纹理、形状,视频中的镜头、场景、镜头的运动,声音中的音调、响度、音色等。因此它又可以细分为基于颜色特征的检索、基于纹理特征的检索、基于形状特征的检索等。基于内容的检索系统一般由两个子系统构成,即数据库生成子系统和检索子系统。每个子系统由相应的功能模块和部件组成,数据库生成子系统包括媒体数据、目标标识、特征提取等部件,检索子系统包括用户、检索接口、检索引擎等部件,每个子系统通过知识辅助及媒体库、特征库、知识库连接起来。

视频检索技术的应用也比较广泛,可用于查找各类视频的片段,目前常用的技术手段有:

(1)框架检索法。"框架"是一个数据对象,类似于传统数据库中的记录。一个框架就是一个镜头的内容按层次结构安排。框架可按主题安排,也可按视频内容特点安排。

(2)浏览检索法。该方法针对视频的特点,使用层次化浏览方式,逐级筛选视频。

(3)特征描述检索法。该方法针对视频的局部特征(如镜头的主色调、目标颜色、形状、纹理以及用户说明的摄像机运动或视频中目标的运动情况等)进行检索。基于主色调检索是视频检索中频率最高的检索方式。

声音检索技术实现的方法主要有:

(1)基于内容的检索。通过赋值检索(用户指定某些声学特征的值或范围来说明检索)、示例匹配检索(用户提交或选择一个示例声音,针对某个或某些特征,检出所有与示例相似的声音)、浏览检索(把声音分类和分组,将内容分割为若干可独立利用的节点,通过节点的链接检索到所有相关的信息)得以实现查询。

(2)特征描述法。这种方法与图像检索的特征描述法相似,分为自然语言描述法和声音解释法。自然语言描述法是用自然语言直接以文本形式描述(如标题、主题、发言人、时间等)辅助检索。声音解释法是通过对声音特征作适当的标引而采用的检索方法。

(3)基于语音识别与合成技术的检索方法。该方法的基本思想是由语音识别装置将原始语音转化为计算机能理解的数据(如汉字编码)并存入语音数据库,从而将语音信息与文本信息统一起来,由数据库管理系统统一描述、编辑、存储与检索。检索时,让计算机能对检索要求(而非检索内容)进行语音识别,语音合成信息将播放所检索到的语音信息。不过这种语音是机器合成的语音。

4.人工智能与信息检索

人工智能是计算机科学的一个重要分支,它与空间技术、能源技术并列为当今世界三大尖端技术。人工智能是用机器模拟推理、学习和联想的能力。从 20 世纪 60 年代开始,人工智能技术有了很快的发展,在自然语言理解、图像识别、工业机器人等方面的研究有了很大的进步。人工智能在信息检索领域的应用主要是在自然语言理解、机器翻译、模式识别、专家系统等方面。

(1)自然语言理解。长期以来,人们束缚于信息检索中繁杂的检索规则,渴望能使用自然语言进行人机对话。人工智能中的自然语言理解就是利用计算机来处理自然语言的,使计算机懂得人的语言。其实质就是一个"人机对话"系统,输入系统的是自然语言信息,系统"理解"后组织自然语言输出。这样用户就可以用日常语言来表达信息需求。

(2)机器翻译。实质上是对两种语言的处理与转换,即把人们日常所表达的各种自然语言转化成计算机可以识别的语言模式,它能把不同用户提问需求转化成系统可以接受的内部形式,消除语种障碍,扩大用户使用面。

(3)模式识别。它是指用计算机来识别人类手写的各种符号以及人的声音,主要应用的是光学字符识别技术和语音识别技术。人工智能模式识别技术将使用户在信息检索中可以运用多种形式的输入方式,机器不仅能够阅读手写的字符、图形,还能"听懂"人类的自然语言。

(4)专家系统。它是基于知识的系统,主要由知识库、数据库、推理引擎(Inference Engine)、知识获取模块和解释接口组成。其核心就是整理和存储专家的知识,模拟人类专家完成某些特定的智能工作。当人们在寻求某一方面问题的解决途径时,专家系统可以模拟人在解决问题过程中使用的推理、演绎,作出判断和决策,起到专家的作用。专家系统的各组成部分相互配合缺一不可,其中解释接口是用户与专家系统交互、沟通的环节,具有解释功能是专家系统区别于其他计算机程序的标志。目前一些医疗诊断、辅助教学等专家系统作为第一代专家系统已经研制成功。

4.6.3 搜索引擎和数据库检索举例

1. 搜索中的常用概念

如何快速、准确的查找到目标资料是搜索需要考虑的问题,在搜索引擎使用时,经常碰到以下常见的概念:

(1)关键词:即索引词,是用来检索某一类或某一个信息的提示词。它可以是信息的主题,也可以是作者,还可以是具有某种确定性意义的描述某一特征的词语。

(2)布尔逻辑:在 Internet 搜索中主要运用 and(与)、or(或)、not(非)三类运算操作,它们对快速、准确、有效地搜索信息起极大的作用。

(3)停止词:在输入查询条目时,查询工具不一定关注键入的所有词目。查询工具会忽略掉一些特定的通用词汇,称为"Stop Word",即停止词。这些词包括计算机常用的名词如 computer、Internet 以及 a、the、what 等一类词。

(4)命中符:当查询工具查询其索引时,它对每个条目确定命中符的数目。一个命中符意味着查询工具在索引中找到一个能匹配查询条目内容之一的一个单词。在查询结果清单中,有最多命中符的条目放在最前列。

2. 查询检索中的几个要点

当搜索结果仍不满意时,可以使用以下策略改进搜索结果。

(1)改变查询范围。改变查询范围包括缩小和拓宽查询范围。

①缩小查询范围:如果选用格式化查询工具,应仔细挑选查询条目。诸如 car 这类普通条目进行查询,会给出很长的链接点清单。尝试更专门化的条目,如 classic car 等,就

可以进一步缩小查询范围。

②拓宽查询范围：搜索结果太少或未找到需要的条目时，可以加入关键字的同义词或近义词来扩大查询结果。例如，搜索"足球 世界杯 住宿 在南非"相关内容太少时，可以试一下"足球 世界杯 住宿 旅馆 饭店 在南非"。

(2)使用多个搜索工具。当用一个搜索工具查询条目效果不太理想时，可以尝试更换别的搜索工具。这是因为各个搜索服务器虽然功能大体相同，但其检索方式、内容分类及其信息资源侧重点还是有所差别的，因此利用不同的搜索工具就可能会有不同的结果。

3. 搜索引擎的高级搜索语法及应用举例

目前，搜索引擎是最常用的信息搜索工具，掌握搜索引擎的搜索语法和应用技巧是信息检索的基本能力。下面是百度搜索引擎、Google 的搜索语法及应用举例。

(1)百度搜索高级语法：

①把搜索范围限定在网页标题中(intitle)。网页标题通常是对网页内容提纲挈领式的归纳。把查询内容范围限定在网页标题中，有时能获得良好的效果。使用方式为：在查询内容中，特别关键的部分，用"intitle:"限定在网页标题中查询，如视频检索 intitle：计算机。

②把搜索范围限定在特定站点中(site)。如果知道某个站点中有自己需要找的东西，就可以把搜索范围限定在这个站点中，提高查询效率。使用的方式：在查询内容的后面，加上"site：站点域名"，如视频 site：www.nbu.edu.cn。

③把搜索范围限定在 URL 链接中(inurl)。网页 URL 中的某些信息，常常有某种有价值的含义。如果对搜索结果的 URL 做某种限定，就可以获得良好的效果。实现的方式："inurl:"后跟需要在 URL 中出现的关键词，如视频 inurl：edu。

(2)Google 高级搜索语法：

①"site"表示搜索结果局限于某个具体网站或者网站频道，或者是某个域名，如"世界杯 site:www.163.com"。如果要排除某网站或者域名范围内的页面，只需用"-网站/域名"，如"世界杯-site:www.163.com"，检索结果中，所有关于世界杯的网页，唯独没有网易发布的。

②"link"语法返回所有链接到某个 URL 地址的网页。例如，搜索所有含指向翻译公司"www.seouh.com"链接的网页，搜索："link：www.seouh.com"。

③"inurl"语法返回的网页链接中包含第一个关键字，后面的关键字则出现在链接中或者网页文档中。有很多网站把某一类具有相同属性的资源名称显示在目录名称或者网页名称中，比如"MP3"、"GALLARY"等，于是，就可以用 inurl 语法找到这些相关资源链接，然后，用第二个关键词确定是否有某项具体资料。

④"allinurl"语法返回的网页的链接中包含所有查询关键字。这个查询的对象只集中于网页的链接字符串。

4. 中国期刊网数据库使用技巧

中国期刊网(2003 年改名为中国知网)是中国学术期刊电子杂志社编辑出版的以《中

国学术期刊（光盘版）》全文数据库为核心的数据库，目前已经发展成为"CNKI数字图书馆"。收录资源包括期刊、博硕士论文、会议论文、报纸等学术与专业资料，覆盖理工、社会科学、电子信息技术、农业、医学等广泛学科范围，数据每日更新，支持跨库检索。

中国知网作为数字内容产品的出版商，通过与出版行业伙伴的通力合作，实现了同步出版7500种学术期刊，650所院校的博硕士学位论文，1500个学会的会议论文，500种重要报纸，3200种年鉴，3600种工具书（专业辞典、百科、图谱、工程技术手册、语言辞典），全国统计年鉴与经济信息类期刊，全国专利、科技成果，国学宝典，以及2000多种高等教育期刊、基础教育期刊、精品文化期刊、精品文艺期刊、党建期刊。

同时，针对各行各业用户的特定需要，中国知网专门编辑整合出版了《中国医药卫生知识仓库》《中国政策法律知识仓库》《中国农业知识仓库》《中国党建知识仓库》，同时整合了海外出版的优质外文资源，包括德国SPRINGE科技数据库，NSTL外文期刊、会议论文数据库等，图4-39为中国知网首页。

图4-39　中国知网

中国知网（CNKI）数据库的使用：

①登录全文检索系统。登录后，系统默认的检索方式即为初级检索方式，在主页面左侧的导航栏中进行检索。

②选取检索范围。打开专辑查看下一层的目录，采用同样的步骤直到要找的范围。在要选择的范围前选择"√"，单击"检索"按钮。

③高级检索。通过高级检索可更加准确地找到所需要的文献，搜索界面如图4.39所示，在字段的下拉框中选取要进行检索的字段，这些字段有：篇名、作者、机构、关键词、中文摘要、英文摘要、基金、引文、全文、中文刊名等，并且所要搜索的字段名可以通过点击搜索框右边的加号增加，从而缩小检索范围。

④输入检索词。在"检索词"文本框中输入关键词。关键词为文章检索字段中出现的

关键单词,当相关度排列时,其出现的词频越高,数据越靠前排列。

⑤进行检索。

4.7　习　题

一、选择题

1. 网络根据(　　)可分为广域网和局域网。

A. 连接计算机的多少 　　　　　　　　　B. 连接范图的大小

C. 连接的位置 　　　　　　　　　　　　D. 连接结构

2. 属于集中控制方式的网络拓扑结构是(　　)。

A. 星形结构 　　　　B. 环形结构 　　　　C. 总线结构 　　　　D. 树形结构

3. 以下(　　)是物理层的网间设备。

A. 中继器 　　　　　B. 路由器 　　　　　C. 网关 　　　　　　D. 网桥

4. 在 Internet 上各种网络和各种不同类型的计算机互相通信的基础是(　　)协议。

A. HTTP 　　　　　B. IPX 　　　　　　C. X. 25 　　　　　　D. TCP/IP

5. 某台计算机的 IP 地址为 132. 121. 100. 001,那么它属于(　　)地址。

A. A 类 　　　　　　B. B 类 　　　　　　C. C 类 　　　　　　D. D 类

6. 在使用 TCP/IP 协议的网络中,当计算机之间无法访问或与 Internet 连接不正常时,在 DOS 状态下,常使用(　　)命令来检测网络连通性问题。

A. ping 　　　　　　B. dir 　　　　　　C. ip 　　　　　　　D. list

7. 在 Internet 上用于传输文件的协议是(　　)。

A. HTTP 　　　　　B. FTP 　　　　　　C. IP 　　　　　　　D. HCP

8. 在 OSI 参考模型中(　　)处于模型的最底层。

A. 物理层 　　　　　B. 网络层 　　　　　C. 传输层 　　　　　D. 应用层

9. IPv4 地址由(　　)位二进制数值组成。

A. 16 位 　　　　　　B. 8 位 　　　　　　C. 32 位 　　　　　D. 64 位

10. 因特网中完成主机地址和 IP 地址转换的系统是(　　)。

A. POP 　　　　　　B. DNS 　　　　　　C. PPP 　　　　　　D. ARP

11. 在 Internet 上浏览网页时,浏览器和 WWW 服务器之间传输网页使用的协议是(　　)。

A. IP 　　　　　　　B. HTTP 　　　　　C. FTP 　　　　　　D. UDP

12. 下列哪项是局域网的特征(　　)。

A. 传输速率低 　　　　　　　　　　　　B. 信息误码率高

C. 分布在一个宽广的地理范围之内 　　　D. 组网方便且使用灵活

13. 当 Email 到达时,如果没有开机,那么邮件将(　　)。

A. 会自动保存入发信人的计算机中

B. 将被丢弃

C. 开机后对方会自动重新发送

D. 保存在服务商的 Email 服务器上

14. 关于防火墙控制的叙述，不正确的是（   ）。

A. 防火墙可以用来防止恶意程序的攻击

B. 防火墙可以防止未授权的连接，有效保护个人信息

C. 防火墙本身是不可被侵入的

D. 防火墙的作用是防止不希望的、未经授权的通信进出被保护的内部网络

15. 广义的信息检索包含两个过程（   ）。

A. 检索与利用　　　 B. 存储与检索　　　 C. 存储与利用　　　 D. 检索与报道

16. 关于索引型搜索引擎的采集和索引机制，错误的说法是（   ）。

A. 采用网页采集机器人 robot，循着超链接不停采集访问到的页面

B. 网页采集机器人可以采集到所有的页面

C. 自动提取网页中的关键词建立索引

D. 网页的更新有一定的周期，有时候存储的网页信息已经过时

17. 下列有关搜索引擎的说法正确的是（   ）。

A. 在不同的搜索引擎中搜索相同的关键词，得到的结果是相同

B. 排在最前面的搜索结果一定是准确的

C. 因特网上有大量的内容，搜索引擎只能向用户提供其网页索引数据库里已经储存的内容

D. 谷歌搜索引擎比百度搜索引擎更好

18. 射频识别技术属于物联网产业链的（   ）环节。

A. 标识　　　　　　 B. 感知　　　　　　 C. 处理　　　　　　 D. 传输

19. 下列选项中不属于物联网的网络层的主要技术的是（   ）。

A. Internet 技术　　　　　　　　　 B. 移动通信网技术

C. 无线传感器网络技术　　　　　　 D. 数据挖掘技术

20. 下列哪一项不属于物联网十大应用范畴？（   ）

A. 智能电网　　　　 B. 医疗健康　　　　 C. 智能通信　　　　 D. 金融与服务业

二、填空题

1. 计算机网络是指在_____的计算机系统之集合。

2. 在计算机网络中采用的传输媒体通常可分为有线媒体和_____两大类，其中常用的有线传输媒体有双绞线、_____和_____。

3. 计算机网络的拓扑结构主要有总线型、星形、_____、_____及_____ 5 种。

4. OSI 参考模型共分 7 个层次，自下而上分别是物理层、数据链路层、_____、会话层、表示层和应用层。

5. 黑客攻击按 TCP/IP 层次进行分类可分为：_____、_____、_____、_____。

6.常见防火墙按采用的技术分类主要有：_____、_____、_____。

7.常见的信息检索技术包括：_____、_____、_____、_____。

8.计算机病毒特征包括：_____、_____、_____、_____、_____和_____。

9.物联网是一个基于_____、_____的信息承载体,它让所有能够被独立寻址的普通物理对象形成互联互通的网络。

10.NFC 芯片的手机支付的 3 种应用模式：_____、_____、_____。

三、简答题

1.计算机网络的发展可划分为哪几个阶段？每个阶段有什么特点？

2.什么是计算机网络？简述计算机网络的功能。

3.试述计算机网络主要的拓扑结构以及它们的特点。

4.简述计算机网络的组成。

5.简述 FTP 的作用和工作原理。

6.黑客攻击由哪几步构成？

7.简要概括防火墙的工作原理。

8.请查询相关资料,简述搜索引擎所使用的信息检索模型有哪些？各有什么特点？

9.以智能家居为例,简述物联网技术的应用。

10.简述 NFC 在智能医疗里面的应用。

第5章 数据库管理系统及 Access

数据库技术主要研究如何科学地组织和存储数据，如何高效地获取和处理数据。Microsoft Access 2019 作为一种关系数据库管理系统，是中小型数据库应用系统的理想开发环境，已经得到越来越广泛的应用。本章首先介绍数据库管理系统的基本知识，然后介绍典型关系数据库管理软件 Access 2019 的应用。

5.1 数据库系统概述

数据库技术的出现使数据管理进入了一个崭新的时代，它能把大量的数据按照一定的结构存储起来，在数据库管理系统的集中管理下，实现数据共享。本节将介绍数据库、数据库管理系统和数据库系统等基本概念。

5.1.1 数据库技术的产生与发展

1.数据管理的发展

数据是指存储在某一种媒体上能够识别的物理符号。计算机对数据的管理是指如何对数据分类、组织、编码、存储、检索和维护等。计算机数据管理随着计算机软硬件技术和计算机应用范围的发展而发展，多年来经历了人工管理、文件系统、数据库系统等几个阶段。

（1）人工管理阶段

在 20 世纪 50 年代中期以前，计算机主要用于科学计算，数据管理属于人工管理阶段。这一阶段的特点是：数据与程序不具有独立性，一组数据对应一个应用程序；数据不能长期保存，程序运行结束后就会退出计算机系统；数据不能共享，一个程序中的数据无法被其他程序使用，因此程序与程序之间存在大量的冗余数据。在人工管理阶段，应用程序与数据之间的关系如图 5-1 所示。

（2）文件系统阶段

从 20 世纪 50 年代后期开始至 20 世纪 60 年代中期，计算机的应用范围逐渐扩大，计算机不仅用于科学计算，而且还大量用于管理，数据管理属于文件系统阶段。在这一阶段中，文件系统在应用程序与数据之间提供了一个公共接口，使程序采用统一的存取方法来存取、操作数据。程序与数据之间不再是直接的对应关系，它们都具有了一定的独立性。但文件系统只是简单地存放数据，数据的存取在很大程度上仍依赖于应用程序。不同程序难于共享同一数据文件，数据独立性较差。此外，由于文件系统没有一个相应的数据模型约束数据的存储，因而仍有较高的数据冗余，极易造成数据的不一致。在文件系统阶段,应用程序与数据之间的关系如图 5-2 所示。

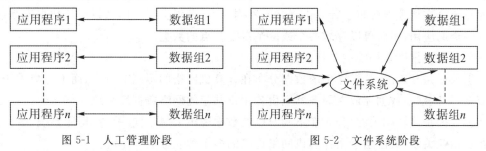

图 5-1　人工管理阶段　　　　　　　　　图 5-2　文件系统阶段

（3）数据库系统阶段

20 世纪 60 年代后期,为了满足多用户、多应用共享数据的需求,使数据为尽可能多的用户服务,就出现了数据库技术,出现了一种新的数据管理软件——数据库管理系统（Database Management System,DBMS）。数据库技术使数据有了统一的结构,并且对所有数据实行统一、集中、独立地管理,以实现数据的共享,保证了数据的完整性和安全性,从而提高数据管理效率。

与传统的文件管理阶段相比,现代的数据库管理系统的特点有:数据库中数据的存储是按统一结构进行的,不同的应用程序都可直接操作使用这些数据,应用程序与数据之间保持着高度的独立性;数据库系统提供了一套有效的管理手段来保证数据的完整性、一致性和安全性,从而使数据具有充分的共享性;数据库系统还为用户管理、控制数据的操作,提供了功能强大的操作命令,使用户能够直接使用命令或将命令嵌入应用程序中,简单方便地实现数据库的管理、控制操作。

在数据库系统管理阶段,数据已经成为多个用户或应用程序共享的资源,从应用程序中独立出来,形成数据库,并由数据库管理系统 DBMS 统一管理。应用程序与数据之间的关系如图 5-3 所示。

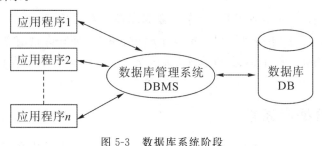

图 5-3　数据库系统阶段

2.数据库新技术

数据库技术面临新的挑战,主要体现在数据库系统的环境变化:大量异构数据的集成和网络信息的集成,支持协调工作和工作流管理;数据类型和数据来源的变化,大量数据来源于实时动态的传感器和监测系统的多媒体数据;设计方法和工具的改变,面向对象分析和设计方法的应用等。下面简单叙述近几年来数据库发展的新趋势。

（1）分布式数据库

分布式数据库系统（Distributed Database System,DDBS）是在集中式数据库的基础上发展起来的,是数据库技术与计算机网络技术、分布处理技术相结合的产物。分布式数据库系统是在地理上分布于计算机网络的不同节点,逻辑上属于同一系统的数据库系统,能支持全局应用,同时可以存取两个或两个以上节点的数据。

分布式数据库系统的主要特点如下。

①数据是分布的:数据库中的数据分布在计算机网络的不同节点上,而不是集中于一个节点,其区别于数据存放在服务器上由各用户共享的网络数据库系统。

②数据是逻辑相关的:分布在不同节点的数据逻辑上属于同一个数据库系统,数据间存在着相互关联,其区别于由计算机网络连接的多个独立数据库系统。

③每个节点都是自治的:每个节点都有自己的计算机软硬件资源、数据库、局部数据库管理系统,因而能够独立地管理局部数据库。

(2)面向对象数据库

面向对象数据库系统(Object-Oriented Database System,OODBS)是将面向对象的模型、方法和机制,与先进的数据库技术有机地结合而形成的新型数据库系统。它从关系模型中脱离出来,强调在数据库框架中发展类型。它的基本设计思想是,一方面把面向对象语言向数据库方向扩展,使应用程序能够存取并处理对象,另一方面扩展数据库系统,使其具有面向对象的特征,并且提供一种综合的语义数据建模概念集,以便对现实世界中复杂应用的实体和联系建模。

(3)多媒体数据库

多媒体数据库系统(Multi-Media Database System,MDBS)是数据库技术与多媒体技术相结合的产物。在许多数据库应用领域中,都涉及大量的多媒体数据,这些数据与传统的数字、字符等格式化数据有很大的不同,都是一些结构复杂的对象。因此,多媒体数据库需要有特殊的数据结构、存储技术、查询和处理方式。

(4)数据仓库

随着信息处理技术的高速发展,数据和数据库在急剧增长,数据库应用的规模、范围和深度不断扩大,一般的事务处理已不能满足应用的需要,而在大量信息数据基础上的决策支持(Decision Support,DS)、数据仓库(Data Warehousing,简称DW)技术的兴起则满足了这一需求。

5.1.2 数据库系统

数据库系统(DataBase System,简称DBS)是指安装和使用了数据库技术的计算机系统,它能实现有组织地、动态地存储大量相关数据,并提供数据处理和信息资源共享的便利手段。

1.数据库系统的组成

数据库系统由计算机硬件、数据库、数据库管理系统、应用程序和数据库用户5部分组成。可以说数据库系统是一个结合体,其构成结构如图5-4所示。

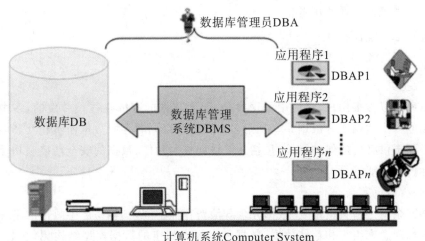

图 5-4　数据库系统的构成

（1）计算机硬件

计算机硬件是数据库系统赖以存在的物质基础，是存储数据库及运行数据库管理系统的硬件资源，主要包括相当速率的 CPU、足够大的内存空间、足够大的外存设备及配套的 I/O 通道等。大型数据库系统一般都建立在计算机网络环境下，因此还需要一些网络设备的支持。

（2）数据库

数据库（DataBase，简称 DB）顾名思义是存放数据的仓库，可以把数据库定义为"人们为解决特定的任务，以一定的组织方式存储在计算机中的相关数据的集合"。

数据库是存储在计算机中的，结构化的相关数据的集合，它包括描述事物的数据本身和相关事物之间的联系，是数据库系统的工作对象。数据库中的数据可以被多个用户、多个应用程序共享，它的结构是独立于应用程序的。

（3）数据库管理系统

数据库管理系统是指负责数据库存取、维护、管理的系统软件，它是数据库系统的核心，其功能的强弱是衡量数据库系统性能优劣的主要指标。DBMS 提供了对数据库中的数据资源进行统一管理和控制的功能，可以将用户应用程序与数据库数据相互隔离。

（4）应用程序

应用程序是在 DBMS 的基础上，由用户根据应用的实际需要所开发的、处理特定业务的软件系统。例如学生教学管理系统、人事管理系统等。

（5）数据库用户

数据库用户是指管理、开发、使用数据库系统的所有人员，通常包括数据库系统管理员（DataBase Administrator，简称 DBA）、应用程序员和终端用户。数据库管理员负责管理、监督、维护数据库系统的正常运行，全面负责管理和控制数据库系统，确定系统软、硬件配置，以给应用程序员提供最佳的软件和硬件环境。应用程序员负责分析、设计、开发、维护数据库系统中运行的各类应用程序。终端用户是在 DBMS 与应用程序支持下，操作使用数据库系统的普通使用者。

2. 数据库系统的特点

数据库系统的主要特点如下。

（1）数据共享

数据库可以被多用户、多应用程序共享，因而数据的存取往往是并发的，多个用户可同时使用同一个数据库。数据共享是指多个用户可以同时存取数据而不相互影响。数据库系统必须提供必要的保护措施，包括并发访问控制功能、数据的安全性控制功能和数据的完整性控制功能等。

（2）减少数据冗余

数据冗余就是指数据重复，数据冗余既浪费存储空间，又容易产生数据的不一致。数据库从全局观念来组织和存储数据，数据已经根据特定的数据模型结构化，在数据库中，用户的逻辑数据文件和具体的物理数据文件不必一一对应，从而有效地节省了存储资源，减少了数据冗余，增强了数据的一致性。

（3）采用特定的数据模型

数据库中的数据是有结构的，这种结构由数据库管理系统所支持的数据模型表现出来。数据库系统不仅可以表示事物内部各项数据之间的联系，而且可以表示事物与事物之间的联系，从而反映出现实世界中事物之间的联系。关于数据模型的知识将在下面章节具体介绍。

（4）具有较高的数据独立性

数据独立是指数据与应用程序之间的彼此独立，它们之间不存在相互依赖的关系。应用程序不必随着数据存储结构的改变而变动，这是数据库的一个最基本的优点。

在数据库系统中，数据库管理系统通过映象功能，实现了应用程序对数据的逻辑结构与物理存储结构的较高的独立性。数据库的数据独立包括如下两个方面。

①物理数据独立：当数据的存储格式和组织方法改变时，不会影响数据库的逻辑结构，从而不会影响应用程序。

②逻辑数据独立：数据库逻辑结构的变化，不影响用户的应用程序。

较高的数据独立性提高了数据管理系统的稳定性，从而提高了程序维护的效益。

（5）增强了数据的安全性

数据库系统加入了安全保密机制，可以防止对数据的非法存取；并且由于实行集中控制，有利于控制数据的完整性。

5.1.3 数据库管理系统

数据库管理系统是对数据进行管理的大型系统软件，是数据库系统的核心组成部分。用户在数据库系统中的一切操作，包括数据定义、查询、更新及各种控制，都是通过 DBMS 进行的。DBMS 是 DBS 的核心软件，其主要目标是使数据成为方便使用的资源，易于为各种用户所共享，并增进数据的安全性、完整性等。

典型的数据库管理系统有 Microsoft SQL Server、Microsoft Office Access、Visual

Foxpro、Oracle 和 Sybase 等。一般来说，DBMS 主要包括如下功能。

1.数据定义功能

DBMS 为数据库的建立提供了数据定义语言（Data Definition Language，DDL）。用户可以使用 DDL 定义数据库的结构，还可以定义数据的完整性约束、保密限制等约束条件。

DDL 是用于描述数据库中要存储的现实世界实体的语言，是 SQL 语言集中负责数据结构定义与数据库对象定义的语言，由 CREATE、ALTER 与 DROP 三个语句所组成。

2.数据操纵功能

DBMS 提供了数据操纵语言（Data Manipulation Language，DML）来实现对数据库检索、插入、修改和删除等基本存取操作。

DML 是 SQL 语言中用于检索、插入、修改和删除数据，是最常用的 SQL 命令，由 INSERT、UPDATE、SELECT、DELETE 四个语句所组成。

3.数据库管理功能

DBMS 提供了对数据库的建立、更新、重编、结构维护、恢复及性能监测等进行管理的管理功能。

数据库管理是 DBMS 运行的核心部分，主要包括两方面的功能：

（1）数据库运行管理功能。DBMS 提供数据控制功能，即是数据的安全性、完整性和并发控制等对数据库运行进行有效地控制和管理，以确保数据正确有效。

（2）数据库的建立和维护功能。包括数据库初始数据的装入，数据库的转储、恢复、重组织，系统性能监视、分析等功能。

4.通信功能

DBMS 提供了数据库与其他软件系统进行通信的功能。例如，DBMS 提供了与其他 DBMS 或文件系统的接口，可以将数据库中的数据转换为对方能够接受的格式，也可以接收其他系统的数据。

5.2　数据模型

由于计算机不能直接处理现实世界中的具体事物，所以人们必须事先把具体事物转换成计算机能够处理的数据。模型是现实世界特征的模拟和抽象。在数据库技术中，用数据模型的概念描述数据库的结构和语义，是对现实世界的数据抽象。通俗地讲数据模型就是现实世界的模拟。

数据库技术中研究的数据模型分为两个层次。第一层是概念数据模型，它是按用户的观点来对数据和信息建模的，主要用于数据库设计。第二层是结构数据模型，是按计算机系统的观点对数据建模。

为了把现实世界中的具体事物抽象、组织为某 DBMS 支持的数据模型，人们常常首先将现实世界抽象为信息世界，然后将信息世界转换为机器世界。概念数据模型是将现实世界抽象为信息世界，结构数据模型是将信息世界转换为机器世界。

5.2.1 概念数据模型

概念数据模型是独立于计算机系统的数据模型，是对客观事物及其联系的抽象，用于信息世界的建模，它强调语义表达能力，能够较方便、直接地表达应用中各种语义知识。这类模型概念简单、清晰、易于被用户理解，是用户和数据库设计人员之间进行交流的语言。

1. 实体

客观存在并相互区别的事物称为实体（Entity）。一个实体可以是一个具体的人或物，如一个学生，也可以是一个抽象的事物，如一个想法。

（1）属性

实体所具有的特性称为属性（Attribute）。一个实体可用若干属性来描述。例如，学生实体可用学号、姓名、性别和年龄等属性来描述。

每个属性都有特定的取值范围，即值域（Domain）。例如，年龄的值域是不小于零的整数，性别则只能取"男"或者"女"。

属性由属性型和属性值构成，属性型就是属性名及其取值类型，属性值就是属性在其值域中所取的具体值。

（2）实体型和实体集

属性值的集合表示一个实体，而属性型的集合表示一种实体的类型，称为实体型。同类型的实体的集合就是实体集。例如，学生（学号，姓名，性别，年龄）就是一个实体型，而对于学生来说，全体学生就是一个实体集。

在 Access 中，用"表"来存放同一类实体，即实体集。例如，学生表、教师表、成绩表等。Access 的一个"表"包含若干个字段，字段就是实体的属性。字段值的集合组成表中的一条记录，代表一个具体的实体，即每一条记录表示一个实体。

2. 实体联系

实体之间的对应关系称为联系，它反映现实世界事物之间的相互关联。实体间联系的种类是指在一个实体集中可能出现的每一个实体与在另一个实体集中的多少个实体存在联系。两个实体间的联系可以归结为 3 种类型：一对一联系、一对多联系和多对多联系，如图 5-5 所示。

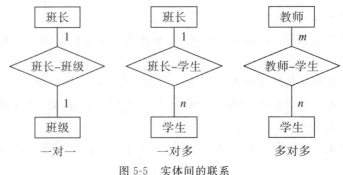

图 5-5 实体间的联系

（1）一对一联系

在两个不同型的实体集中，任一方的一个实体只与另一方的另一个实体相对应，这种联系称为一对一联系。如班长与班级的联系，一个班级只有一个班长，一个班长对应一个班级。

（2）一对多联系

在两个不同型的实体集中，一方的一个实体对应另一方的若干个实体，而另一方的一个实体只对应本方的一个实体，这种联系称为一对多联系。

（3）多对多联系

在两个不同型的实体集中，两实体集中的任一实体均与另一实体集中的若干个实体对应，这种联系称为多对多联系，如教师与学生的联系。

3. E-R 方法

概念模型是对信息世界建模，所以概念模型应该能够方便、准确地表示出上述信息世界中的常用概念。概念模型的表示方法很多，其中最为常用的是实体—联系方法（Entity-Relationship approach，E-R 方法）。该方法用 E-R 图来描述现实世界的概念模型。

E-R 图提供了表示实体、属性和联系的方法。

· 实体：用矩形表示，在矩形框内写明实体名。

· 属性：用椭圆形表示，并用无向边将其与相应的实体连接起来。

· 联系：用菱形表示，在菱形框内写明联系名，并用无向边将其分别与有关实体连接起来，同时在无向边旁标上联系的类型（$1 : 1$，$1 : N$ 或 $M : N$）。

需要注意的是，联系本身也是一种实体型，也可以有属性。如果一个联系具有属性，则这些属性也要用无向边与该联系连接起来。

例如学生与课程实体型的 E-R 图可如图 5-6 表示。这个 E-R 图表示的是学生与所选课程之间的联系。学生实体由学号、姓名、学院名属性描述；课程实体由课程号、课程名、学分属性描述。图中还表示了实体学生和实体课程之间的联系，它们的联系方式是多（M）对多（N）的，通常表示为 M：N，即一个学生可以选多门课程，一门课程也可以有多个学生选修，联系也有属性，属性名为成绩，描述的现实世界的意义为：某个学生选修某门课程应有一个选修该课程的成绩。

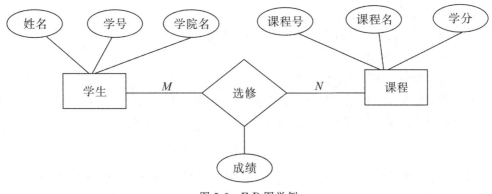

图 5-6　E-R 图举例

E-R 方法是抽象和描述现实世界的有力工具。用 E-R 图表示的概念模型与具体的 DBMS 所支持的数据模型相互独立,是各种数据模型的共同基础。通过 E-R 图可以使用户了解系统设计者对现实世界的抽象是否符合实际情况,从某种程度上说 E-R 图也是用户与系统设计者进行交流的工具。由于篇幅有限这里就不再展开叙述,请参考相关参考书。

5.2.2　结构数据模型

概念数据模型是对现实世界的数据描述,这种数据模型最终要转换成计算机能够实现的数据模型。现实世界的第二层抽象是直接面向数据库的逻辑结构,称为结构数据模型,这类数据模型涉及计算机系统和数据库管理系统。结构数据模型不同,相应的数据库系统就完全不同,任何一个数据库管理系统都是基于某种数据模型的。

结构数据模型由数据结构、数据操作和完整性约束三要素组成。数据结构是指对实体类型和实体之间联系的表达和实现。数据操作是指对数据库的查询、修改、删除和插入等操作。数据完整性约束是指定义了数据及其联系应该具有的制约和依赖规则。

数据库系统常用的数据模型有层次模型、网状模型和关系模型 3 种。

1. 层次模型

用树型结构表示实体及实体之间联系的模型称为层次模型(Hierarchical Model),如图 5-7 所示。树是由节点和连线组成的,节点表示实体集,连线表示实体之间的联系。通常将表示"一"的数据放在上方,称为父节点;而表示"多"的数据放在下方,称为子节点。

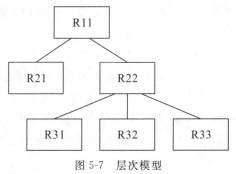

图 5-7　层次模型

层次模型的基本特点如下。

(1)有且仅有一个节点,无父节点,该节点称为根节点。

(2)其他节点有且只一个父节点。

在现实世界中许多实体之间的联系本来就呈现出一种自然的层次关系,如行政机构、家族关系等。层次模型可以直接方便地表示一对一联系和一对多联系,但不能用它直接表示多对多联系。层次模型是数据库系统中最早出现的数据模型。

2. 网状模型

用网状结构表示实体及实体之间联系的模型称为网状模型(Network Model),如图 5-8 所示。网状模型是层次模型的拓展,网状模型的节点间可以任意发生联系,能够用它表示各种复杂的联系。

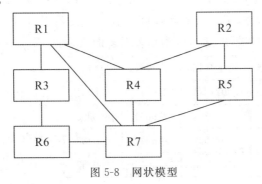

图 5-8　网状模型

网状模型的基本特点如下：

(1)一个以上节点，无父节点。

(2)至少有一个节点，有多于一个的父节点。

网状结构是一种比层次模型更具有普遍性的结构，它去掉了层次模型的两个限制，允许多个节点没有双亲节点，也允许节点有多个双亲节点。此外，它还允许两个节点之间有多种联系(称之为复合联系)。因此，采用网状模型可以更直接地描述现实世界，而层次模型实际上是网状模型的一个特例。网状模型可以直接表示多对多联系，这也是网状模型的主要优点。

3.关系模型

用二维表结构来表示实体及实体之间联系的模型称为关系模型(Relational Model)，关系模型是目前最重要的一种数据模型。

关系模型与层次模型、网状模型的本质区别在于数据描述的一致性、模型概念的单一性。在关系模型中，每一个关系都是一个二维表，无论实体本身还是实体间的联系均用称为"关系"的二维表来表示，这使得描述实体的数据本身能够自然地反映他们之间的联系，而传统的层次和网状模型数据库则是使用链接指针来存储和体现联系的。

关系模型是建立在集合论与关系代数基础上的，因而具有坚实的理论基础，与层次模型和网状模型相比，关系模型具有数据结构单一、理论严密、使用方便和易学易用等特点。

5.3　关系数据库

关系数据库，是建立在关系模型基础上的数据库，借助于集合代数等数学概念和方法来处理数据库中的数据。现实世界中的各种实体以及实体之间的各种联系均用关系模型来表示。目前绝大多数数据库系统的数据模型，都采用关系模型，关系模型已成为数据库应用的主流。本节具体介绍关系模型的一些基本概念。

5.3.1　关系模型

我们习惯用表格形式表示一组相关的数据，这样既简单又直观，如图 5-9 所示的学生表和如图 5-10 所示的班级表都是二维表。这种由行与列构成的二维表，在数据库理论中称为关系。在关系模型中,实体和实体间的联系都是用关系表示的,也就是说,二维表中既存放着实体本身的数据,又存放着实体间的联系。关系不但可以表示实体间一对多的联系,通过建立关系间的关联,也可以表示多对多的联系。

学号	姓名	性别	出生日期	班级号	电话
21601101	郭方	男	2002/2/1	216011	600101
21601102	马师师	女	2003/3/4	216011	600329
21601201	方涛	男	2002/5/2	216012	600333
21601202	尹佳晨	男	2002/10/2	216012	600387
21602301	李筱月	女	2002/2/12	216023	600453
21602302	叶碧玉	女	2003/1/11	216023	600234

图 5-9 学生表

班级号	班级名	学院号
216011	计算机 21	601
216012	自动化 21	601
216023	数学 21	602

图 5-10 班级表

1.关系的基本概念

(1)关系

一个关系就是一个二维表,每个关系都有一个关系名。在 Access 中,一个关系对应着一个表,关系名则对应着表名。

对关系的描述称为关系模式,一个关系模式对应一个关系的结构,其格式为:

关系名(属性名 1,属性名 2,……,属性名 n)

学生表的关系模式可表示为:学生(学号,姓名,性别,出生日期,班级号,电话)。

(2)元组

二维表的每一行在关系中称为元组。在 Access 中,一个元组就是表中的一条记录。

学生表的其中一行 | 21601101 | 郭方 | 男 | 2002/2/1 | 216011 | 600101 | 就是一个元组或一条记录。

(3)属性

二维表的每一列在关系中称为属性,每个属性都有一个属性名,属性值则是各个元组属性的取值。属性的取值范围称为域,即不同元组对同一个属性的取值所限定的范围。

在 Access 中,一个属性对应表中一个字段,属性名对应字段名,属性值则对应于各个记录的字段值。每个字段的数据类型、宽度等在创建表的结构时设定。学生表的"学号"就是属性,或者称为字段。

(4)关键字

①主关键字和候选关键字。凡在一个关系中能够唯一区分、确定不同元组的属性或属性组合,称为候选关键字。在候选关键字中选定一个作为关键字,称为该关系的主关键字,简称主键或主码。关系中主关键字是唯一的,而且在主关键字字段中的值不允许重复或为空。在一个关系中可以没有主关键字。

例如,在学生表中增加一个字段"身份证号",则"身份证号"和"学号"都是候选关键字,可选定"学号"作为主关键字。

②外部关键字。在一个关系中并非主关键字,但却是另一个关系的主关键字或候选关键字,则称此属性或属性组合为本关系的外部关键字,或称为外码。关系之间的联系就是通过外部关键字来实现的。

比如,学生表中的"班级号"不是学生表的主关键字,却是"班级号"却是班级表的主关键字;那么在学生表中,称"班级号"为外部关键字。在班级表和学生表之间就是通过"班级号"这个外部关键字联系的,由此也可以表示表之间的联系。

2.关系的基本特点

关系模型看起来简单,但是并不能将日常手工管理所用的各种表格,按照一张表一个关系的原则直接存放到数据库系统中。在关系模型中对关系有一定的要求,关系必须具有以下基本特点。

(1)关系必须规范化,属性不可再分割。规范化是指关系模型中每个关系模式都必须满足一定的要求,最基本的要求是关系必须是一张二维表,每个属性值必须是不可分割的最小数据单元,即表中不能再包含表。

(2)在同一关系中不允许出现相同的属性名。

(3)任意交换两个元组(或属性)的位置,不会改变关系模式。

以上是关系的基本性质,也是衡量一个二维表格是否能构成关系的基本要素。在这些基本要素中,有一点是关键,即属性不可再分割,也即表中不能套表。

5.3.2　关系运算

在用关系数据库进行查询时,需要找到用户感兴趣的数据,这就需要对关系进行一定的关系运算。关系的基本运算主要有选择、投影和联接三种运算。

1.选择运算(Selection)

选择运算是从关系中查找符合指定条件的元组的操作。选择运算在二维表格中是选取若干行的操作,在表中则是选取若干条记录的操作,相当于对关系进行水平分解。

例如,从学生表中选择出性别等于"女"的元组组成新的关系,所进行的查询操作就属于选择运算,选择结果如图 5-11 所示。

学号	姓名	性别	出生日期	班级号	电话
21601102	马师师	女	2003/3/4	216011	600329
21602301	李筱月	女	2002/2/12	216023	600453
21602302	叶碧玉	女	2003/1/11	216023	600234

图 5-11　选择运算结果

2.投影运算(Projection)

投影运算是从关系中选取若干个属性的操作,并以此形成一个新的关系,其关系模式中的属性个数比原来的关系模式少。投影在二维表格中是选取若干列的操作,在表中则是选取若干个字段的操作,相当于对关系进行垂直分解。

例如，从学生表中只查询学生的"学号"与"姓名"信息，所进行的查询操作组成新的关系，就属于投影运算，投影结果如图 5-12 所示。

3. 联接（Join）

联接是关系的横向结合。联接运算是将两个关系模式的若干属性拼接成一个新关系模式的操作，在对应的新关系中，包含满足联接条件的所有元组。联接运算在表中则是将两个表的若干字段，按指定条件拼接生成一个新的表。

例如，将学生表和班级表关系联接起来，查询学生的"学号"、"姓名"和"班级名"信息，所进行的查询操作组成新的关系，就属于联接运算，联接结果如图 5-13 所示。

学号	姓名
21601101	郭方
21601102	马师师
21601201	方涛
21601202	尹佳晨
21602301	李筱月
21602302	叶碧玉

学号	姓名	班级名
21601101	郭方	计算机 21
21601102	马师师	计算机 21
21601201	方涛	自动化 21
21601202	尹佳晨	自动化 21
21602301	李筱月	数学 21
21602302	叶碧玉	数学 21

图 5-12　投影运算结果　　图 5-13　连接运算结果

在对关系数据库的查询中，利用关系的投影、选择和联接运算可以方便地分解或构造新的关系。有些查询需要几个基本运算的组合。

5.3.3　关系完整性

关系模型的完整性规则是为保证数据库中数据的正确性和可靠性，对关系模型提出的某种约束条件或规则。关系完整性通常包括实体完整性，参照完整性和用户定义完整性，其中实体完整性和参照完整性，是关系模型必须满足的完整性约束条件。

1. 实体完整性

实体完整性指关系中记录的唯一性，即同一个关系中不允许出现重复的记录。设置关系的主键便于保证数据的实体完整性，主关键字的字段值不能相同，也不能取"空值"。若主关键字是多个字段的组合，则其中单个字段可以重复，而整个组合主键不能重复，但几个字段都不能取空值。

例如，学生表中的"学号"字段为主键，若编辑该表学号字段时出现相同的学号时，数据库管理系统就会提示用户，并拒绝修改字段值，而且学号值也不能取空值。又如，"姓名"和"性别"为组合主键，则该姓名和性别都不能取空值。

2. 参照完整性

现实世界中的实体之间往往存在某种联系，在关系模型中实体及实体间的联系都是用关系来描述的，这样就自然存在着关系与关系之间的引用，引用的时候，必须取基本表中已经存在的值。由此引出参照的引用规则。

参照完整性是定义建立关系之间联系的主关键字与外部关键字引用的约束条件。关系数据库中通常都包含多个存在相互联系的关系,关系与关系之间的联系是通过公共属性来实现的。所谓公共属性,它是一个关系 R(称为被参照关系)的主关键字,同时又是另一关系 K(称为参照关系)的外部关键字。如果参照关系 K 中外部关键字的取值,要么与被参照关系 R 中某元组主关键字的值相同,要么取空值,那么,在这两个关系间建立关联的主关键字和外部关键字引用,符合参照完整性规则要求。

例如,将学生表作为参照关系,班级表作为被参照关系,以"班级号"作为两个关系进行关联的公共属性,"班级号"是班级表的主关键字,是学生表的外部关键字。学生表通过外部关键字"班级号"参照班级表。假设把其中叶碧玉同学的班级号改为"186034",单独看学生表并无不妥,而将其与班级表对应起来,发现该班级号并没有出现在班级表中,表明没有该班级号,所以该值是无效的,也就是说不符合参照完整性约束条件。

3. 用户定义完整性

实体完整性和参照完整性适用于任何关系型数据库系统,它主要是针对关系的主关键字和外部关键字取值必须有效而做出的约束。用户定义完整性则是根据应用环境的要求和实际的需要,对某一具体应用所涉及的数据提出约束性条件。这一约束机制一般不应由应用程序提供,而应由关系模型提供定义并检验,用户定义完整性主要包括字段有效性约束和记录有效性。

Access 通过设置"有效性规则"属性来实现用户定义的完整性要求。例如,规定"成绩"字段值必须是 0～150 范围内的数,则可将"成绩"字段的"有效性规则"属性设置为">=0 and <=150"。

5.3.4　典型的关系数据库

以关系模型建立的数据库就是关系数据库。目前,商品化的数据库管理系统以关系型数据库为主导产品,技术比较成熟。国际国内的主导关系型数据库管理系统有 Oracle、Sybase、Informix、SQL Server、Access 等产品。下面简要介绍几种常用的关系型数据库管理系统。

1. Oracle

Oracle 是美国 Oracle 公司研制的一种关系型数据库管理系统,是一个协调服务器和用于支持任务决定型应用程序的开放型 RDBMS。它可以支持多种不同的硬件和操作系统平台,从台式机到大型和超级计算机,都可以使用 Oracle。Oracle 属于大型数据库系统,主要适用于大、中小型应用系统,或者可以作为客户机/服务器系统中服务器端的数据库系统。

2. SQL Server

SQL Server 是美国 Microsoft 公司推出的一种关系型数据库系统。SQL Server 是一个可扩展的、高性能的,为分布式客户机/服务器计算所设计的数据库管理系统,它实现了与 WindowsNT 的有机结合，提供了基于事务的企业级信息管理系统方案。具有自主的 SQL 语言。SQL Server 以其内置的数据复制功能、强大的管理工具、与 Internet 的紧密集成和开放的系统结构为广大的用户、开发人员和系统集成商提供了一个出众的数据库平台。

3. Access

Access 是美国 Microsoft 公司于 1994 年推出的微机数据库管理系统。它具有界面友好、易学易用、开发简单、接口灵活等特点，是典型的新一代桌面数据库管理系统。本章以下各节主要介绍 Access 2019 的应用。

5.4 Access 2019 概述

Access 2019 是 Microsoft Office 的组成部分之一，是一种功能强大的关系型数据库管理系统，可以组织、存储并管理任何类型和任意数量的数据。本节简单介绍 Access 数据库的基本组成部分，初步认识 Access 2019，然后介绍数据库的创建和打开等基本操作。

5.4.1 Access 对象

Microsoft Access 2019 采用数据库方式，在一个单一的 .accdb 文件中包含应用系统中所有的数据对象（包括表和查询对象），及其所有的数据操作对象（包括窗体、报表等对象）。不同的数据库对象在数据库中起着不同的作用。

1. 表

表（Table）是用来存贮数据库的数据的，故又称数据表，是数据库的核心，也是整个数据库系统的基础。表可以为其他对象提供数据。Access 2019 允许一个数据库中包含多个表，用户可以在不同的表中存储不同类型的数据，通过表之间建立关系，可以将不同表中的数据通过相关字段联系起来，以便用户使用。

在表中，数据以二维表的形式保存。表中的列称为字段，字段是数据信息的最基本载体，表示在某一方面的属性。表中的行称为记录，记录是由一个或多个字段值组成的。一条记录就是个完整的信息。

2. 查询

查询（Query）是数据库设计目的的体现，建立数据库之后，数据只有被用户查询才能体现出它的价值。查询是用户希望查看表中的数据时，按照一定的条件或准则从一个或多个表中筛选出所需要的数据，形成一个动态数据集，并将运行结果以一个虚拟的数据表窗口中显示出来。用户可以浏览、查询甚至可以修改这个动态数据集中的数据，Access 2019 会自动将所做的任何修改反映到对应的表中。

执行某个查询后，用户可以对查询的结果进行编辑或分析，也可作为窗体、报表等其他对象的数据源。

3．窗体

窗体(Form)，也可称为表单，是数据库和用户联系的界面，是数据库对象中最灵活的一个对象，其数据源主要是表或查询。在窗体中，可以接收、显示和编辑数据表中的数据；可以将数据库中的表链接到窗体中，利用窗体作为输入记录的界面。通过在窗体中插入命令按钮，可以控制数据库程序的执行流程或过程。

在窗体中不仅可以包含普通的数据，还可以包含图片、图形、声音和视频等不同的数据类型。可以说，窗体是进行交互操作的最好界面。

4．报表

报表(Report)提供数据应用程序一些打印输出，是表现数据的一种有效方式。报表的功能是将数据库中需要的数据进行分类汇总，然后打印出来，以便分析。在报表中，可以控制显示的字段、每个对象的大小和显示方式，并可以按照所需的方式来显示相应的内容。

报表的数据源可以是查询、一个或多个表，在建立报表时还可以进行计算操作，如求和、平均等。

5.4.2 Access 表达式

Access 中的表达式相当于 Excel 中的公式。一个表达式由多个单独使用或组合使用以生成某个结果的可能元素组成。元素可能包括标识符(字段名称、控件名称或属性名称)、运算符(如加号（＋）或减号（－）)、函数、常量和值。可以使用表达式执行计算、检索控件值、提供查询条件、定义规则、创建计算控件和计算字段等。

1．标识符

标识符是字段、属性或控件的名称。在表达式中使用对象、集合或属性时，可以通过使用标识符来引用该元素。标识符包括所标识的元素的名称，还包括该元素所属的元素的名称。例如，某字段的标识符包括该字段的名称和该字段所属的表的名称，要使用学生表中的姓名字段，其表达形式如下：［学生］!［姓名］。

2．常量

常量是一种在 Access 运行时其值保持不变的命名数据项。常量可以分为数字型、文本型、日期型、是/否型等类型。

(1)数字型常量

数字型常量可以是一组数字，包括一个符号和一个小数点（如果需要）。如果没有符号，Access 则认为是一个正值。要使一个值为负值，请包含减号（－）。也可以使用科学记数法。这时，请添加 E 或 e 以及指数符号(如 1.0E－6)。

(2)文本型常量

文本型常量应置于引号中。在某些情况下，Access 将为您提供引号。例如，当您在有效性规则或查询条件的表达式中键入文本时，Access 将自动提供引号。所以可直接输入文本或者以双引号括入，如计算机、"计算机"。

（3）日期/时间型常量

日期/时间型常量应以编号符号（#）括起来。例如，#3－7－05#、#7－Mar－05# 和 #Mar－7－2005# 都是有效的日期/时间值。当 Access 看到以 # 字符括起来的有效日期/时间值时，它会自动将此值视为日期/时间数据类型。

（4）是/否型常量

是/否型常量可以用 Yes、No、True、False 表示。

3.运算符

在 Access 的表达式中，使用的运算符包括算术运算符、关系运算符、逻辑运算符、特殊运算符。

（1）算术运算符

常用的算术运算符及其功能举例如表 5-1 所示。

表 5-1　算术运算符及其功能

运算符	功能	Access 表达式
^	使数字自乘为指数的幂	X^5
*	两个数相乘	X * Y
/	除。用第一个数字除以第二个数字	5/2(结果为 2.5)
\	整除。将两个数字舍入为整数，再用第一个数字除以第二个数字，然后将结果截断为整数	5\2(结果为 2)
mod	用第一个数字除以第二个数字，并只返回余数	5 mod 2(结果为 1)
+	两个数相加	X+Y
－	求出两个数的差，或指示一个数的负值	X－Y

（2）关系运算符

常用的关系运算符及其功能举例如表 5-2 所示。

表 5-2　关系运算符及其功能

运算符	功能	举例	例子含义
<	小于	<100	小于 100
<=	小于等于	<=100	小于等于 100
>	大于	>#2000－12－8#	大于 2000 年 12 月 8 日
>=	大于等于	>="102101"	大于等于"102101"
=	等于	="优"	等于"优"
<>	不等于	<>"男"	不等于"男"

（3）逻辑运算符

常用的逻辑运算符及其功能举例如表 5-3 所示。

表 5-3　逻辑运算符及其功能

运算符	功能	举例	例子含义
Not	逻辑非	Not Like "Ma＊"	不是以"Ma"开头的字符串
And	逻辑与	＞＝10 And ＜＝20	在 10 和 20 之间
Or	逻辑或	＜10 Or ＞20	小于 10 或者大于 20
Eqv	逻辑相等	A Eqv B	A 与 B 同值,结果为真,否则为假
Xor	逻辑异或	A Xor B	当 A,B 同值时,结果为假;当 A,B 值不同,结果为真

(4)特殊运算符

除上述的常用运算符外,还有一些特殊的运算符,如表 5-4 所示。

表 5-4　特殊运算符及其功能

运算符	功能	举例	例子含义
Between... and...	介于两值之间	Between 10 and 20	在 10 和 20 之间
In	在一组值中	In("优","良","中")	在"优"、"良"和"中"中的一个
Is Null	字段为空	Is Null	字段无数据
Is Not Null	字段非空	Is Not Null	字段中有数据
Like	匹配模式	Like "Ma＊"	以"Ma"开头的字符串
&	合并两个字符串	"中国"&"宁波"	合并成字符串"中国宁波"

这里特别说明一下 Like 运算符:如果想查询一些不确切的条件,或是不确定的条件下的记录,就可以结合 Access 提供的通配符使用,如表 5-5 所示。

表 5-5　通配符的用法

通配符	功能	举例
＊	表示任意数目的字符串,可以用在字符串的任何位置	wh＊可匹配 why、what、while 等 ＊at 可匹配 cat、what、bat 等
？	表示任何单个字符或单个汉字	b? ll 可匹配 ball、bill、bell 等
＃	表示任何一位数字	1＃3 可匹配 123、103、113 等
[]	表示括号内的任何单一字符	b[ae]ll 可匹配 ball 和 bell
!	表示任何不在这个列表内的单一字符	b[! ae]ll 可匹配 bill、bull 等,但不匹配 ball 和 bell
—	表示在一个以递增顺序范围内的任何一个字符	b[a-e]d 可匹配 bad、bbd、bcd 和 bed

例如表达式:

Like "P[A-G]＃＃＃"的含义是以 P 开头,后跟 A~G 之间的 1 个字母和 3 个数字。

Like "李＊"的含义是以李开头,后面为任意字符串。

4. 函数

函数是一些预定义的公式，通过参数进行计算，返回结果。常用的函数如表 5-6 所示。这里只列出了最基本的函数，Access 的在线帮助已按字母顺序详细列出了它所提供的所有函数与说明，读者可以自行查阅。

表 5-6　常用函数

函数	功能	函数	功能
Count(字符表达式)	返回字符表达式中值的个数	Year(日期)	返回指定日期的年份
Min(字符表达式)	返回最小值	Month(日期)	返回指定日期的年份
Max(字符表达式)	返回最大值	Len(字符表达式)	返回字符个数
Avg(字符表达式)	返回平均值	Right(string,length)	返回从字符串 string 右侧起的 length 数量的字符
Sum(字符表达式)	返回总和	Left(string,length)	返回从字符串 string 左侧起的 length 数量的字符
Date()	返回当前的系统日期	Iif(判断式,为真的值,为假的值)	以判断式为准，在其值结果为真或假时，返回不同的值

5.4.3　新建、打开和关闭数据库

在 Access 中创建和处理的文件是数据库。与 Microsoft Office 中其他的应用程序（Word、Excel 等）不同的是，当 Access 启动后，系统并不自动创建一个空的文件，而需要用户自己来创建一个新的数据库。

1. 新建数据库

为了创建一个 Access 2019 数据库，可以通过两种不同的操作实现。

（1）创建空 Access 数据库

如果要创建空的 Access 数据库，具体步骤如下。

①单击桌面 Access 快捷图标，或者选择菜单"开始"|"Access"，又或者选择菜单任务栏 🔍 ，搜索内容输入：Access，找到 Access 应用程序，单击启动 Access 2019。

②选择"空白数据库"选项，打开"空白数据库"对话框，文件名下显示的是默认的存储路径，可以单击该文本框右侧的"浏览到某个位置来存放数据库"按钮 📁

③弹出的"文件新建数据库"对话框中，选定数据库文件的存储位置，同时指定数据库的文件名为"教学管理"，如图 5-14 所示，单击"确定"按钮，返回原窗口，如图 5-15 所示。

图 5-14　文件新建数据库

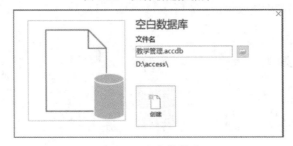

图 5-15　空白数据库

④单击"创建"命令按钮,即进入数据库窗口,"教学管理"空 Access 数据库创建成功。

(2)利用数据库模板创建 Access 数据库

①选择"文件"|"新建",窗口将显示模板选项区,如图 5-16 所示。

图 5-16　数据库模板

②可以根据要创建的主题，单击选择各模板（例如联系人），与创建空白数据库的方法一样，也可修改数据库的文件名和保存位置。

2.打开和关闭数据库

打开 Access 数据库和打开其他 Office 文件一样，选择"文件"|"打开"，在弹出的"打开"窗格中找到需要打开的 Access 数据库文件，单击"打开"按钮即可。

有时不需关闭 Access 应用程序，只要关闭数据库时，选择"文件"|"关闭"即可。

5.5 Access 数据表设计

Access 数据表以二维表格保存基本信息，是数据库的核心。若用 Access 来管理数据，首先要将数据放在表中，如图 5-17 所示。

学号	姓名	性别	出生日期	班级号	电话
21601101	郭方	男	2002/2/1	216011	600101
21601102	马师师	女	2003/3/4	216011	600329
21601201	方涛	男	2002/5/2	216012	600333
21601202	尹佳晨	男	2002/10/2	216012	600387
21602301	李筱月	女	2002/2/12	216023	600453
21602302	叶碧玉	女	2003/1/11	216023	600234

图 5-17　Access 学生表

如果要处理的数据已经存放在其他的数据库中，则可以采用导入的方式取得。如果数据还在原位置或无法导入，则首先要构造存放数据的表。

一个 Access 数据库中可以包含多个表，一个表对象通常是一个关于特定主题的数据集合。每一个表在数据库中通常具有不同的用途，最好为数据库的每个主题建立不同的表，以提高数据库的效率，减少输入数据的错误率。一个表由表结构和表记录两部分构成，创建表时要设计表结构和输入表的数据即表记录。

5.5.1　表结构

如图 5-20 所示的是一个 Access 学生表，第一行是标题行，也为字段名行，此表有姓名、学号、性别、出生日期等字段，这些字段的字段名称、数据类型、字段大小等信息是用户在新建表时指定的，称为表结构。在表中字段名行下面的每一行是一个记录，一个学生的信息用一条记录表示。要创建一个表，必须先建立表结构。学生表的表结构如表 5-7 所示。

1.字段名称

数据表中的一列称为一个字段，而每一个字段均有唯一的名字，称为字段名称。字段名称的长度不能超过 64 个字符，字段名称中可以包含字符、汉字、数字、空格和一些特殊符号，但不能以空格和控制字符开头。

表 5-7　学生表的表结构

字段名称	数据类型	字段大小	是否主键
学号	短文本	8	是
姓名	短文本	4	
性别	短文本	1	
出生日期	日期/时间	常规日期(格式)	
班级号	短文本	6	
电话	短文本	6	

表结构是指数据表的框架,也称为数据表的属性,主要包括以下几个方面。

2. 数据类型

数据表中的同一列数据必须具有共同的数据特征,称为字段的数据类型。Access 2019 提供字段的所有数据类型的列表如表 5-8 所示。

表 5-8　数据类型

数据类型	使用对象	大小
短文本	文本或文本与数字的组合,例如地址;也可以是不需要计算的数字,例如电话号码、邮编等	最大为 255 个字符
长文本	字母数字字符(长度超过 255 个字符)或具有 RTF 格式的文本。例如,注释、较长的说明和包含粗体或斜体等格式的段落等经常使用"长文本"字段	最大为 1GB 字符
数字	数值(整数或分数值)。用于存储要在计算中使用的数字,货币值除外(对货币值数据类型使用"货币")	1、2、4 或 8 个字节
日期/时间	用于存储日期/时间值。请注意,存储的每个值都包括日期和时间两部分	8 个字节
货币	用于存储货币值(货币)	8 个字节
自动编号	添加记录时 Office Access 2019 自动插入的一个唯一的数值	4 个字节
是/否	用于包含两个可能的值(例如,"是/否"或"真/假")之一的"真/假"字段	1 位
OLE 对象	用于存储其他 Microsoft Windows 应用程序中的 OLE 对象	最大可为 1GB
超链接	以文本或文本和数字的组合来保存超链接地址	最大为 1GB 字符
附件	链接图片、图像、二进制文件、Office 文件。将多个文件(可以是多种类型)保存在一个字段中	最大可为 2GB,单个文件的大小不得超过 256MB
查阅向导	用于启动"查阅向导",使用户可以创建一个使用组合框在其他表、查询或值列表中查阅值的字段	基于表或查询:绑定列的大小

附件字段和 OLE 对象字段相比,有着更大的灵活性,而且可以更高效地使用存储空间。默认情况下,OLE 会创建一个等同于相应的图像或文档的位图,而附件字段不用创建原始文件的位图图像。

3. 字段的常规属性

在 Access 2019 表对象中,一个字段的属性是这个字段特征值的集合,该特征值集合将控制字段的工作方式和表现形式。字段属性可分为常规属性和查阅属性两类。下面分别介绍各个常规属性的含义。

(1)字段大小

当字段数据类型设置为文本或数字时,这个字段的字段大小属性是可设置的,其可设置的值将随着该字段数据类型的不同设定而不同。当设定字段数据类型为文本时,字段大小的可设置值为 1~255。当设定字段数据类型为数字时,字段大小的可设置值则如表5-9 所列。

表 5-9　数字数据类型字段大小的属性取值

可设置值	说明	小数位数	存储量大小
字节	保存从 0 到 255(无小数位)的数字	无	1 个字节
整型	保存从 −32,768 到 32,767(无小数位)的数字	无	2 个字节
长整型	(默认值)保存从 -2,147,483,648 到 2,147,483,647 的数字(无小数位)	无	4 个字节
单精度型	从 −3.4 x 10^{38} 到 +3.4 x 10^{38} 之间的值,最多 7 个有效位。	6	4 个字节
双精度型	从 −1.797 x 10^{308} 到 +1.797 x 10^{308} 之间的值,最多 15 个有效位。	14	8 个字节

(2)格式

字段的显示布局,可选择预定义的格式或输入自定义格式。日期/时间类型可以设置常规日期、长日期、中日期、短日期、长时间、中时间和短时间;数字/货币类型可设置常规数字、货币、欧元、固定、标准、百分比和科学记数;是/否类型可选择真/假、是/否、开/关。

(3)输入掩码

使用输入掩码属性,可以使数据输入更容易,并且可以控制用户在文本框类型的控件中的输入值。例如,可以为电话号码字段创建一个输入掩码,以便向用户显示如何准确地输入新号码,如(010)027−83956230 等。

通常使用输入掩码向导帮助完成设置该属性的工作。定义字段的输入掩码时,可通过其右边的 ┉ 按钮,打开输入掩码向导,如图 5-18 所示。如果将输入掩码属性设置为"密码",可以创建密码项文本框,文本框中输入的任何字符都按字面字符保存,但显示为星号(＊)。

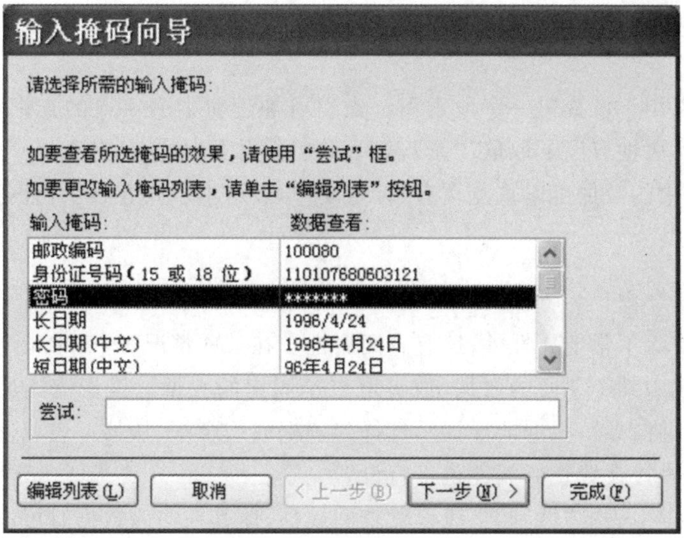

图 5-18　输入掩码设置

（4）标题

标题属性值将取代字段名称在显示表中数据时的位置。即在显示表中的数据时，表列的栏目名将是标题属性值，而不是字段名称值。

（5）默认值

在表中新增加一个记录，并且尚未填入数据时，如果希望 Access 自动为某字段填入一个特定的数据，则应为该字段设定默认值属性值。此处设置的默认值将成为新增记录中 Access 2019 为该字段自动填入的值。

（6）验证规则

验证规则属性用于指定对输入到记录中的本字段中的数据的要求。当输入的数据违反了验证规则的设置时，系统将给用户显示验证文本设置的提示信息。可用向导帮助完成设置。

例如"性别"字段的验证规则可以设置为 验证规则 "男" Or "女" 。如用户输入其他数据时，则会显示一个错误信息，至于错误信息是什么，则取决于"验证文本"属性的设定字符串。

（7）验证文本

当输入的数据违反了验证规则的设定值时，显示给操作者的提示信息将是验证文本属性值。例如"性别"字段的验证文本可以设置为"只能输入男或女"。

（8）必需字段

必需字段属性取值仅有"是"和"否"两项。当取值为"是"时，表示必须填写本字段，即不允许本字段数据为空。当取值为"否"时，表示可以不必填写本字段数据，即允许本字段数据为空。

（9）允许空字符串

该属性仅对指定为文本型的字段有效，其属性取值仅有"是"和"否"两项。当取值为

"是"时,表示本字段中可以不填写任何字符。

(10)索引

本属性可以用于设置单一字段索引。索引可加速对索引字段的查询,还能加速排序及分组操作。本属性有以下取值:"无",表示本字段无索引;"有(有重复)",表示本字段有索引,且各记录中的数据可以重复;"有(无重复)",表示本字段有索引,且各记录中的数据不允许重复。

4. 字段的查阅属性

属性设置中除了常规属性外,还有查阅属性。在某些情况下,表中某个字段的数据也可以取自其他表中某个字段的数据,或者取自于固定的数据。设置查阅属性可以通过选择数据类型"查询向导",根据向导提示选择列表框或组合框、从另一表或值列表中选择值等;也可以通过直接设置查阅属性也进行设置。

例如,要将学生表的"性别"字段设置查阅属性,使其在输入数据时可以在"男"和"女"两个值中选择一个,如图 5-19 所示,这样做方便数据的输入,并减少输入错误。可以通过设置查阅属性如图 5-20 所示,将"显示控件"设置为"组合框",将"行来源类型"设置为"值列表",然后在"行来源"处输入"男;女"(中间分隔号为分号)即可。

图 5-19 "性别"组合框

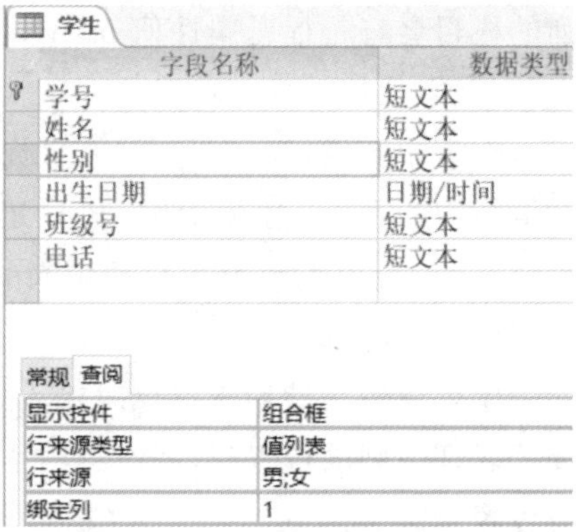

图 5-20 查阅属性设置

5.5.2 表的新建

创建完数据库文件后,接着就要创建最基本的数据,也就是表。创建表的一般过程如下:首先,创建表的结构,包括定义字段名称、设置字段的数据类型、字段大小和主键等);然后,输入表记录,也就是填充表的数据(各类不同数据类型的字段的填充方式不尽相同);最后,根据表与表间的共有字段建立联系。一般地,表结构的建立和修改是在表的设计视图上完成的。记录的输入、修改等操作是在表的数据表视图上完成的。

在 Access 2019 中创建表的方法包括使用数据表视图、使用表设计视图、使用表模板及使用 SharePoint 列表。最经常使用的方法是使用表设计视图来创建表。

1. 使用数据表视图建立表

数据表视图是按行和列显示表中数据的视图。在数据表视图中,通常可以进行添加新字段、插入字段、删除字段以及为字段重命名、设置查阅列等操作。

假设要使用数据表视图创建学生表,具体步骤如下。

(1)打开已创建的数据库,选择"创建"|"表"新建一个空表。如果刚新建的数据库后,会自动新建一个空表:表 1。

(2)双击表 1 的字段名"ID",使其处于编辑状态,将其改为"学号"后回车,选择"数据类型"中的"短文本"类型,如图 5-21 所示。

(3)单击"学号"字段右边的"单击以添加"项,选择字段类型后,输入字段名"姓名",同样的方法添加剩余的字段,字段添加完毕后,可以在下一行中输入相应的表记录,直至输入完毕。

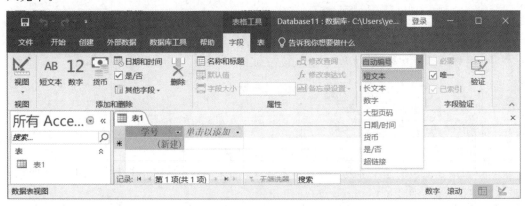

图 5-21　数据表视图设置数据类型

(4)单击"保存"按钮,弹出"另存为"对话框,输入表名称"学生",单击"确定"按钮保存该表。

使用数据表视图建立表结构时,虽然可以选择部分字段类型和格式,但不能设置字段大小等其他详细属性,所以这种方法还不能满足实际的使用需要。要进行详细设计字段属性可以选择"设计视图"按钮,进入设计视图修改表结构。

2.利用设计视图创建表

使用设计视图创建表是最灵活和有效的一种方法,也是开发过程中最常用的方法,用户可以自己定义表中的字段、字段的数据类型、字段的属性,以及表的主键等。用设计视图创建一个新表(比如学生表),具体步骤如下。

(1)打开数据库文件,选择"创建"|"表设计",进入表设计视图,如图 5-22 所示。

(2)"字段名称"列第一行输入"学号",单击"数据类型"列第一行选择"短文本",常规属性中的"字段大小"右边文本框中输入 8。

(3)根据学生表结构逐一输入其他字段名称,选择数据类型,并确定各个字段的相应属性值,此时即完成了数据表结构的设计操作。

(4)在完成表结构设计操作后,单击设计视图窗口右上角的"关闭"按钮,弹出询问是否保存的提示信息框,选择"是"按钮。

(5)弹出"另存为"对话框,输入新建表的名称"学生",单击"确定"按钮。

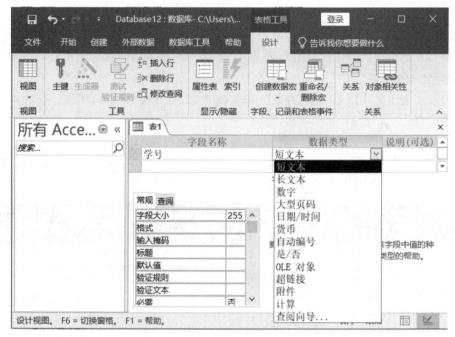

图 5-22　表设计视图

（6）如果之前没有定义主键，则会弹出一个"尚未定义主键"信息框，如图 5-23 所示，具体在下面介绍。

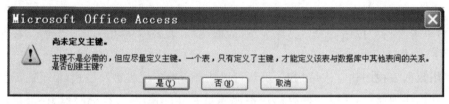

图 5-23　"尚未定义主键"信息框

3.定义主键

关系数据库系统的强大功能来自其可以使用查询、窗体和报表快速地查找并组合存储在各个不同表中的信息，为了做到这一点，必须将表的某个字段指定为主键，作为主键的字段是表中所存储的每一条记录的唯一标识。只有定义了主键，才能定义该表与数据库中其他表间的关系，使用主键可以识别表中的每一条记录，进而加快表的检索速度。建立用户自定义的主键，有如下优点：

（1）设置主键能大大提高查询和排序的速度。

（2）在窗体和数据表中查看数据时，系统将按主键的顺序显示数据。

（3）当插入新记录时，系统可以自动检查记录是否有重复的数据。

（4）在一个表中加入另一个表的主键作为该表的一个字段，此时这个字段又被称为外键，这样可以建立两个表间的关系。

右击要设为主键的字段"学号"所在行的任意位置，弹出如图 5-24 所示的快捷菜单，在该菜单中选择"主键"菜单项，这样被右击的那一个字段就设置为主键了。

图 5-24　定义主键

当"学号"字段设置为主键后,在设计视图中可以看到字段前有"🔑"标记🔑｜学号,该字段在常规属性中的索引也自动被设置为"有(无重复)",同时,当在数据表视图下输入具体记录时,主键字段就不能输入重复值了。

定义主键时,若需要选择多个字段组合作为主键,则先按下 Ctrl 键,再依次单击这些字段所在行的选定按钮。指定字段后,再右击进行设置,则可把多个字段都设置为主键组合。

如主键在设置后发现不适合或者不正确,可以通过再次单击"主键"菜单项取消原有的主键。

4.修改表结构

如果建立表后,发现表结构有不如意的地方,想修改表结构,可采用如下步骤操作。

(1)在导航窗格选中要修改表结构的表。

(2)选择"设计视图"按钮🖌,进入表设计视图。

(3)在设计视图中可以完成如下操作。

①修改字段各属性:只要单击选中要修改的字段,然后进行相应的属性修改即可。修改字段类型或字段大小后有些数据可能会丢失;当一个字段是一个或多个关系的一部分时,不能更改这个字段的数据类型或字段大小。

②插入字段:如果要在最后追加字段,则与创建表结构的做法是完全相同的;如果要在某行前插入字段,则需要先选中该行,然后选择"插入行"按钮🔲插入行,或右击该行,在弹出的快捷菜单中选择"插入行",最后输入相应的字段属性,即可插进一个字段。

③删除字段:先选中要删除字段所在的行,选择"删除行"按钮🔲删除行,或者右击该行,在弹出的快捷菜单中选择"删除行",即可删除一个字段。

④主键设置:先选中要设置主键字段所在的行,选择"主键"按钮🔑,或者右击该行,在

出现的快捷菜单中选择"主键",即可设置一个主键字段。

⑤移动字段:选中要移动字段行,左键拖动该字段名称左边的方块,移动到目标位置,松开鼠标即可。

5.数据输入

利用设计视图创建表方法建立完一个表的结构后,然后保存它,一个只有表结构、没有记录的空表就建好了。至于如何输入表记录,具体内容在下小节中介绍。

5.5.3 数据的录入与维护

在数据库中创建完成相应的数据表对象以后,就可以在这些表中进行添加数据、插入数据、修改数据、删除数据等一系列的操作,这些操作统称为针对表中数据的操作。对表中数据所进行的所有操作都是在数据表视图中进行的。

1.数据的录入

(1)进入数据表视图

双击导航窗格中准备对其数据进行操作的表对象,即可进入数据表视图,如图 5-25 所示,左下角状态栏中有显示"数据表"视图。视图的切换可以通过"数据表视图"按钮 和"设计视图"按钮 来完成。

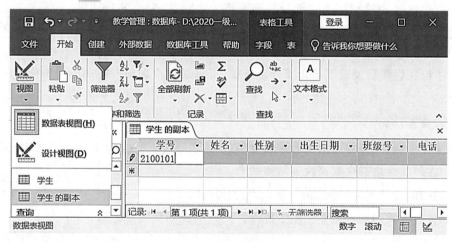

图 5-25　数据表视图

(2)添加新记录

添加新记录就是在表的末端增加新的一行。在 Access 2019 数据表中添加新记录,可以采用的操作方法有三种。直接添加;应用记录定位器"新(空白)记录" ;应用功能区"新建"按钮 新建。

(3)不同类型数据录入

不同数据类型的字段,数据录入的方法也不尽相同:

①文本型、数字型:直接在网格中输入。

②是/否型:单击标记复选框,"选定" 表示是,"清除" 表示否。

③日期时间型：按"年/月/日"或者"月－日－年"方式手工键入；也可以单击右边的"日期"按钮，会弹出日期框，可选择日期，如图 5-26 所示。

图 5-26　日期框

④备注型：直接在网格中输入，最好创建窗体输入。

⑤OLE 对象型：右击网格，弹出快捷菜单"插入对象"，选择合适的图片对象插入。

⑥附件型：双击 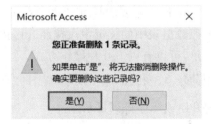，弹出"附件"对话框，单击"添加"按钮，弹出"选择文件"对话框，选择要附加的文件，可多次添加文件。

⑦超链接型：直接输入 URL 地址或者右击网格选择"超链接"|"编辑超链接"，弹出"插入超链接"对话框，选择合适的链接对象。

2．数据的维护

（1）删除记录

当数据表中的一些数据记录不再有用时，可以从表中删除它们，称为删除记录。删除记录主要有两个步骤。

①选中需要删除的记录（这些记录必须是连续的，否则，只能分为几次删除）。可以单击欲删除的首记录最左端的记录标志，在将其拖曳至欲删除的尾记录最左端的记录标志处时放开鼠标左键。也可以单击欲删除的首记录最左端的记录标志，然后再按住键盘上的"Shift"键并单击尾记录最左端的记录标志，被选中的欲删除的记录将呈一片反白色。

②有 3 种方法可以删除被选中的记录：选择"开始"|"记录"栏的"删除"按钮 ✕ 删除；在欲删除的记录的记录标志区内右击，弹出快捷菜单，在该菜单中选择"删除记录"；按下键盘上的 Delete 键。

③不论采用哪一种删除记录的方法，Access 2019 都会弹出一个"您正准备删除 1 条记录"的信息框，如图 5-27 所示，单击"是"按钮，即完成了记录数据的删除操作。

图 5-27　删除记录提示框

删除操作是不可恢复的操作,在删除记录前要确认该记录是否为要删除的记录。

(2)修改数据

如果需要修改数据表中的数据,也可以通过进入数据表视图进行操作。Access 2019 数据表视图是一个全屏幕编辑器,只需将光标移动到所需修改的数据处,就可以修改光标所在处的数据,修改数据的操作与在文本编辑器中编辑字符的操作类似。

(3)复制与粘贴数据

如同在 Excel 中一样,在 Access 2019 中,可以在数据表视图中复制或移动数据。

(4)查找、查找并替换数据

①查找字段数据。数据表中存储着大量的数据,在如此庞大的数据集合中查找某一特定的数据记录,没有合适的方法是行不通的。Access 2019 提供了字段数据查找功能,从而避免了靠操纵数据表在屏幕上上下滚动来实现数据查找操作。

在数据表视图中,首先单击列标题选取需要查找的数据所在的字段,然后右击选择"查找",或单击功能区上的"查找"工具按钮，即可弹出"查找和替换"对话框,如图5-28 所示,在"查找内容"框中输入要查找的内容,再单击"查找下一个"按钮,便可查找了。

图 5-28 "查找和替换"对话框

②查找并替换字段数据。时常会有这样的需要,表中的某一字段下的很多数据都需要改为同一个数据。这时就可以使用查找并替换字段数据功能。如图 5-29 所示,单击选择"替换"选项卡,此时会多一个"替换为"文本框,可在此输入替换的内容。

(5)数据排序

当在数据表视图中查看数据时,通常都会希望数据记录是按照某种顺序排列,以便于查看浏览。设定数据排序可以达到所需要的排列顺序。在不特别设定排序的情况下,在数据表视图中的数据总是依照数据表中的关键字段按照升序排列来显示的。若需数据记录按照另外一种顺序排列显示,可以有以下几种操作方式。

①令光标停在该字段中的任意一行处,单击功能区上的"升序"按钮 或"降序"按钮，即可得到该字段数据的升序或降序排列显示。

②令光标停在该字段中的任一行处,右击选择菜单"升序"或"降序",可得到该字段数

据的升序或降序排列显示。

在 Access 中对数据的排序规则如下：

· 英文按字母顺序排序，不区分大小写。升序时按 A 到 Z 排列。降序反之。

· 数字型数字按数字的大小排序，文本类型数字按 ASCII 码排列，升序时从小到大排列。

· 中文按拼音字母的顺序排序。首先按第 1 个汉字的第 1 个拼音字母排序，如果第 1 个拼音字母相同，则按第 1 个汉字的第 2 个拼音字母排序，以此类推。

· 日期和时间按日期的先后顺序排序，升序时按从前向后的顺序排列。

· 是/否按是否选定顺序排序，升序时先选定后清除排序。

数据类型为备注、超链接、OLE 对象和附件的字段不能排序。

（6）数据筛选

使用数据表时，经常需要从众多的数据中挑选出一部分满足某种条件的数据进行处理。可以讲筛选看成是一个功能有限的查询，它可以为一个或多个字段指定条件，并将符合条件的记录显示出来。Access 提供了四种筛选记录的方法：

①按选定内容筛选：应用筛选中最简单和快速的方法。可以选择某个表的全部或者部分数据建立筛选准则，Access 将只显示那些与所选样例匹配的记录。

②按窗体筛选：在表的一个空白数据窗体中输入筛选准则，Access 将显示那些与由多个字段组成的合成准则相匹配的记录。

③按筛选目标筛选：在筛选目标文本框中输入筛选条件，来查找含有该指定值或表达式值得所有记录。

④高级筛选：自定义复杂的条件进行筛选，方法基本上与 Excel 的高级筛选类似。

下面简单介绍"按选定内容筛选"的 2 种操作方法，其他筛选方法与此基本雷同。

①令光标停留在该特定数据所在的单元格中，单击"开始"|"排序和筛选"组中的"选择"按钮 选择，可选择"等于"、"不等于"、"包含"、"不包含"四个选项之一，即可只显示所需要的记录。

②令光标停留在该特定数据所在的单元格中，右击选择菜单"等于"、"不等于"、"包含"、"不包含"四个选项之一，即可得到所需的记录筛选表。

如何取消筛选呢？可单击功能区上的"切换筛选"按钮，可取消筛选，并恢复数据表全部数据的显示。

【例 5-1】　学生表中筛选出姓"叶"或者 2002 年出生的同学，并按姓名降序排列。

具体操作步骤如下：

①进入学生数据表视图，选择菜单"开始"|"排序和筛选"组中的"高级"按钮，在弹出的下拉列表中，单击"高级筛选/排序"命令，显示筛选窗口，如图 5-29 所示。

②字段一行分别选择"姓名"和"出生日期"。

③在"姓名"列"条件"行输入"Like "叶＊""，表示筛选姓叶的同学。"排序"行，选择"降序"，使结果按姓名降序排列。

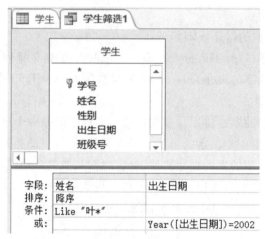

图 5-29　"筛选"窗口

④在"出生日期"列"条件"行输入"Year（[出生日期]）＝2002"。这里要注意，因为两个条件是"或者"条件，所以两个条件应该写在不同的行上。如果两个条件写在同一行，则表示两个条件必须同时满足。

⑤单击功能区上的"切换筛选"按钮应用筛选，数据表将显示 2002 年出生或者姓叶的同学，如图 5-30 所示。姓名右边有 標记表示降序和有筛选条件应用。

学号	姓名	性别	出生日期	班级号	电话
21601202	尹佳晨	男	2002/10/2	216012	600387
21602302	叶碧玉	女	2003/1/11	216023	600234
21602301	李筱月	女	2002/2/12	216023	600453
21601101	郭方	男	2002/2/1	216011	600101
21601201	方涛	男	2002/5/2	216012	600333

图 5-30 筛选结果

5.5.4　数据表复制、删除与更名

Access 2019 数据表是属于数据库中的基本对象，数据库可以对数据表实施相应的对象操作，这些操作主要包含复制、删除和重命名等，操作方法如同在 Windows 操作系统的资源管理器中操作文件一样方便。

1. 表的复制

复制表对象的操作是依靠剪贴板来实现的，理解了这一点就不难掌握表对象的复制操作。

2. 删除表

在数据库中删除表的操作方法可以是：右击选中导航窗格中要删除的表对象，在弹出的快捷菜单中选择"删除"；也可以选中表对象后，按下键盘上的 Delete 键。随后会弹出是否删除该表的提示框，选择"是"按钮可以完成删除。

3.表的重命名

在数据库中进行表重命名的操作方法是：右击选中导航窗格需要更名的表对象，在随之出现的快捷菜单中选择"重命名"，此时，光标会停留在表对象的名称上，输入表名，即可更改该数据表对象的名称。

5.5.5　数据的导入与导出

除了使用 Access 数据库系统自己创建数据表外，还可以导入其他系统的数据文件。同时，Access 数据也可以导出为其他系统所利用。

1.数据的导入

从外部获取 Access 2019 数据库的所需数据有两个不同的概念。

①从外部导入数据。从外部导入数据即从外部获取数据后形成自己数据库中的数据表对象，并与外部数据源断绝连接，这意味着当导入操作完成以后，即使外部数据源的数据发生了变化，也不会再影响已经导入的数据。

②从外部链入数据。从外部链入数据即在自己的数据库中形成一个链接表对象，这意味着链入的数据将随时随着外部数据源数据的变动而变动。

在 Access 2019 中，可以导入的数据包括 Access 数据库的表，Excel、文本文件、XML文件、ODBC 数据库、HTML 文档、Outlook 文件夹、dBASE 文件等。

以导入 Excel 2019 工作簿格式文件的操作为例，说明其操作步骤及其每一步操作的含义。读者可以通过这个导入实例来类推导入其他格式文件的操作方法，其中的要点是理解被导入文件格式的特点，及其与 Access 2019 表对象格式的对应关系。

【例 5-2】　将"学生. xlsx"文件导入到"教学管理"数据库中。

具体步骤如下：

①打开或新建"教学管理"数据库，选择菜单"外部数据"|"导入并链接"组的"新数据源"|"从文件"|"Excel"按钮，弹出"获取外部数据－Excel 电子表格"对话框。单击"浏览"按钮，在弹出的"打开"对话框中找到要导入文件的位置，这里选择"学生. xlsx"文件，单击"打开"按钮后，返回原对话框，如图 5-31 所示。

此时，可以指定所导入数据的存储方式，可选择下列选项中的一项：

• 将源数据导入当前数据库的新表中：将数据存储在新表中，并提示用户命名该表。

• 向表中追加一份记录的副本：将数据追加到现有的表中。（如果没有表示打开状态，此选项不会出现）

• 通过创建链接表来链接到数据源：将在数据库中创建一个链接表。

②这里选中"将源数据导入当前数据库的新表中"单选按钮，再单击"确定"按钮。

③打开"导入数据表向导"第一个对话框。如果源工作表或者区域的第一行包含字段名称，则需选中"第一行包含列标题"复选框，然后单击"下一步"按钮。

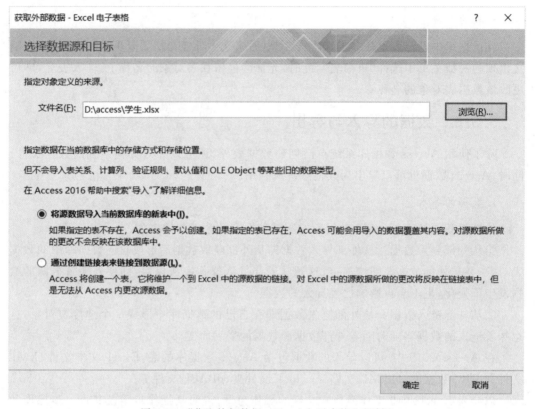

图 5-31 "获取外部数据－Excel 电子表格"对话框

④打开"导入数据表向导"第二个对话框。如果将数据导入新表中，Access 将使用这些列标题为表中的字段命名。可以在导入操作过程中或导入操作完成后更改字段名称和字段类型。如果将数据追加到现有的表中，需要确保源工作表中的列标题完全与目标表中的字段名称一致。要在字段上创建索引，可以单击"索引"下拉框，选择"有（无重复）"选项，然后单击"下一步"按钮。

⑤打开"导入数据表向导"第三个对话框，如图 5-32 所示。可以指定数据表的主键，可以选择三个选项按钮：如果选择"让 Access 添加主键"将添加一个自动编号字段作为目标表中的第一个字段，并且用从 1 开始的唯一 ID 值自动填充它；如果选择"我自己选择主键"，可以在其右边的下拉框中表原有字段中选择一个作为主键；如果选择"不要主键"表示不设置主键。这里选择学号作为主键。

⑥单击"下一步"按钮，打开"导入数据表向导"第四个对话框，指定目标表的名称。单击"完成"按钮。出现"获取外部数据－Excel 电子表格"保存导入步骤对话框，单击"关闭"按钮，完成表的导入。

导入数据源之后，一般表结构不完全符合要求，可以使用表设计视图进行修改。

图 5-32　"导入数据表向导"第三个对话框

2. 数据的导出

数据的导出是导入的逆操作，也就是将 Access 表导出到其他文件中去，以为其他应用程序所用。在 Access 2019 中，Access 表可以导出目标包括 Access 数据库的表，Excel、Word、文本文件、XML 文件、ODBC 数据库、HTML 文档、dBASE 文件等。

导出步骤比较简单，只要右击选择需要导出的表，在弹出的快捷菜单中选择"导出"，再选择需要导出目标类型，根据向导即可完成。

5.5.6　表间关联操作

通过前面的介绍，已经可以掌握创建数据库和表的基本方法，这时如何管理和使用表中的数据就成为很重要的问题。在 Access 2019 中要想管理和使用表中的数据，就应建立表与表之间的关系，只有这样才能将不同表中的相关数据联系起来，也才能为创建查询、窗体或报表打下良好的基础。

通常在一个数据库的两个表都使用了共同字段，并且其中一个表已经设置了主键的情况下，就可以为这两个表建立一个关联，通过表间关联可以指出一个表中的数据与另一个表中的数据的相关联系方式。常见的表间关联有三种：一对一联系、一对多联系和多对多联系。

1.编辑关系

在 Access 2019 中，可以在数据库窗口创建和修改表间关系，具体步骤如下。

① 选择菜单"数据库工具"|"关系"工具按钮 ⚏。若已定义了一些关系，则在该窗口内会显示这些关系；若尚未定义任何关系，则在该窗口内没有任何内容。

②若需定义新的关系，选择菜单"设计"|"关系"组的"显示表"按钮 ⚏，也可在该窗口内右击，在随即弹出的快捷菜单中选择"显示表"，即会弹出"显示表"对话框。然后按住Ctrl 键，逐个单击选择要作关联的所有表，然后单击"添加"按钮，把需关联的表都添加进来。

③用光标指向表（如班级表）中的关联字段（如班级号），按住鼠标左键将其拖动至表（如学生表）的关联字段（班级号）上，然后再松开鼠标左键，就会弹出"编辑关系"对话框，如图 5-33 所示。

④单击"创建"按钮即可。可以观察到两表通过班级号字段关联了起来，如图 5-34所示。

单击关系连线，按 Delete 键可删除表间的联系。

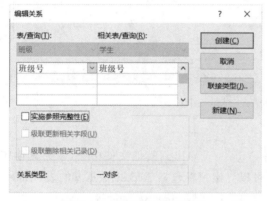
图 5-33　"编辑关系"对话框

图 5-34　"关系"设计视图

2.实施参照完整性

双击表之间的关系连线，弹出"编辑关系"对话框，可重新编辑关系。此时如果选中"实施参照完整性"复选框，则当添加或修改数据时，Access 会按所创建的关系来检查数据，若违反参照完整性，就会显示出错信息而拒绝这种数据。为防止意外删除或更改相关数据，Access 使用参照完整性来确保相关表记录之间关系的有效性。

假设将学生表和班级表之间的关系重新编辑，使其实施参照完整性规则，两表之间的关系连线也会变成"一对多"标记 1━━━∞。则学生表中输入的班级号必须是在班级表中出现的班级号或者是空白，如果输入其他内容，系统会提示错误信息"由于数据表'班级'需要一个相关记录，不能添加或修改记录"，不能保存错误数据。

2.关系属性设置

Access 中默认的关系属性为内部联接，即只选择两个表中字段值相同的记录，例如，在学生表和选课表进行查询时,只包含两个表中学号相同的记录,而不能挑选未参加考试的学生。如果要对其进行修改,可单击两个表间的关系连线,连线变黑,表明已经选中了该关系。双击连线,打开"编辑关系"对话框,单击"联接类型"按钮,弹出"联接属性"对话框。内部联接:只包含来自两个表的联接字段相等处的行。

左外部联接:包含左表的所有记录和右表联接字段相等的那些记录。

右外部联接:包含右表的所有记录和左表联接字段相等的那些记录。

5.6　Access 查询、窗体和报表

前面已经介绍了数据库的数据表的建立和维护方法,但将数据正确地保存在数据库中并不是最终目的,我们的最终目的是更好地使用它,并通过对数据库的数据进行各种处理和分析,从中提取有用的信息。查询是 Access 处理数据的工具,可看作是动态的数据集合,使用查询可以按照不同的方式来查看、更改和分析数据,也可将查询作为窗体、报表、数据访问页的数据;窗体是用户和应用程序之间的主要接口;报表用于对数据库中的数据进行分组、计算、汇总和打印输出。

5.6.1　查　询

查询是关系数据库中的一个重要概念,查询对象不是数据的集合,而是操作的集合。查询的运行结果是一个动态数据集合,尽管从查询的运行视图上看到的数据集合形式与从数据表视图上看到的数据集合形式完全一样,尽管在数据表视图中所能进行的各种操作也几乎都能在查询的运行视图中完成。但无论它们在形式上是多么的相似,其实质是完全不同的。可以这样来理解,数据表是数据源之所在,而查询是针对数据源的操作命令,相当于程序。

应用查询对象是实现关系数据库查询操作的主要方法,是借助于 Access 2019 为查询对象提供的可视化工具,它不仅可以很方便地进行查询对象的创建、修改和运行,而且可以生成合适的 SQL 语句,并且直接将其粘贴到需要该语句的程序代码或模块中去。这将非常有效地减轻编程的工作量,也可以完全避免当在程序中编写 SQL 语句时很容易产生的各种错误。

1. 查询的种类

由查询生成的动态数据集合可以用于不同的目的,根据其应用目标的不同,可以将 Access 2019 的查询对象分为以下几种不同的基本类型。

(1)选择查询

最常用的查询类型,顾名思义,它是根据指定的查询准则,从一个或多个表中获取数据并显示结果。也可以使用选择查询对记录进行分组,并且对记录进行总计、计数、平均以及其他类型的计算。

(2)交叉表查询

将来源于某个表中的字段进行分组,一组列在数据表的左侧,一组列在数据表的上

部，然后在数据表行与列的交叉处显示表中某个字段统计值。

（3）参数查询

在这种查询中，用户以交互方式指定一个或多个条件值。时一种利用对话框来提示用户输入准则的查询。这种查询可以根据用户输入的准则来检索符合相应条件的记录。

（4）操作查询

与选择查询相似，都是由用户指定查找记录的条件，但选择查询是检查符合特定条件的一组记录，而操作查询是在一次查询操作中对所得结果进行编辑等操作。操作查询可分为以下四种查询。

①更新查询：用于在数据表中更改数据、更改符合一定条件的记录。

②追加查询：将数据库中某个表中的符合一定条件的记录添加到另一个表上。

③生成表查询：从一个或多个表中提取符合条件的数据，组合生成一个新表。

④删除查询：用于在数据表中删除一组同类的记录。

（5）SQL 特定查询

由 SQL 语句组成的查询。传递查询、联合查询和数据定义查询都是 SQL 特定查询。SQL 是一种结构化查询语言，是数据库操作的工业化标准语言，使用 SQL 可以对任何的数据库管理系统进行操作。

2．创建选择查询

根据指定条件。从一个或多个数据源中获取数据的查询称为选择查询。创建选择查询有两种方法，一是使用"查询向导"，二是使用"查询设计"视图。查询向导能够指导操作者顺利地创建查询，详细地解释在创建过程中需要做的选择，并能以图形方式显示结果。而在设计视图中，不仅可以完成新建查询的设计，也可以修改已有的查询。两种方法特点不同，查询向导操作简单、方便，设计视图功能丰富、灵活、可以创建带条件的查询。这里介绍最常用的选择查询设计视图的创建方法。

【例 5-3】　在"教学管理"数据库中，根据学生表、选课表、课程表创建"优秀学生成绩"查询，要求是：按学号升序显示成绩在 85 分及以上的学生的学号、姓名、课程名和成绩。

创建此查询的具体步骤如下。

①打开"教学管理"数据库，选择菜单"创建"｜"查询"组中的"查询设计"按钮 查询设计，进入查询的设计视图，同时也弹出"显示表"对话框。

②在"显示表"对话框中逐个地指定数据源，并单击"添加"按钮，将指定的数据源逐个添加到查询设计视图上半部的数据源显示区域内。因为本例中要求显示的查询字段有学生表的学号和姓名、课程表的课程名、选课表的成绩，涉及三个表，所以在查询设计视图中添加课程、选课、学生 3 个表。

③选择查询字段，也就是从选定的数据源中选择需要在查询中显示的字段。既可以选择数据源中的全部字段，也可以仅选择部分字段。

·新建包含数据源全部字段的查询，将数据源表中的"＊"符号拖曳至设计视图下部的"字段"行中，或下拉"字段"行的列表框，从中选取"＊"符号。以如此方式建立的查询对象在其运行时,将显示在数据源表中的所有字段中的所有记录数据。

·新建包含数据源部分数据字段的查询,将数据源表中那些需要显示在查询中的数据字段逐个地拖曳至"字段"行的各列中,或逐次地下拉"字段"行列表框,从中选取需要显示的数据字段。这时,在"字段"行中将会出现选中的字段名,"表"行中出现该字段所在表的表名,"显示"行中的复选框中则出现"√"(它表明该查询字段将被显示,同时应该认识到,取消这个标记则意味着得到了一个不被显示的查询字段)。

在这里,如图 5-35 所示选择了学生表的学号和姓名、课程表的课程名、选课表的成绩 4 个字段。

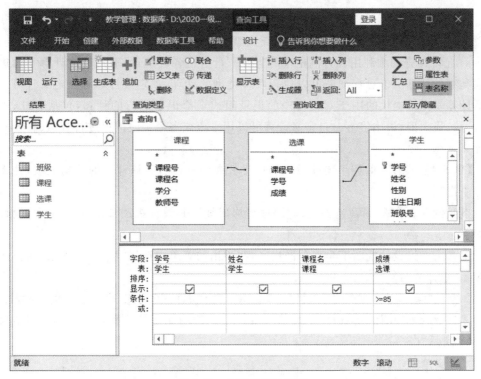

图 5-35　查询的设计视图

④在"排序"行的学号字段列交叉的下拉框中选择"升序",可以使查询结果按学号升序显示。

⑤在"条件"行的成绩字段列交叉的框中输入">=85",这样即设置了查询条件"成绩>=85"。

⑥在设计查询的过程中,可以通过选择菜单"查询工具设计"|"结果"组的"运行"按钮 ❗ 运行查询,进入查询的数据表视图,以查看查询结果,如图 5-36 所示。如果符合要求,则单击快速访问工具栏中"保存"按钮,弹出"另存为"对话框,将新建查询对象命名为所需要的名字"优秀学生成绩"。如果不符合要求,则可选择菜单"开始"|"视图"组的"设计视图"按钮 📐,回到查询的设计视图修改查询,直至满足要求为止。

⑦保存查询文件完毕后,在数据库窗口双击该查询名,也可运行查询。

⑧如果之后又想修改查询,则可右击该查询,通过在弹出的快捷菜单中选择"设计视图"进入查询设计视图,再对查询进行修改。

图 5-36　优秀学生成绩查询结果

3.汇总查询

在建立查询时,可能更关心的是记录的统计结果,而不是表中记录。为了获取这些数据,需要使用汇总查询功能。所谓汇总查询就是在成组的记录中完成一定计算的查询。Access 允许在查询中利用设计网格中的"总计"行进行各种统计,通过创建计算字段进行任意类型的计算。汇总查询中可以执行两种类型的计算,预定义计算和自定义计算。预定义计算是系统提供的用于对查询中的记录组或全部记录进行的计算,包括总计、平均值、计数、最大值、最小值等。自定义计算可以用一个或多个字段的值进行数值、日期和文本计算。

【例 5-4】　创建"课程平均成绩"查询:要求查询课程名和该课程的平均成绩,并将结果降序排列。

参照例 5-3 步骤,新建选择查询"课程平均成绩",其设计视图如图 5-37 所示,设计要点如下。

①右击查询设计视图下半部分网格区,在弹出的菜单中选择"汇总"菜单项,网格区就会多了"总计"一行。

②字段"课程名"列"总计"行选择"Group By",表示按课程名分组,也就是按每门课程计算。

③"成绩"列"总计"行选择"平均值",查询汇总的功能是计算平均值。其查询结果如图 5-38 所示。

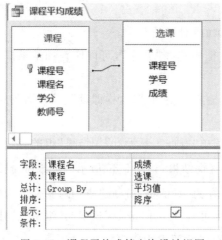

图 5-37　课程平均成绩查询设计视图

图 5-38　课程平均成绩查询结果

4.参数查询

参数查询在运行时会提示用户输入参数值(查询条件),并根据用户的输入给出查询结果,从而可以实现交互式查询。参数查询实质上是把选择查询的"条件"设置成一个带有参数的"可变条件"。

【例 5-5】　创建"按课程名和分数线查询成绩"查询:提示用户输入课程名和分数线,输出含有该课程名和大于分数线的学生信息(学号、姓名、课程名、成绩)。

新建选择查询,其设计视图如图 5-39 所示,设计要点如下。

①课程名"条件"行:Like " * " & [请输入课程名:] & " * "

②成绩"条件"行:>[请输入分数线:]

运行该选择查询,出现"输入参数值"输入对话框,分别要求"请输入课程名:"和"请输入分数线:",如图 5-40 所示。查询结果如图 5-41 所示。

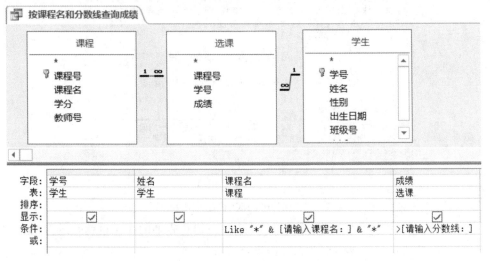

图 5-39　"按课程名和分数线查询成绩"设计视图

图 5-40　输入参数值对话框

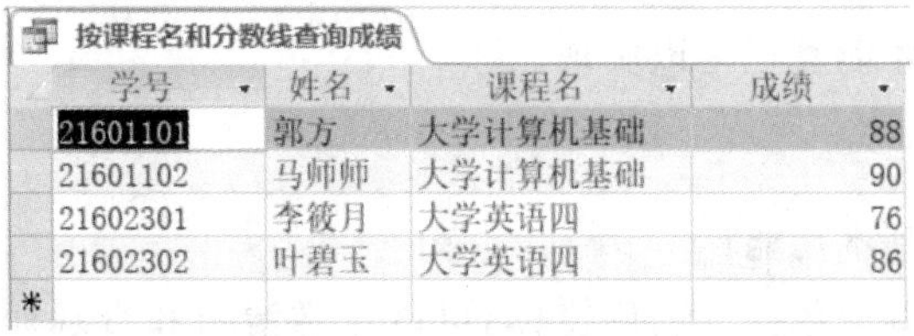

图 5-41　"按课程名和分数线查询成绩"查询结果

5.查询对象的实质

建立查询的操作,实质上是生成 SQL(结构化查询语言)语句的过程。也就是说,Access 提供了一个自动生成 SQL 语句的可视化工具——查询的设计视图。那么,通过在查询设计视图中的一系列操作后,所生成的 SQL 语句到底是什么样的呢? 为了看到一个查询所对应的 SQL 语句,可以将查询从设计视图转换到 SQL 视图。

右击"学生"数据库中的"优秀学生成绩"查询,选择"设计视图",进入查询的设计视图;或者双击该查询对象,在查询的数据表视图下,选择菜单"开始"|"结果"组,单击"视图"下拉按钮,选择"SQL 视图"项,即进入 SQL 视图,如图 5-42 所示。

"课程平均成绩"查询的 SQL 语句如图 5-43 所示。

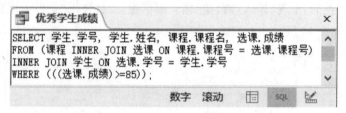

图 5-42 "优秀学生成绩"查询 SQL 语句

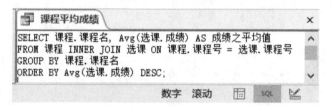

图 5-43 "课程平均成绩"查询 SQL 语句

可以看出:查询对象的实质是一条 SQL 语句。运行查询的操作也就是运行相应 SQL 语句的过程,其结果是生成一个动态数据集合。

5.6.2 窗 体

Access 2019 的窗体对象是操作数据库最主要的人机交互界面。无论是需要进行数据查看,还是需要对数据库中的数据进行追加、修改、删除等编辑操作,允许数据库应用系统的使用者直接在数据表视图中进行操作绝对是极不明智的选择。应该为这些操作需求设计相应的窗体,使得数据库应用系统的使用者针对数据库中数据所进行的任何操作均只能在窗体中进行。只有这样,数据库应用系统数据的安全性、功能的完善性以及操作的便捷性等一系列指标才能真正得以实现。

1.窗体概述

窗体主要有以下基本功能:

(1)显示、输入和编辑数据。利用窗体,可以非常清晰和直观地显示表或查询中的数据记录,以及对其进行编辑。

(2)创建数据透视窗体图表,增强数据的可分析性。利用窗体建立的数据透视图和数据透视表能更直观地显示数据。

（3）控制应用程序流程。窗体能够与函数、过程相结合，可以通过编写宏或 VBA 代码完成各种复杂的控制功能。

Access 2019 的窗体主要有 3 种视图：

（1）窗体视图：窗体的工作视图，用来显示数据表记录。用户可查看、添加和修改数据。

（2）布局视图：其界面和窗体视图几乎一样，区别在于窗体中控件的位置可以移动。

（3）设计视图：用于创建和修改窗体的界面，应用系统开发期时用户的工作台，可调整窗体的版面布局，利用工具箱在窗体中添加控件、设置数据来源等。

2.创建窗体

Access 2019 提供了比以前版本更加强大、更加简便的创建窗体的方法。在 Access 2019 应用程序窗口中，选择菜单"创建"，可以看到"窗体"组中的多种创建窗体的命令按钮有："窗体"、"窗体设计"、"空白窗体"、"窗体向导"、"导航"，单击该组的"其他窗体"按钮，弹出一个下拉菜单有"多个项目"、"数据表"、"分割窗体"、"模式对话框"，在该菜单中又提供了几种创建窗体的方法，如图 5-44 所示。

图 5-44　窗体的创建方法

其中"窗体"、"分割窗体"、"多个项目"、"数据表"方法创建方法类似，下面以"窗体"为例。

（1）使用"窗体"工具创建自动窗体

使用"窗体"工具，只需单击一次鼠标便可以创建窗体。使用该工具时，来自基础数据源的所有字段都放置在窗体上。用户可以立即开始使用新窗体，也可以在布局视图或设计视图中修改该窗体。

【例 5-6】　使用"窗体"工具，以"学生"表为数据源，创建一个名为"学生"的窗体。

具体操作步骤如下。

①打开数据库，在导航窗格的表对象下，单击"学生"表。

②选择菜单"创建"|"窗体"组的"窗体"按钮，自动创建如图 5-45 所示的窗体。

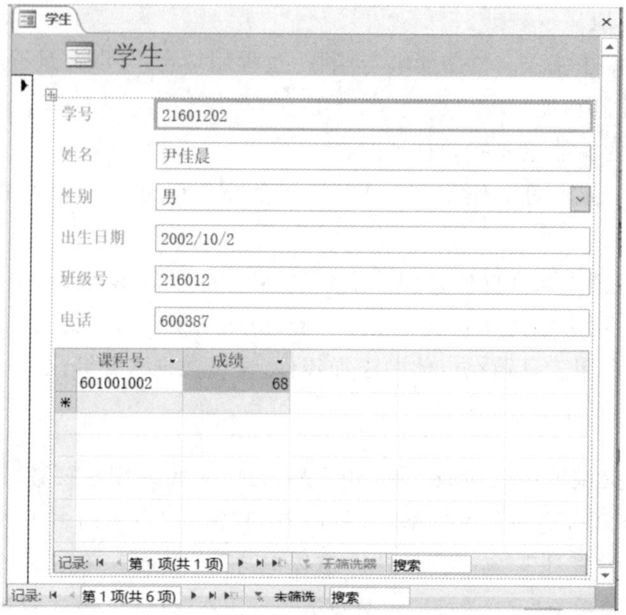

图 5-45 "学生"窗体

③单击"保存"按钮 ⊞ ，弹出的"另存为"对话框中，输入窗体名称为"学生"保存。

使用窗体工具创建的窗体是以"布局视图"显示的，在该视图中，可以在窗体显示数据的同时，对窗体进行设计方面的更改。例如可以根据需要调整文本框的大小以适用数据。Access 发现某个表与用于创建窗体的表具有一对多关系，将向给予相关表的窗体中添加一个数据表。如例 5-6，创建一个基于"学生"表的简单窗体，因"学生"表与"选课"表之间定义了一对多关系，则窗体将显示"选课"表中与当前的学生记录有关的所有记录。如果确定不需要"选课"表，可以将其从窗体中删除。

(2)窗体向导

使用向导创建窗体的过程比使用自动窗体稍微复杂，它要求用户输入所需数据的记录源、字段、版式以及格式等信息，并且创建的窗体可以是基于多个表或查询的。

【例 5-7】 使用"窗体向导"工具，以"学生"表为数据源，创建一个"学生_窗体向导"的窗体。

具体操作步骤如下。

①打开数据库，在导航窗格的表对象下，单击"学生"表。选择菜单"创建"|"窗体"组的"窗体向导"按钮，打开"窗体向导"—字段选择对话框。

②选定窗体对象要包含的数据字段。一个窗体对象并不一定需要包含数据源中的所有数据字段，也并不一定要按照数据源中的字段顺序排列字段，因此应该根据需要来选择所建窗体对象所包含的数据字段，并设定各个字段的排列顺序。可以在如图 5-47 所示的"窗体向导"对话框中完成这些操作。在"可用字段"列表框中，依次选择需要包含在窗体中的字段，并单击 > 按钮，使其逐个进入"选定的字段"列表框中。如果数据源中的所有字段都是需要的，可以单击 >> 按钮，使其一次性进入"选定的字段"列表框中。

③选定字段操作完毕,单击对话框上的"下一步"按钮,即进入"窗体向导"—布局选择对话框,如图 5-46 所示,有几种数据布局形式可供选择,它们分别是"纵栏表"、"表格"、"数据表"和"两端对齐"。单击其中的一个单选按钮,即可在本对话框的左侧看到对应的窗体布局示意。

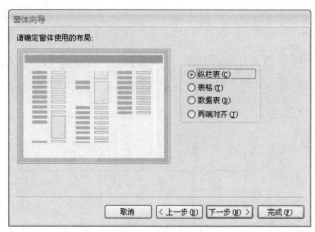

图 5-46　"窗体向导"—布局选择对话框

④选定布局后,单击"下一步"按钮,即进入"窗体向导"—样式选择对话框,有 10 种显示样式可供选择。单击不同的显示样式,对话框左端即显示其相应的样式示意。可以应该根据实际需要选择合适的一种显示样式。

⑤选择样式后,单击"下一步"按钮,即进入"窗体向导"—指定标题等对话框,如图 5-47所示,在此对话框中,可以选择单选按钮"打开窗体查看或输入信息"、"修改窗体设计",最后单击"完成"按钮,完成了利用向导创建窗体的操作。

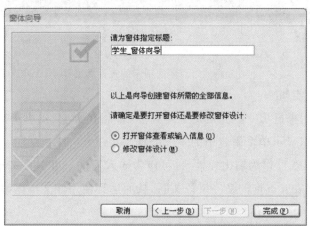

图 5-47　"窗体向导"—指定标题

(3)窗体设计视图

实际上,一个利用窗体向导创建的窗体对象很难满足既定的设计目的。无论是各窗体控件的设置,还是整个窗体的结构安排,都还不是最终所需要的窗体形式。因此,还需要在窗体设计视图中对窗体对象作进一步的设计修改。窗体设计视图可以让用户完全自主地来创建窗体。在实际应用中,可先使用向导创建窗体,然后再在设计视图中修改窗体的设计。

在导航窗格的窗体对象卡上选定一个窗体(比如"学生_窗体向导")后,右击它,选择"设计视图"按钮,即进入窗体设计视图,如图 5-48 所示。

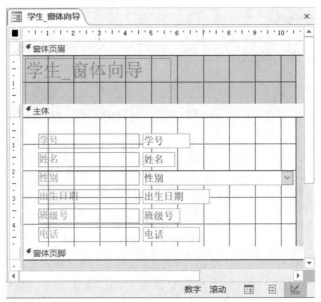

图 5-48 "学生_窗体向导"设计视图

在窗体设计视图中,利用"窗体设计工具"|"设计"选项卡的控件和工具组中按钮 设计视图(D),如图 5-49 所示。

图 5-49 "设计"选项卡的控件和工具

常用控件的功能如下:

①标签 **Aa** :用来显示一些固定的文本信息,常用在页眉、页脚中以及字段前面标识字段名,此外还可以显示单个集合中的多页信息。

②文本框 **abl** :既可作为输出控件,也可作为输入控件。可以将文本框内的数据内容与当前打开的数据表或查询的某一字段关联,从而达到使用该文本框编辑、更新数据表中的数据的目的。

③选项组 :用来包含一组控件,如单选按钮、复选框、切换按钮等。同一组内的单选按钮只能选择一个,被选中的按钮的值将作为选项组的数据值。

④切换按钮 :用来显示二值数据,如"是/否"类型的数据。当按钮被按下时,它的值为"1",即"是";反之为"0",即"否"。

⑤选项按钮 :用来代表二值数据,如"是/否"类型的数据。当按钮被选中时,它的

值为"1",即"是";反之为"0",即"否"。当多个单选按钮位于一个选项组中时,只能够有一个被选中。

⑥复选框 ☑:用来代表二值数据。当按钮被选中时,它的值为"1",反之为"0"。但当多个复选框处于一个选项组中时,可以有多个甚至全部按钮被选中。

⑦组合框 ▦:包含一个可以编辑的文本框和一个可以选择的列表框,可以把该组合框关联到某一个字段,使得用户可以通过选择下拉列表中的值或者直接在文本框中输入数据来输入关联字段的值。

⑧列表框 ▦:一个可以选择的下拉列表,只能从列表中进行选择而不能自己输入数据。通常把一个列表框和某个字段关联。当显示的数据项超出列表框的大小时,可以自动出现滚动条帮助浏览数据。

⑨命令按钮 ▭:可以通过命令按钮来执行一段 VBA 代码,或完成一定的功能。

⑩图像 ▨:用来向窗体中加载具有"对象链接嵌入"功能的图像、声音等数据。

工具组中经常使用"添加现有字段"按钮和"属性表"按钮,前者用来显示相关数据源中的所有字段;后者用来打开或关闭窗体及控件的属性表窗口,使用该窗口可以设置窗体及控件的属性。

在一般情况下,窗体都是基于某一个表或查询建立起来的,因此,窗体内的控件要显示的也就是表或查询中的字段值。如果要在窗体内创建文本框,从此来显示字段列表中的某一个字段时,只需将该字段拖到窗体内,窗体便会自动创建一个文本框与此字段关联。

【例 5-8】 利用窗体的设计视图,创建图 5-50 所示的名为"学生成绩表"的窗体。

具体操作步骤如下。

①打开数据库,选择菜单"创建"|"窗体"组的"窗体设计"按钮,打开"窗体 1"设计视图。

② 右击窗体设计区空白处,在出现的快捷菜单中选择"窗体页眉/页脚"项,使窗体显示窗体页眉部分和窗体页脚部分。

③窗体页眉区,选择菜单"窗体设计工具"|"设计"|"页眉/页脚"组的"徽标"设置宁波大学校徽和"学生成绩表"标题。

④在窗体设计区,选"工具"组的"添加现有字段",弹出"字段列表"窗格,选择"显示所有表",出现数据库中所有的表。展开表,拖动需要的字段到窗体中。利用"窗体设计工具"|"排列"|"对齐",使各字段对齐。

⑤窗体页脚区,选"控件"组的"按钮",单击按钮放置区,弹出"命令按钮向导"对话框,"类别"中选择"记录导航",操作中分别选择"转至下一项记录"、"转至前一项记录"、"查找记录",完成插入按钮。窗体设计视图参考图 5-51 所示。

图 5-50 "学生成绩表"窗体视图   图 5-51 "学生成绩表"设计视图

（4）在窗体中操作数据

窗体除了显示记录外，还可以对数据表中的数据进行其他操作，在"窗体视图"和"布局视图"中有记录工具栏（有第一条 ◄◄ 、前一条 ◄ 、后一条 ► 、最后一条 ►► 、添加 ►＊等按钮），可以完成查看、查找、修改、添加等操作。

在窗体中修改数据后，在相应的表中的源数据也会随着发生变化，从而不必直接操作表对象，可避免一些误操作。在窗体中修改数据时，有些字段是不能修改的，如自动编号字段，汇总字段等。在窗体视图中，也可以将一些字段域设置为不能获得焦点，从而控制某些字段不能修改。

5.6.3　报　表

报表打印功能几乎是每一个信息系统都必须具备的功能，而 Access 2019 的报表对象就是提供这一功能的主要对象。报表提供了查看和打印数据信息的灵活方法，它具有其他数据库对象无法比拟的数据视图和分类能力。在报表中，数据可以被分组和排序，然后以分组次序显示数据；也可以把汇总值、计算的平均值或其他统计信息显示和打印出来。

报表的数据来源与窗体相同，可以使已有的数据表、查询或者是新建的 SQL 语句。报表主要有以下功能：对数据分组，进行汇总；可以进行计数、求平均、求和等统计计算；可以包含子报表及图表数据；可以输出标签、发票、订单和信封等多种样式的报表、可以嵌入图片来丰富数据的显示。

Access 几乎能够创建用户所能想到的任何形式的报表。报表有四种类型：纵栏式报表、表格式报表、图表报表和标签报表。报表的视图主要有报表视图、打印预览、布局视图、设计视图。

报表的设计与窗体也有许多相似之处，在窗体中介绍的控件的使用方法，在报表设计中同样适用。报表的创建主要有 3 种方法：一是使用自动报表创建基于单个表或查询的报表；二是使用向导创建基于一个或多个表或查询的报表；三是在设计视图中自行创建报表。在实际应用中，一般可以先使用向导类工具快速创建出报表的结构，然后再根据需要，在设计视图中对其外观、功能等做进一步地调整，这样可提供报表设计的效率。

1. 自动报表

自动报表可用来打印原始表或查询中的所有字段和记录，是创建报表最快速的方法。其创建方法是：单击选中数据库要制作自动报表的表或查询，选择菜单"创建"|"报表"组的"报表"按钮 ，就在"布局视图"下自动创建并显示一个简单的报表了，如图 5-52 所示。

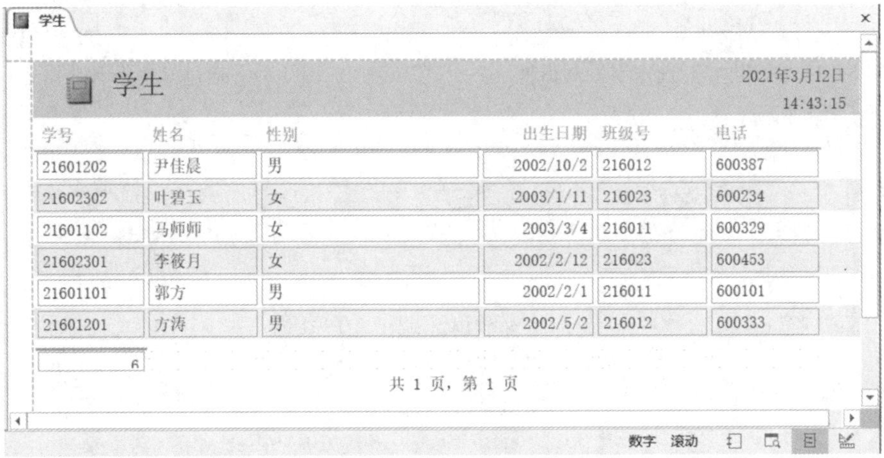

图 5-52　"学生"自动报表

2. 报表向导

使用向导创建报表的过程比使用自动报表稍复杂，它要求用户输入所需数据的记录源、字段、版式以及格式等信息，使用向导创建的报表可以是基于多个表或查询的。

【例 5-9】　使用"报表向导"工具，以"学生"表、"课程"表、"选课"表为数据源，创建一个"学生_报表向导"的报表，要求显示字段学号、姓名、短号、课程号、课程名、成绩

具体操作步骤如下：

①打开数据库，选中"学生"表，选择菜单"创建"|"报表"组中的"报表向导"按钮  。打开"报表向导"选取字段对话框，从其左上部的"表/查询"下拉式列表框中选择各个数据表作为创建报表的数据源，双击要显示的字段到"选定字段"下拉框，如图 5-53 所示。

②单击"下一步"按钮，打开"报表向导"查看数据方式对话框，如图 5-54 所示。

③其他都使用默认设置，单击"下一步"按钮，完成报表预览图如图 5-55 所示。

一般而言，由于使用报表向导创建的报表还不能完成报表对象的全部设计工作，所以一般还应该选择"修改报表设计"单选框，进入报表的设计视图或布局视图进行修改。当然也可以创建报表完成后，改变视图后再修改。就"学生成绩_报表"而言，学号字段和课程名字段没有显示完整，可利用布局视图改变列宽，让其完整显示。

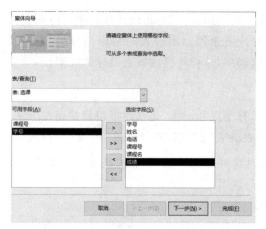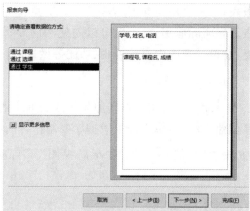

图 5-53 "报表向导"选定字段对话框   图 5-54 通过学生查看数据

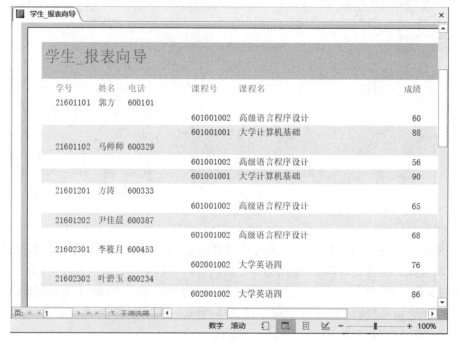

图 5-55 "学生_报表向导"的预览视图

3. 报表设计视图

右击一个报表对象,在弹出的快捷菜单中选择"设计视图"按钮,即进入报表设计视图。由报表控件设计工具箱与窗体控件设计工具箱完全相同这一点,在窗体中可以使用的控件,多数都可以在报表中使用。

但是,报表对象本身又不完全同于窗体对象。报表对象仅仅是一个具有单向功能的对象,即报表对象从数据源中取得数据用于显示或打印,而并不能接受任何数据的输入,更不能去修改数据源中的数据。

4.报表的浏览与打印

(1)报表的浏览

只需在数据库窗口中的报表对象列表中双击报表名,或者右击选中创建好的报表名,在弹出的快捷菜单中选择"打印预览",即可进入报表预览视图。

(2)报表的打印

在报表的预览视图中,选择菜单"打印预览"|"打印"组的"打印"按钮🖨,即弹出"打印"对话框,单击"确定"按钮,即可打印出与预览一样的报表。

5.7　结构化查询语言(SQL)

SQL 是结构化查询语言(Structured Query Language)的缩写,是目前最为广泛地关系数据库查询语言,是一种综合、通用、功能极强的关系数据库语言。

5.7.1　SQL 的特点

SQL 于 1974 年由 Boyce 公司和 Chamberlin 公司提出,并在 IBM 公司的圣约瑟实验室研制的 SystemR 系统上得以实现。它只是提供用户一种表示方法说明要查询的结果特性,至于如何查询,以及查询结果的形式都由 DBMS 来完成。这种语言由于其功能丰富、方便易学的特点受到了广大用户的欢迎,并于 1986 年由美国国家标准局(ANSI)及国际标准化组织(ISO)公布作为关系数据库的标准语言。

作为关系数据库的标准语言该语言具有以下特点。

①语言功能的一体化。SQL 集数据定义 DDL、数据操纵 DML、数据控制 DCL 功能为一体并且不严格区分数据定义和数据操纵,在一次操作中可以使用任何语句。

②模式结构的一体化。其关系模型中唯一的结构类型就是关系表,这种数据结构的单一性,使得对数据库数据的增、删、改、查询等操作都只需使用一种操作符。

③高度非过程化的语言。使用 SQL 语言操作数据库,只需提出"做什么",无须指明"怎样做",用户不必了解存取路径。存取路径的选择和 SQL 语句的具体执行由系统自己完成,从而简化了编程的复杂性,提高了数据的独立性。

④面向集合的操作方式。SQL 语言在元组集合上进行操作,其操作结果仍是元组集合。查找、插入、删除和更新都可以是对元组集合操作。

⑤两种操作方式、统一的语法结构。SQL 语言既是自含式语言,又是嵌入式语言。作为自含式语言,可作为联机交互式使用,每个 SQL 语句可以独立完成其操作;作为嵌入式语言,SQL 语句可嵌入到高级程序设计语言中使用。

⑥语言简洁、易学易用。SQL 是结构化的查询语言,其语言非常简单,在完成数据定义、数据操纵和数据控制的核心功能时只用了 9 个动词:Create;Drop;Alter;Select;Delete;Insert;Update;Grant;Revoke。SQL 的语法简单,接近英语口语,因此容易学习,使用方便。

5.7.2　SQL 数据定义

数据定义语言 DDL 用于执行数据定义的操作,如创建或删除表、索引和视图之类的对象,由 CREATE、DROP、ALTER 命令组成,可以完成数据库对象的建立(CREATE)、删除(DROP)和修改(ALTER)等操作。

1.表的维护

(1)表的添加

【语法】　CREATE TABLE ＜表名＞(字段 1 数据类型 1[(大小)][字段级完整性约束条件],字段 2 类型[(大小)]……)

【说明】　在一般的语法格式描述中使用如下符号:

＜＞:表示在实际的语句中要采用实际需要的内容替代。

[ ]:表示可以根据需要进行选择其中之一。

|:表示多项选项只能选择其中之一。

当字段类型为数字、日期、逻辑等类型时,字段大小固定,无需指定。其中常用的字段类型可以用以下类型符定义:Text(或者 Char)、Integer、Double、Money、Date、Logical、Memo、General,分别对应文本型、数字长整型、数字双精度型、货币型、日期时间、是否、备注型、通用型。

[字段级完整性约束条件]定义相关字段的约束条件,包括主键约束(Primary Key)、数据唯一约束(Unique)、空值约束(Not Null)等。

【例 5-10】　CREATE TABLE 学生(学号 Text(8)Primary Key,姓名 Text(8),性别 Text(1),年龄 Integer)

【功能】　创建一个名为"学生"的表,其中有 4 个字段,"学号"、"姓名"与"性别"字段的类型为文本型,字段大小分别为 8 和 1,并且设置"学号"字段为主键。"年龄"字段的类型为长整型,大小固定。

(2)表的删除

【语法】　DROP TABLE＜表名＞

【说明】　删除表之前,表必须已经被关闭。

【例 5-11】　DROP TABLE 学生

【功能】　删除名为"学生"的表。

2.表结构的维护

(1)字段的添加

【语法】　ALTER TABLE ＜表名＞ ADD 字段 1 类型[(大小)],字段 2,……

【例 5-12】　ALTER TABLE 学生 ADD 班级号 Text(8)

【功能】　在"学生"表中添加一个"班级号"字段,类型为文本,大小为 8。

(2)字段的删除

【语法】　ALTER TABLE ＜表名＞ DROP 字段 1,字段 2……

【例 5-13】　ALTER TABLE 学生 DROP 年龄

【功能】　在"学生"表中删除"年龄"字段。

（3）字段的修改

【语法】　ALTER TABLE ＜表名＞ALTER 字段类型［（大小）］

【说明】　可以修改已有字段的字段类型以及字段大小。

【例 5-14】　ALTER TABLE 学生 ALTER 姓名 Text(15)

【功能】　在"学生"表中修改"姓名"字段的字段大小为 15。

3. Access 的数据定义语句操作

在 Access 中，假设要使用 SQL 数据定义语句创建"学生"表，其操作步骤如下。

①删除重复表：打开或新建一个数据库，查看表对象中有无"学生"表，如果有则必须先删除。

②进入 SQL 视图：选择菜单"创建"|"查询"组中的"查询设计"按钮，关闭弹出的"显示表"对话框。选择菜单"设计"|"结果"组中的"SQL"按钮，切换到 SQL 视图。

③输入 SQL 语句：在 SQL 视图中，输入"例 5-10"的 SQL 语句（注意要求用英文标点符号状态输入括号和逗号等，在字段和字段类型之间务必输入空格）：

CREATE TABLE 学生（学号 Text(8)Primary Key,姓名 Text(8),性别 Text(1),年龄 Integer）

④运行 SQL 语句：选择菜单"设计"|"结果"组中的"运行"按钮 ▮ 运行语句，没有提示出错，则创建表成功。数据定义语句一般只能执行一遍，第二遍再重复执行则会出错。

⑤查询结果：观察导航窗格中的表对象，即可发现多了一个"学生"表，表明创建表成功。

5.7.3　SQL 数据操纵

数据操纵语言是完成数据操作的命令，一般分为两种类型的数据操纵，它们统称为 DML。数据检索（常称为查询），即寻找所需的具体数据；数据修改包括添加、删除和改变数据。

数据操纵语言一般由 INSERT（插入）、DELETE（删除）、UPDATE（更新）、SELECT（检索，又称查询）等组成。由于 SELECT 比较特殊，所以一般又将它以查询（检索）语言单独列出，将在后面介绍。

1. 记录的插入（添加）

【语法】　INSERT INTO ＜表名＞（字段 1,字段 2,……）VALUES（值 1,值 2,……）

【说明】　文本型数据必须用单引号或双引号限定,数字类型数据则不能加引号。如果给表中所有字段赋值，则（字段 1,字段 2,……）可以省略。

【例 5-15】　INSERT INTO 学生 VALUES（"001","张三","男",18）

【功能】　给"学生"表中添加一条记录，为学号、姓名、性别、年龄字段分别赋值为 001、张三、男、18（前三个值为文本型数据所以用双引号限定，最后一个值为数字类型数据则不能加引号）。注意语句中 VALUES 后赋值必须与"学生"表字段一一对应,而且"学生"表必须只有学号、姓名、性别、年龄四个字段。

【例 5-16】 INSERT INTO 学生（学号,姓名）VALUES（"002","李四"）

【功能】 在"学生"表中添加一条记录,为学号、姓名字段分别赋值为 002、李四。注意语句中字段名列表和后面赋值必须一一对应,给部分字段赋值时,字段名列表不能省略。

2.记录的编辑（修改）

【语法】 UPDATE ＜表名＞ SET 字段1＝值1,字段2＝值2,…… ［WHERE 子句］

【说明】 WHERE 子句是可选的,其含义与 SELECT 语句中的相同,表示满足一定的条件。如果没有 WHERE 子句将修改所有记录。

【例 5-17】 UPDATE 学生 SET 学号＝"2021"＋学号

【功能】 将"学生"表中所有同学学号前加上"2021"。如果原来学号是"06001",则变为"202106001"。

【例 5-18】 UPDATE 选课 SET 成绩＝60 WHERE 成绩 BETWEEN 57 AND 59

【功能】 将"选课"表中所有满足条件（成绩在 57～59 之间）的记录中的"成绩"字段的值改成 60。

3.记录的删除

【语法】 DELETE FROM ＜表名＞［WHERE 子句］

【说明】 WHERE 子句是可选的,如果没有 WHERE 子句将删除表中所有的记录。

【例 5-19】 DELETE FROM 选课 WHERE 成绩＜60

【功能】 在"选课"表中删除课程成绩不及格的记录。

【例 5-20】 DELETE FROM 学生 WHERE 姓名 LIKE "李＊"

【功能】 将"学生"表中姓李的同学删除。

4.Access 的数据操纵语句操作

在 Access 中,假设要使用 SQL 数据操纵语句向已建立的"学生"空表添加一条记录,其操作步骤如下。

①查看表:打开数据库,查看要添加记录的表是否已存在,如果没有"学生"表,则必须先创建。

②进入 SQL 视图:选择菜单"创建"|"查询"组中的"查询设计"按钮,关闭弹出的"显示表"对话框。选择菜单"设计"|"结果"组中的"SQL"按钮,切换到 SQL 视图。

③输入 SQL 语句:在 SQL 视图中,输入前面例"例 5-16"的 SQL 语句:

INSERT INTO 学生（学号,姓名）VALUES（"002","李四"）

④运行 SQL 语句:选择菜单"设计"|"结果"组中的"运行"按钮运行语句,出现提示信息。如果没有语法错误,则会出现追加行信息框,按"是"按钮。注意这里只能运行一次,如果多次运行,则可能会给表增加多条同样的记录。

⑤查看结果:双击"学生"表,可发现表中多了一条记录,表明插入表记录成功。

5.7.4　SQL 数据查询

1. SELECT 语句

SQL 语言的核心是表达查询的 SELECT 语句。SELECT 语句是由 SELECT-FROM-WHERE 组成的查询块,可以实现对数据的查询操作。SELECT 语句是 SQL 中用于数据查询的语句,功能非常强大,一些很复杂的查询,用前面所介绍的方法是无法实现的,但是使用 SELECT 语句却可以完成。

(1)SELECT 查询语句的基本结构如下。

SELECT[ALL|DISINCT] * |〈字段等列表名〉

[INTO 新表名]

FROM〈表名 1〉[,〈表名 2〉]…

[WHERE〈选择条件〉]

[GROUP BY〈列表名〉][HAVING〈筛选条件〉]

[ORDER BY〈列表名〉[ASC|DESC]]

SELECT 语句的基本结构中包含了 7 个子句,这些子句的排列顺序是固定的。其中除了 SELECT 子句和 FROM 子句外,其他子句根据查询需要进行增删。

SELECT 语句中各个子句的作用分别如下。

· SELECT 子句:指定要查询的列的名称,其中列表名可以为一个或多个列。当为多个列时,中间要用逗号隔开。

· INTO 子句:指定使用查询结果来创建新表。

· FROM 子句:指定查询结果中数据的来源。这些来源可能包括表、查询或链接表。

· WHERE 子句:指定原表中记录的查询条件。

· GROUP BY 子句:指定在执行查询时,对记录进行分组,其中,在 SELECT 子句中的列表字段必须包含 GROUP BY 子句的列表字段中。

· HAVING 子句:通常与 GROUP BY 子句一起使用,HAVING 子句后面的筛选条件是筛选满足条件的组。

· ORDER BY 子句:指定查询结果中记录的排列顺序。"列表名"是指定用于排列记录的字段,ASC 和 DESC 关键字用于指定记录是按升序排序还是按降序排序,默认为升序排序。

(2)SELECT 语句的使用

利用 SQL 查询语句可以实现投影查询、选择查询、排序查询、分组查询和生成表查询 5 种常见的查询。由于使用单纯的书面叙述不太容易理解,因此以下通过举例来说明不同的 SELECT 语句组合的实际功能。例子中要使用的表:学生(学号,姓名,性别,出生日期,班级号,短号);课程(课程号,学号,成绩);课程(课程号,课程名,学分,教师号)。

【例 5-21】　SELECT ＊ FROM 学生

【功能】　从"学生"查询表中所有记录,并输出所有字段的内容。在 SELECT 子句中,＊表示从 FROM 子句指定的表中返回所有字段。

【例 5-22】 SELECT 学号,姓名,性别 FROM 学生

【功能】 从"学生"表中查询所有记录,但只输出学号、姓名、性别 3 个字段的内容。

【例 5-23】 SELECT ＊ FROM 学生 WHERE 性别＝"男"

【功能】 从"学生"表中查询并输出所有男生的记录信息。

【例 5-24】 SELECT 姓名,学号,性别,出生日期 FROM 学生 WHERE YEAR(出生日期)＞＝1999 AND 性别＝"女"

【功能】 查找"学生"表中 1999 年(含)以后出生的女学生,显示姓名、学号、性别、出生日期信息。使用 YEAR() 函数求得年份。

【例 5-25】 SELECT 学号,姓名,性别 FROM 学生 WHERE 姓名 LIKE"马＊"OR MONTH(出生日期)＝10

【功能】 从"学生"表中查询姓马的或者 10 月出生的学生的学号、姓名、性别信息。

【例 5-26】 SELECT ＊ FROM 学生 WHERE 姓名 LIKE "? 阳＊"

【功能】 从"学生"表中查询所有姓名中第 2 个字为"阳"的学生信息。

【例 5-27】 SELECT ＊ FROM 选课 ORDER BY 成绩 DESC

【功能】 从"选课"表中查询并输出所有记录,并按"成绩"字段由高到低排序。最后加上"DESC"指明按降序排序,否则按升序排序(升序也可以加上"ASC",如果什么都不加,则默认为升序)。

【例 5-28】 SELECT 课程号,AVG(成绩) AS 平均成绩 FROM 选课 GROUP BY 课程号 ORDER BY AVG(成绩)DESC

【功能】 从"选课"表中查询每门课程的平均成绩,输出课程号字段和平均成绩,并按平均成绩降序排序。这里使用 AS 修改输出字段的名称。其中 GROUP BY 子句对记录进行分组,从而实现 SELECT 子句中统计函数(如 SUM、COUNT、MIN、MAX、AVG 等)的分类计算。

【例 5-29】 SELECT 学生.学号,姓名,课程号,成绩 FROM 学生 INNER JOIN 选课 ON 学生.学号＝选课.学号

【功能】 查询学生的学号、姓名、课程号、成绩等信息,这里使用到"学生"表和"选课"表,两个表之间的关联通过 INNER JOIN 连接,表示内连接,还有 LEFT JOIN、RIGHT JOIN 表示左外连接和右外连接。

与内连接功能相同的还有一种表示方法:SELECT 学生.学号,姓名,课程号,成绩 FROM 学生,选课 WHERE 学生.学号＝选课.学号

【例 5-30】 SELECT 学生.学号,姓名,课程名,成绩 FROM 学生,选课,课程 WHERE 学生.学号＝选课.学号 and 课程.课程号＝选课.课程号

【功能】 查询学生的学号、姓名、课程名、成绩等信息,这里使用到"学生"表、"选课"表和"课程"表,三个表关联通过 WHERE 子句。

查询1

课程号	学号	成绩
601001001	21601102	90
601001001	21601101	88
602001002	21602302	86
602001002	21602301	76
601001002	21601202	68
601001002	21601201	65
601001002	21601101	60
601001002	21601102	56

图 5-56　SQL 查询结果

2. Access 的 SELECT 查询操作

在 Access 中，调试运行例 5-27 的步骤如下。

①打开数据库，进入 SQL 视图。

②输入 SQL 语句，此时输入例 5-27 的 SQL 语句：

SELECT * FROM 选课 ORDER BY 成绩 DESC

③选择“运行”，即可得到查询结果，如图 5-56 所示，从中可以看出，结果是按“成绩”分数由高到低排序的。

其他例子请读者自行实验。

5.8　VBA 程序设计初步

5.8.1　什么是 VBA

VBA(Visual Basic for Applications)是广泛流行的可视化应用程序开发语言 VB (Visual Basic)的子集。学过 VB 语言的读者会发现 VBA 语言的语法和特色与 VB 语言基本类似。反过来，当有 VBA 语言基础的读者阅读 VB 程序代码也会感觉似曾相识，学习起来也会变得相当容易。

VBA 语法简单但功能强大，支持基于面向对象(OOP)的程序设计，非常适合初学者使用。需要注意的是，VB 语言开发系统是独立运行的开发环境，它创建的应用程序可以独立运行在 Windows 平台上；而 VBA 则不同，其编程环境和 VBA 程序都必须依赖 Office 应用程序(如 Access、Word、Excel 等)。

Access 宏实质上就是 VBA 程序，宏的操作实际上就是用 VBA 代码实现的。宏的用法简单，上手容易，比较适合没有编程基础的用户开发普通应用程序。宏的不足是功能较弱、运行效率较差。Access 内嵌的 VBA 功能强大，VBA 具有较完善的语法体系和强大的开发功能，采用目前主流的面向对象机制和可视化编程环境，适用于开发高级 Access 数据库应用系统。

5.8.2　VBA 基本知识

VBA 程序是由过程组成的，一个程序过程包含变量、运算符、函数、对象和控制语句等许多基本要素。

本节首先简单介绍 VBA 编程环境,然后介绍数据类型、变量等要素。

1. VBA 开发环境

VBA 的编程环境 Visual Basic Editor(简称 VBE)是一个集编程和调试等功能于一体的编程环境。所有的 Office 应用程序都支持 VBE。

在 Access 中提供以下几种常用的启动 VBE 的方法:

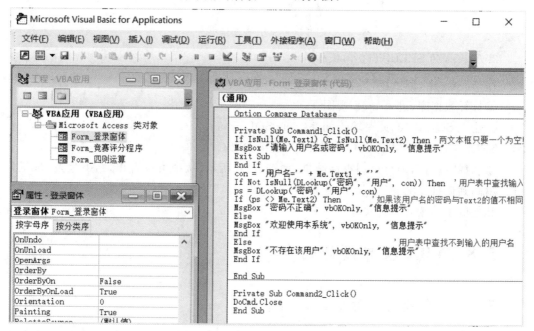

图 5-57　VBE 窗口

①在数据库操作界面中,按 Alt＋F11 组合键。该方法还用于数据库操作界面与 VBE 窗口的切换。

②选择菜单"数据库工具"|"宏"组中的"Visual Basic"按钮。

③选择菜单"创建"|"宏与代码"组中的"模块"按钮。

如图 5-57 所示是一个打开的 VBE 窗口,该窗口一般由一些常用的工具栏和多个子窗口组成,包括 VBE 代码窗口、工程资源器窗口和属性窗口等。

2. 数据类型

VBA 提供了多种数据类型,包括 Byte(字节类型)、Integer(整数型)、Long(长整型)、Single(单精度浮点型)、Double(双精度浮点型)、Decimal(小数型)、String(字符串型)、Boolean(布尔类型)、Currency(货币型)、Date(日期时间型)、Object(对象)、Variant(变体型)、Type(用户自定义型)等。

3. 变量

变量是被命名的内存区域,用以临时保存程序运行过程中需要的数据。在程序运行过程中,变量存储的数据可以发生变化。

一般地,使用变量前应先进行定义,VBA 中定义变量的格式为:

Dim <变量名>[As <数据类型>][,…]

格式中 Dim 是一个 VBA 命令,此处用于定义变量;As 是关键字,此处用于指定变量的数据类型。例如:Dim bAge as Byte。

4. 模块

模块是 VBA 代码组织形式,在 Access 中模块可分为两类:类模块和标准模块。窗体和报表模块都是类模块,而且它们各自与对应的窗体或报表相关联。窗体或报表模块通常都含有事件过程,当它们创建第一个事件过程时,Access 将自动创建与窗体或报表对象相关联的类模块。与类模块不同,标准模块不与任何对象相关联。

5.8.3　面向对象的程序设计

Access 中的 VBA 除了支持过程编程之外,还支持面向对象的程序设计。在数据库编程中,对象无处不在,如窗体、报表、宏和控件等对象。VBA 中的应用程序是由很多对象组成的,如窗体、标签、命令按钮等。

1. 对象

Access 采用了面向对象程序开发环境,在数据库操作界面导航窗口中可以很方便地访问和管理数据表、查询、窗体、报表、宏和模块对象。对象是面向对象程序设计的基本单元,是一种将数据和操作过程结合在一起的数据结构,每个对象都有自己的属性、方法和事件。Access 中的对象可以是单一对象,也可以是对象的集合。

通过这些对象的方法和属性就可以完成对数据库全部的操作,包括数据库的建立、表的建立与删除、记录的查询及修改等,都能在 VBA 代码中进行。

2. 对象的属性

属性是指对象的特征,它定义了对象的大小、位置、颜色、标题和名称等。每个对象都有许多属性,属性就是用来描述和反映对象特征的参数,例如,一个文本框的名称、颜色、字体、是否可见等属性,决定了该控件展现给用户的外观及功能。

可以通过修改对象的属性值来修改对象的特征。在设计视图中,可以通过属性窗口直接设置对象的属性。而在程序代码中,则通过赋值的方式来设置对象的属性,其格式为:对象.属性=属性值

例如,将一个标签(Label1)的 Caption 属性赋值为字符串"学生成绩表",其在程序代码中的书写形式为:Label1.Caption="学生成绩表"

3. 对象的事件

事件就是 Access 窗体或报表及其控件等对象可以识别的动作。对于对象而言,事件就是发生在该对象上的事情或消息。系统为每个对象预先定义好了一系列的事件,例如Click(单击)、DblClick(双击)等。

在 Access 中，有两种处理事件的响应：一种是使用宏对象来设置事件属性；一种是为某个对象编写 VBA 代码来完成指定动作，这样的代码过程称为事件过程或事件响应代码。当在对象上发生了事件后，应用程序就要处理这个事件，而处理的步骤就是事件过程。它是针对某一对象的过程，并与该对象的一个事件相联系。

VBA 的主要工作就是为对象编写事件过程中的程序代码。例如，单击 Command1 命令按钮，使 Text1 中的字体大小改为 14 磅，对应的事件过程为：

Private Sub Command1_Click()
　　Text1.FontSize＝14
End Sub

当用户对一个对象发出一个动作时，可能同时在该对象上发生了多个事件，例如，单击一下鼠标，同时发生了 Click、MouseDown 和 MouseUp 事件。编写程序时，并不要求对这些事件都进行编写代码，只需对感兴趣的事件过程编码，没有编码的为空事件过程，系统也就不处理该事件过程。

4. 对象的方法

方法是指对象可以执行的行为，通过这个行为能实现相应的功能或改变对象的属性。对象属性描述了对象，而对象方法指明了用这个对象可以进行的操作。事实上，方法是一些系统封装起来的通用过程和函数，以方便用户的调用。

对象的方法的调用格式为：

对象.方法［参数名表］

例如，使用 Debug 对象的 Print 方法，在立即窗口中打印一个数据的形式为：Debug.Print 1＋2

5.8.4　程序设计的一般方法

程序设计的目的就是将人的意图用计算机能够识别并执行的一连串语句表现出来，并命令计算机执行这些语句。编写程序一般是在设计窗体（或报表、数据访问页）之后，即编写窗体或窗体上某个控件的某个事件的事件过程。面向程序设计的一般步骤如下。

①创建用户界面。创建 VBA 程序的第一步是创建用户界面，用户界面的基础是窗体以及窗体上控件设计及其属性的设置。

②选择事件并打开 VBE，输入 VBA 代码。

③运行调试程序，保存窗体。

接下来，列出两个 VBA 典型案例，具体实现操作方法请参考配套的实践教程。

1. 典型案例一——使用 VBA 判断简单四则运算

通过用户界面设置和编写 VBA 程序代码，实现如图 5-58 所示的四则运算窗体。运行窗体时，如果在"数值1"、"数值2"和"数值3"文本框中分别输入 11、5、55，在符号组合框中选择"＊"，单击"判断"按钮，此时弹出"判断结果"对话框，提示："恭喜你，答对了！"。如果计算有误，则提示："您做错了！"。

图 5-58　简单四则运算举例

2.典型案例二——创建登录窗体

通过用户界面设置和编写 VBA 程序代码,实现如图 5-59 所示的登录窗体。运行窗体时,如果在"用户名"和"密码"文本框中分别输入用户表中的用户名和对应的密码,单击"确定"按钮,此时弹出"信息提示"对话框,提示:"欢迎使用本系统"。如果没输入或输入有误,则提示:"请输入用户名或密码"、"不存在用户"或者"密码不正确"等信息。

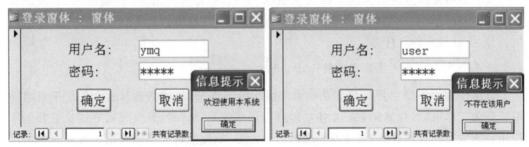

图 5-59　登录窗体举例

5.9　数据库应用系统开发

数据库应用系统开发是使用 Access 数据库管理系统软件的最终目的。

5.9.1　应用系统开发的一般过程

通常,数据库应用系统开发要经过系统分析、系统设计、系统实施和系统维护几个不同的阶段。

1.系统分析阶段

在数据库应用系统开发的分析阶段,要在信息收集的基础上确定系统开发的可行性思路。也就是要求程序设计者通过对将要开发的数据库应用系统相关信息的收集,确定总需求目标、开发的总体思路及开发所需的时间等。

2.系统设计阶段

数据库应用系统开发设计的首要任务,就是对数据库应用系统在全局性基础上进行全面的总体规划。总体规划任务的具体化,就是要确立该数据库系统的逻辑模型的总体设计方案,具体确立数据库应用系统所具有的功能,指明各个系统功能模块所承担的任务,特别是要指明数据的输入、输出要求等。

3.系统实施阶段

在数据库应用系统开发的实施阶段,主要任务是按照系统功能模块的设计方案,具体实施系统的逐级控制和各独立模块的建立,从而形成一个完整的应用开发系统。在建立系统的过程中,要按系统论的思想,把数据库应用系统视为一个大的系统,再将这个大系统分成若干相对独立的小系统,保证高级控制程序能够控制各个功能模块。

4.系统维护阶段

在数据库应用系统维护阶段,要修正数据库应用系统的缺陷,增加新的性能,而测试数据库应用系统的性能尤为关键。

5.9.2 应用系统主要功能模块的设计

一般的数据库应用系统的主控模块包括:系统主页、系统登录、控制面板、系统主菜单;主要功能模块包括数据库的设计,数据输入窗体、数据维护窗体、数据浏览、查询窗体的设计,统计报表的设计等。

1.系统主页及系统登录的规划设计

数据库应用系统主页是整个系统最高级别的工作窗口,通常通过这个工作窗口启动系统登录工作窗口,并简介系统总体功能或提供系统的设计者、开发时间等信息。数据库应用系统主页的规划设计,要考虑界面的美观大方、通过主页界面吸引用户对系统的关注以及引导用户方便地进入系统。

2.系统菜单的规划设计

在 Access 中,数据库应用系统菜单是通过宏命令集合而成的,通过系统菜单选项中的宏命令调度系统的每一个工作窗口,使用户有选择地完成和实现系统的各种操作功能。

3.控制面板的规划设计

在 Access 中,控制面板是一个具有专门功能的窗体,它可以调用主菜单,并提供实现系统功能的方法。

4.系统数据库的规划设计

数据库应用系统的数据库作为系统的一个主要功能模块,是系统的数据源,也是整个系统运行过程中全部数据的来源。

在进行数据库应用系统开发时,一定要先规划设计好数据库以及数据库中诸多数据表、数据表间的关联关系、数据表的结构,然后再设计由表生成的查询。

判定一个数据库应用系统的好坏,数据库的设计是关键之一。

数据库的规划设计是系统设计中非常重要的一步,它将影响着整个系统的设计过程。

5.系统数据窗体的设计

规划设计数据库应用系统数据窗体,主要应设计好以下几种类型窗体:数据输入窗体、数据维护窗体、数据查询窗体。

6.系统统计报表的规划设计

数据库应用系统的报表,是数据库中数据输出的工作窗口,也是通过打印机打印输出的格式文件。对数据报表的规划设计主要是提出对报表的布局、页面大小、附加标题、各种说明信息的设计思路和方案,并使其在实用、美观的基础上,还能够完成对数据源中数据的统计分析计算,然后按指定格式打印输出。

5.9.3　数据库设计步骤

利用 Access 开发数据库系统,数据库设计步骤如下。

1.需求分析

确定建立数据库的目的,这有助于确定数据库保存哪些信息。

2.确定需要的表

可以着手将需求信息划分为各个独立的实体,例如教师、学生、课程、成绩等。每个实体都可以设计为数据库中的一个表。

3.确定所需字段

确定在每个表中要保存哪些字段,通过这些字段的显示或计算应能够得到所有需求信息。

4.确定联系

对每个表进行分析,确定一个表中的数据和其他表中的数据有何联系。必要时,可在表中加入一个字段或创建一个新表来明确联系。

5.设计求精

对设计进一步分析,查找其中的错误。可以通过创建表,在表中加入几个示例数据记录,来考察能否可从表中得到想要的结果,需要时可以调整设计。毕竟在初始设计时,难免会发生错误或遗漏数据。这只是一个初步方案,在开发应用系统以前,应确保设计方案考虑得比较合理。

5.10　习　题

一、选择题

1.Access 关系数据库管理系统能够实现的 3 种基本关系运算是(　　　)。

A.索引、排序、查找 　　　　　　　　B.建库、录入、排序

C.选择、投影、联接 　　　　　　　　D.显示、统计、复制

2. 数据库 DB、数据库系统 DBS 和数据库管理系统 DBMS 的关系是( )。

A. DBMS 包括 DB 和 DBS   B. DBS 包括 DB 和 DBMS

C. DB 包括 DBS 和 DBMS   D. DB、DBS 和 DBMS 是平等关系

3. 下列( )不是 Access 2019 数据库的对象。

A. 查询   B. 表   C. 窗体   D. 单元格

4. 表结构定义中最基本的要素不包括( )。

A. 字段大小   B. 字段名   C. 字段引用   D. 字段类型

5. Access 数据库是( )。

A. 层状数据库   B. 网状数据库   C. 关系型数据库   D. 树状数据库

6. 在 Access 数据库中用于记录基本数据的是( )。

A. 表   B. 查询   C. 窗体   D. 宏

7. 在 Access 数据库中用界面形式操作数据的是( )。

A. 表   B. 查询   C. 窗体   D. 宏

8. 如果在创建表中建立字段"个人简历",其数据类型应当是( )。

A. 短文本   B. 数字   C. 日期   D. 长文本

9. 在 Access 数据库中,将"名单"表中的"姓名"与"工资标准"表中的"姓名"建立关系,且两个表中的记录都是唯一的,则这两个表之间的关系是( )。

A. 一对一   B. 一对多   C. 多对一   D. 多对多

10. 假设数据库中表 A 与表 B 建立了"一对多"关系,表 B 为"多"方,则下述说法正确的是( )。

A. 表 A 中的一个记录能与表 B 中的多个记录匹配

B. 表 B 中的一个记录能与表 A 中的多个记录匹配

C. 表 A 中的一个字段能与表 B 中的多个字段匹配

D. 表 B 中的一个字段能与表 A 中的多个字段匹配

11. SQL 语言通常称为( )。

A. 结构化查询语言   B. 结构化控制语言

C. 结构化定义语言   D. 结构化操纵语言

12. SQL 语言可以对多数数据库产品进行的操作不包括( )。

A. 数据定义   B. 数据操纵   C. 数据转换   D. 数据查询

13. ( )字段类型是 Microsoft Access 所不支持的。

A. OLE 对象   B. 超链接   C. 逻辑   D. 是/否

14. 可以导入 Microsoft Access 的文件不包括( )。

A. 图片文件   B. HTML 文档   C. 文本文件   D. Excel 工作簿

15. Access 数据表中的行称为( ),能够存放( )种类型的数据。

A. 记录,一种   B. 记录,多种   C. 字段,一种   D. 字段,多种

16. 在 Microsoft Access 表中数据不可以导出到( )。

A. HTML 文档   B. PowerPoint 文档   C. 文本文件   D. Excel 工作簿

17. 如果在创建表中建立字段"照片",其数据类型可以是(　　)。

A. 文本　　　　　　B. 数字　　　　　　C. 备注　　　　　　D. 附件

18. 在已经建立的"工资库"中,要在表中直接显示出想要看的记录,即凡是姓"李"的记录,可用(　　)的方法。

A. 排序　　　　　　B. 筛选　　　　　　C. 隐藏　　　　　　D. 冻结

19. 已知"成绩"表(学号 text(3),课程号 text(5),成绩 text(2)),使用 SQL 语言的 ALTER TABLE 命令将成绩字段修改成数字类型,并且可以显示小数(　　)。

A. ALTER TABLE 成绩 ALTER 成绩 double

B. ALTER TABLE 成绩 ALTER 成绩 byte

C. ALTER TABLE 成绩 MODIFY 成绩 text

D. ALTER TABLE 成绩 MODIFY 成绩 integer

20. SQL 语言条件语句中"WHERE 性别＝"女" and 工资额＞5000"的意思是(　　)。

A. 性别为"女"并且工资额大于 5000 的记录

B. 性别为"女"或者工资额大于 5000 的记录

C. 性别为"女"并非工资额大于 5000 的记录

D. 性别为"女"或者工资额大于 5000,且二者择一的记录

21. 如果在创建表中建立字段"出生日期",其数据类型应当是(　　)。

A. 文本　　　　　　B. 数字　　　　　　C. 日期　　　　　　D. 备注

22. 在 Access 2019 中,表和数据库的关系是(　　)。

A. 一个数据库可以包含多个表　　　　B. 一个表只能包含两个数据库

C. 一个表可以包含多个数据库　　　　D. 一个数据库只能包含一个表

23. "A Or B"准则表达式表示的意思是(　　)。

A. 表示必须同时满足 Or 两端的准则 A 和 B,才能进入查询结果集

B. 表示只需满足由 Or 两端的准则 A 和 B 中的一个,即可进入查询结果集

C. 表示数据介于 A、B 之间的记录才能进入查询结果集

D. 表示当满足由 Or 两端的准则 A 和 B 不相等时即进入查询结果集

24. 用 SQL 语句查询"在教师表中查找男教师的全部信息",以下描述正确的是(　　)。

A. SELECT FROM 教师表 IF 性别＝'男'

B. SELECT 性别 FROM 教师表 IF 性别＝'男'

C. SELECT ＊ FROM 教师表 WHERE 性别＝'男'

D. SELECT ＊ FROM 性别 WHERE 性别＝'男'

25. Access 数据库的设计一般由 5 个步骤组成,以下步骤的排序正确的是(　　)。

①确定数据库中的表　②确定表中的字段　③确定主关键字

④分析建立数据库的目的　⑤确定表之间的关系

A. ④①②⑤③　　　B. ④①②③⑤　　　C. ③④①②⑤　　　D. ③⑤①④②

26. 检索价格在 30 万元～60 万元之间的产品,可以设置条件为(　　)。

A. >=30 Not <=60　　　　　　　　B. >=30 Or <=60

C. >=30 And <=60　　　　　　　　D. >=30 Like <=60

27. 下列对主关键字段的叙述,错误的是(　　)。

A. 数据库中的每个表都必须有一个主关键字段

B. 主关键字段值是唯一的

C. 主关键字可以是一个字段,也可以是一组字段

D. 主关键字段中不许有重复值和空值

28. 已知"学生"表(学号 text(3),姓名 text(8),性别 text(1),年龄 integer),使用 SQL 语言的 INSERT INTO 命令给学生表增加一条记录(学号:001,姓名:张三,性别:男,年龄:20)(　　)。

A. insert into 学生 values ("001","张三","男","20")

B. insert into 学生(学号,姓名,性别,年龄) ("001","张三","男",20)

C. insert into 学生(学号,姓名,性别,年龄)values("001","张三","男",20)

D. insert into 学生(学号 text(3),姓名 text(8),性别 C(1),年龄 integer) values ("001","张三","男","20")

29. 设有"订单"表 (其中包括字段:订单号 text(5),客户号 text(3),职员号 text(3),签订日期 date,金额 float),查询 2021 年所签订单的信息,并按金额降序排序,正确的 SQL 命令是(　　)。

A. SELECT ＊ FROM 订单 WHERE YEAR(签订日期)＝2021 ORDER BY 金额 ASC

B. SELECT ＊ FROM 订单 YEAR(签订日期)＝2021 ORDER BY 金额

C. SELECT ＊ FROM 订单 WHERE YEAR(签订日期)＝2021 ORDER BY 金额 DESC

D. SELECT ＊ FROM 订单 WHERE 签订日期＝2021 ORDER BY 金额 DESC

30. 设某 ACCESS 数据库中有学生成绩表(学号,课程号,成绩),用 SQL 语言检索每门课程的课程号及平均成绩的命令是(　　)。

A. SELECT 课程号,AVG(成绩) AS 平均成绩 FROM 学生成绩 GROUP BY 学号

B. SELECT 课程号,AVG(成绩) AS 平均成绩 FROM 学生成绩 ORDER BY 课程号

C. SELECT 课程号,平均成绩 FROM 学生成绩 GROUP BY 课程号

D. SELECT 课程号,AVG(成绩) AS 平均成绩 FROM 学生成绩 GROUP BY 课程号

二、判断题

1. 一个 Access 2019 数据库是由若干个表构成的,不包含其他对象。　　　　(　　)

2. 数据库系统的特点就是消除了数据冗余和实现数据共享。　　　　　　　(　　)

3. 用数据库系统管理数据比用文件系统管理数据效率更高。　　　　　　　(　　)

4. 数据模型可分为层次模型、网状模型和关系模型。　　　　　　　　　　(　　)

5. 数据库包含数据库系统和数据库管理系统。　　　　　　　　　　　　　(　　)

6.投影运算就是从关系中查找符合指定条件元组的操作。　　　　　　（　　）

7.SQL 语句只能够进行数据查询,不能实现 DBMS 的其他操作。　　（　　）

8.数据库系统的核心是数据库管理系统。　　　　　　　　　　　　（　　）

9.Access 2019 的报表对象是操作数据库最主要的人机界面。　　　（　　）

10.一个关系的主关键字是唯一的。　　　　　　　　　　　　　　　（　　）

三、简答题

1.什么是查询? 查询与表是什么关系?

2.什么是 SQL? SQL 语言可以对数据库做哪些操作?

3.什么是表、记录、字段? 它们之间的关系是什么?

4.Access 数据库包含哪些对象? 其作用分别是什么?

5.简述数据库和数据库管理系统及其区别。

6.如何从外部文件向 Access 中导入数据?

7.如何将 Access 数据导出到外部文件中? Access 数据表能转化成哪些格式的文件?

8.窗体中有哪些常用的控件?

四、操作题

创建一个"学生管理"数据库。

1.使用表设计器建立"学生成绩"表(学号、英语、语文、数学、物理、化学),其中学号是文本型、主键,字段大小自己设置,其他是数字型。然后输入 3 条记录,学号的前两位为年级,如"210001"。

2.使用 SQL 语句:创建"学生档案"表(学号、姓名、性别、出生日期、籍贯),其中学号、姓名、性别、籍贯为文本型,字段大小自己设置,出生日期为"日期/时间"型,并设置学号为主键;插入 3 条记录,学号与"学生成绩"表一致。

3.建立"学生成绩"表与"学生档案"表的表间联系,并符合参照完整性约束。

4.在"学生成绩"表中筛选出英语分数大于 90 分的同学记录。

5.分别使用查询设计器和 Select 语句来查询男女同学的语文平均分。

6.使用 SQL 语句:查询英语分数不及格的人数。

第6章 程序设计与计算思维

计算机程序是人与计算机交互的桥梁。为了告诉计算机应该做什么以及如何做，必须把解决问题的方法和步骤（算法）以计算机可以运行的指令表示出来，即编制计算机程序。本章介绍了算法及算法的表示，计算思维的定义、内涵及特征，并以 Python 程序设计为例，介绍了程序设计的基本概念，包括运算符、变量、数据类型、表达式、程序控制语句以及函数等。

6.1 算法与计算思维

6.1.1 算法的定义

在编写解决特定问题的程序之前，充分了解问题并仔细地规划及解决问题的方案是非常重要的。所以，在编写程序之前，要认真分析问题，并确定合适的算法。

任何问题的解决都是通过按指定的顺序执行一系列动作而实现的。把为解决一个问题而采取的方法和步骤称为"算法"。例如，出门旅游，你制定的行走路线就是一个算法，它确定了你到达各个旅游点的先后顺序，按照这样的路线，你会到达目的地。一首歌曲的乐谱也可以看成是一个算法，它规定了演奏这首歌曲的顺序。正确的算法要求组成算法的规则和步骤的意义应是唯一确定的，也就是没有二义性，由这些规则指定的操作是有序的，必须按照算法指定的操作顺序执行，能在执行有限步骤后给出确定的结果。要解决一个问题，正确地制定算法是非常重要的。一个算法具有五个特征：

（1）有穷性。算法必须在执行有限步后终止。有穷性的限制还要求这些步骤的执行时间是人们可以接受的。如一个算法需要运行数百年，尽管执行的步骤和时间都是有限的，但是无法让人接受的。

（2）确定性。算法中的每个步骤都必须有清晰的、无歧义的定义。也就是说，对同一个算法，给定同一个输入，算法无论执行多少次，其输出结果都是相同的。

（3）有 0 个或者多个输入。输入是指算法通过外界所获得的信息，可以是数值或者操作，如输入某个数据或者双击鼠标。当然算法也可以没有输入。

（4）有一个或多个输出。算法的输出是算法对输入数据进行加工处理后得到的结果，通常有一个或多个输出，相同输入的输出结果也相同。没有输出的算法是毫无意义的。

（5）有效性。算法中执行的任何步骤都是可以被分解为基本的可执行的操作步骤，而每个计算步骤都要求在有效时间内完成。

6.1.2　算法的表示方法

在了解算法的具体表示方法前,应先掌握程序的三种基本控制结构。

计算机科学家 Bohm 和 Jacopini 研究证实,所有的程序都能够只用三种控制结构编写,即顺序结构、选择结构和循环结构。

(1)顺序结构:顺序结构是一种线性、有序的程序语句结构,计算机依次执行程序中的各语句或各语句块。计算机程序能有序地实现各种功能就是由程序的这种顺序结构决定。

(2)选择结构:也称分支结构。计算机根据输入的数据或中间结果的情况,选择一组语句执行,即在不同的情况下,选择不同的语句组执行。计算机程序能智能化地实现各种功能就是由程序的这种选择结构决定的。

(3)循环结构:又称重复结构,即当给定条件满足时,反复执行某一部分语句或者语句块。计算机程序能快速自动地实现大量的计算或处理任务就是由循环结构的语句实现的。

从总体上来看,一个计算机程序是由顺序结构语句或语句块组成,但其中往往会嵌入选择或者循环结构的语句或语句块,而选择分支的复合语句中或者循环体中又往往是由顺序结构的语句组成,所以一个功能丰富的程序往往由这三种基本的程序控制结构有机融合在一起构成的。

1.自然语言与伪代码表示方法

(1)自然语言表示法

自然语言就是人们日常使用的语言,如汉语、英语等。用自然语言描述算法就是将解决问题的步骤用自然语言表示。

【例 6-1】　判断学生的成绩是否合格。

下面是用自然语言来描述判断学生成绩是否合格的算法:

步骤 1:定义变量。

步骤 2:提示用户输入。

步骤 3:输入学生成绩。

步骤 4:根据学生成绩进行判断,若成绩>=60,则输出合格,否则输出不合格

(2)伪代码表示法

伪代码是用来描述算法的智能化信息语言,伪代码与日常英语类似,采用了高级程序设计语言的控制结构。伪代码也是不能被计算机执行,但可以很容易地转化为高级语言程序。伪代码描述的算法只包含执行语句,即转换为高级语言程序后能执行的语句。

【例 6-2】　用伪代码表示例 6-1 的算法。

例 6-1 判断学生的成绩是否合格的算法用伪代码描述为:

```
begin
    int score.
    input score.
    if score is bigger than or equal to 60.
```

```
        output pass.
    else output failure.
end
```

2. 传统的流程图表示方法

流程图是算法的一种图形化的表示。流程图是使用称为"流线"的箭头将具有专门含义的表示各种操作的图形符号连接而成的。美国国家标准化协会 ANSI 规定的流程图常用的图形符号如表 6-1 所示：

表 6-1　流程图常用的图形符号

名称	图形符号	表示功能
起止框架		表示算法的开始或结束。
处理框		表示除判断、输入与输出外的其他所有操作。
判断框		根据给定的条件判断成立与否,来决定如何执行后面的操作
输入/输出框架		表示输入或输出操作。
流程线		表示执行的顺序。
连接点		表示两个点是连接在一起的,实际上是同一个点。

用流程图表示的程序的三种基本控制结构为：

(1)顺序结构。如图 6-1 所示。先执行 A 操作,接着执行 B 操作。

(2)选择结构。选择结构有双分支选择结构与单分支选择结构。双分支选择结构的流程图如图 6-2 所示,根据判断给定的条件是否成立而选择执行 A 或者 B,在执行完 A 或 B 之后,都经过 b 点,完成选择结构的操作。单分支选择结构的流程图如图 6-3 所示,条件成立时执行 A,而条件不成立时 B 框可以为空,即不执行任何操作。

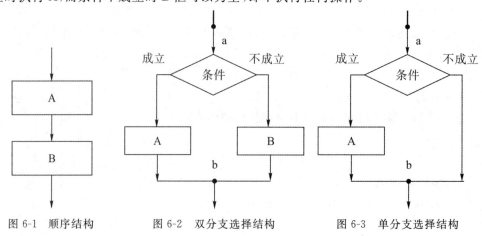

图 6-1　顺序结构　　　　图 6-2　双分支选择结构　　　　图 6-3　单分支选择结构

(3)循环结构。又称重复结构,即反复执行某一部分的操作。循环结构根据逻辑判断出现的位置可分为 while 型(也称为当型)和 until 型(也称为直到型)两类循环。如图 6-4 所示的是 while 型循环,先判断再循环,判断是重复的起点。如图 6-5 所示的是 until 型循环,先执行操作,再判断要不要再重复一次,判断是重复的终点。

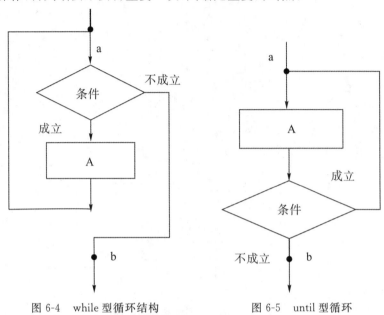

图 6-4 while 型循环结构   图 6-5 until 型循环

【例 6-3】 用流程图表示例 6-1 中判断学生成绩是否合格的算法。

如图 6-6 所示,用流程图来表示判断学生成绩是否合格的算法。

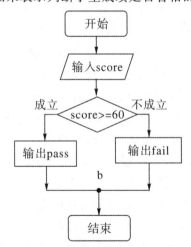

图 6-6 判断成绩合格的流程

【例 6-4】 设计求 10 个整数和的算法,10 个整数由键盘输入。

分析:这是一个连续的求和运算,可以把这样的运算看成是重复加法,只是每次加数和被加数有所不同,而且每次的加法都是直接使用上一次加法的运算结果。所以可以设三个变量:一个变量代表和数,一个变量代表加数,一个变量代表计数器。每次做加法时,新的加数从键盘上输入,并把加数加到和数上,同时计数器也增加 1。具体算法如图 6-7 所示。

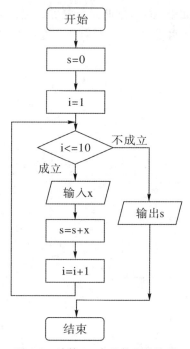

图 6-7　计算 10 个整数和的流程

6.1.3　计算思维

1. 计算思维的定义与内涵

2006 年,卡内基梅隆大学周以真教授在《美国计算机学会通讯》上发表的《计算思维》一文对计算思维作出定义:计算思维是运用计算机科学的基础概念进行问题求解、系统设计以及人类行为理解等涵盖计算机科学之广度的一系列思维活动。计算思维的本质是抽象和自动化、形式化、程序化和机械化,在问题求解、系统设计和人类行为理解方法具有重要作用。计算思维吸取了问题解决所采用的数学思维方法,以及现实世界中巨大复杂系统的设计与评估的一般工程思维方法,还有复杂性、智能、心理、人类行为理解等的一般科学思维方法。

计算科学的核心概念可以分为计算、抽象、通信、协作、记忆、自动化、评估与设计。所以,针对上述定义,对计算思维的理解包括三要点:求解问题中的计算思维、设计系统中的计算思维及理解人类行为中的计算思维,下面并分别予以阐述。

(1)求解问题中的计算思维:利用计算手段求解问题的过程是首先把实验的应用问题转换成数学问题,然后建立模型、设计算法并编程实现,最后在实际的计算机上运行求解。在这个求解问题的过程中,前一步是计算思维的抽象,后两步是计算思维中的自动化。

(2)设计系统中的计算思维:在任何自然系统与社会系统都可视为一个动态演化系统,而演化系统伴随着物质、能量和信息的交换,这些交换可以映射为符号变换。当动态演化系统抽象为离散符号系统后,就可以采用形式化的规范描述,建立模型、设计算法和开发软件来揭示演化的规律,实时控制系统的演化并自动执行。

(3)理解人类行为中的计算思维:理解人类行为中的计算思维是利用计算手段来研究人类的行为,通过设计、实施和评估与环境之间的交互,来研究人类之间的交互方式、社会群体的形态及演化规律等问题。利用计算手段来研究人类的行为,可以视为社会计算,即通过各种信息技术手段,设计、实施和评估人与环境之间的交互。

计算思维涵盖了计算机科学的各个核心思想,并融合了计算技术与各学科理论,其核心则是三大思维,即"0"和"1"的思维,"程序"的思维和"递归"的思维。

(1)"0"和"1"思维:0 和 1 是实现任何计算的基础,是社会与自然和计算融合的基本手段。现实生活中的声音、图像、视频等信息都是用"0"和"1"在计算机中存储与处理的。0 和 1 是连接硬件与软件的纽带,也是最基础的抽象与自动化的机制。

(2)"程序"思维:一个复杂的系统是由若干个容易实现的基本动作所组成。因此实现一个系统仅需实现一个控制这些基本动作的组合和执行次序的模块。对基本动作的控制模块就是指令,而指令的各种组合及其执行次序就是程序。控制系统可以按照"程序"完成"基本动作",从而实现其复杂的功能。而指令与程序就是一种重要的计算思维。

(3)"递归"思维:递归是用有限步骤实现无限与重复的功能,通过自身调用自身、高阶调用低阶的算法构造程序,因此递归思想是把一个复杂、庞大的计算过程转换为简单过程的多次重复。

综上所述,我们要了解计算思维的内涵,首先要了解计算思维的三个要点:即问题求解、系统设计以及人类行为理解;其次要了解计算思维是建立在由计算机科学 8 个核心概念构成的表达体系之上的;最后要了解计算思维涵盖了计算机科学的三大核心思想,即"0"和"1"思维、"程序"思维、"递归思维"(如图 6-8 所示)。

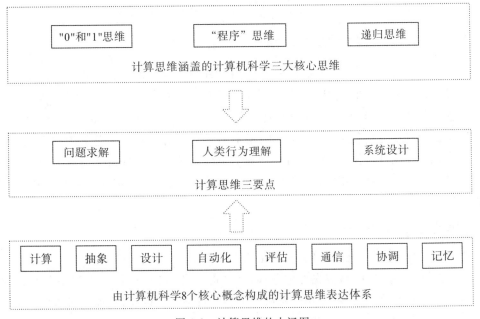

图 6-8　计算思维的内涵图

2.计算思维的特征

(1)计算思维虽然具有计算机科学的许多特征,但是其本身并不是计算机科学的专属。即使没有计算机,计算思维也会逐步发展。但正是由于计算机的出现,给计算思维的研究与发展带来了根本性的变化,使得计算思维的概念、结构、格式等变得越来越明确,相关内容也得到不断地丰富和发展。计算机的出现丰富了人类改造世界的手段,同时也强化了原本存在于人类思维中的计算思维的意义和作用。

(2)计算思维是一种概念化思维,不是数学性的思维,也不是程序化思维,而是将数学思维、工程思维、系统思维、哲学思维等融合为一体的跨学科的创新思维的方式。通俗地来讲,计算思维是像计算机科学家一样解决问题的思维方式,从发现问题到解决问题的过程中,计算机科学家采用的方案中就涵含着计算思维。

(3)计算思维不是计算机的思维,是人的思维。计算思维是人类求解问题的方法和途径,但绝非是人类像计算机那样去思考。计算机枯燥且沉闷,人类聪颖且富有想象力。但是计算机能赋予人类强大的计算能力,人类利用这种计算机的优势可以解决各种需要大量计算的问题。

(4)计算思维不但是计算机科学家的思维,更是面向所有人的思维,如同所有人都具备“读、写、算”的能力,计算思维是每个人应该具备的思维能力。因而,计算思维不仅仅是计算机专业的学生要掌握的能力,也是所有受教育者应该掌握的能力。学生学好计算思维就能更好地理解信息社会和适应信息社会,正如学好自然科学能更好理解大自然。从这个意义来讲,计算思维教育是一种通识教育。

6.2 程序设计基础（以 Python 为例）

6.2.1 程序设计基本方法

程序设计是寻求解决问题的办法,并利用某种程序设计语言将其实现的步骤编写成计算机可以执行的程序的过程。程序设计的过程包括分析、设计、编码、测试、排错等不同阶段。程序设计的一般步骤为:分析问题—设计算法—编写程序—分析结果—编写文档。

程序设计基本方法包括面向过程的结构化程序设计方法和面向对象的程序设计方法等。结构化程序设计遵循以模块功能和处理过程设计为主的详细设计的基本原则。结构化程序设计的基本思维采用“自顶向下、逐步求精”的程序设计方法和“单入口单出口”的控制结构。

1.结构化程序设计方法

通常使用自顶向下、逐步细化、模块化的设计模型。

自顶向下:程序设计时,应先考虑总体,后考虑细节;先考虑全局目标,后考虑局部目标。不要一开始就追求众多的细节,先从最上层总目标开始设计,逐步使问题具体化。

逐步细化:对复杂问题,应设计一些子目标作为过渡,逐步细化。

模块化:一个复杂问题,肯定是由若干简单的问题构成。模块化是把程序要解决的总目标分解为子目标,再进一步分解为具体的小目标,把每一个小目标称为一个模块。

2."单入口单出口"的控制结构

结构化程序设计主要包括三种基本控制结构:顺序结构、分支结构、循环结构。这三种基本结构都具有唯一入口和唯一出口的特点,并且程序不会出现死循环。

面向对象的程序设计是从 20 世纪 90 年代开始流行的一种编程方法,强调对象的"抽象""封装""继承"和"多态"。面向对象的程序设计方法的基本思维是将任何事物都当作对象,是其所属对象类的一个实例。

Python 语言即采用了结构化程序设计方法,也采用了面向对象的程序设计方法的思想。本节接下来的部分将介绍 Python 语言。

6.2.2 Python 语言概述

1. Python 语言简介

Python 语言由荷兰国家数学和计算机科学研究所的 Guido van Rossum 于 20 世纪 90 年代初设计的,这里的 Python 读成['paɪθən]。Python 是一种解释型、面向对象的编程语言,它具有简洁、易学、易用、可移植性、可扩展性、可嵌入性等特性。Python 语言应用广泛,可用于常规软件开发、自动化运维、云计算、WEB 开发,网络爬虫、科学计算、数据分析、人工智能等。Python 语言的很多功能都是基于工具包实现的,工具包相当于打好包的工具,可以提供给使用者直接使用。常用的工具包如表 6-2 所示。

表 6-2 **Python 语言常用的工具包**

领域	包名称	Python 工具包简介
数据分析科学计算	Numpy	Numpy 是利用 Python 进行科学计算的基础库,主要提供高性能的多维数组与矩阵的运算,此外针对数组提供大量的数学函数库
机器学习	Scikit-learn	Scikit-learn 是一个基于 NumPy、SciPy、Matplotlib 的开源机器学习工具包,主要涵盖分类、回归和聚类等算法,例如 SVM、逻辑回归、朴素贝叶斯、随机森林、k-means 等算法
可视化	Matplotlib	Matplotlib 是强大的数据可视化工具,主要用于绘制数据图表,提供了绘制各类可视化图形的命令字库、简单的接口,可以方便用户轻松掌握图形的格式,绘制各类可视化图形。它可在小到一部智能手机、大到数千台数据中心服务器的各种设备上运行
爬虫工具	Scrapy	Scrapy 是适用于 Python 的一个快速、高层次的屏幕抓取和 web 抓取框架,用于抓取 web 站点并从页面中提取结构化的数据。Scrapy 用途广泛,可以用于数据挖掘、监测和自动化测试
	Beautiful Soup	Python 的 BeautifulSoup 模块,可以解析 HTML 和 XML 以及解析爬虫爬取的网页信息

2. 下载与安装

在 http://www.python.org/download 网站上下载 Python 安装程序,根据操作系统

类型下载相应的版本。在 Windows 系统中，安装 Python 的开始页面上，需勾选"Add Python 3.9 to PATH"的复选框，这样 Python 可以在计算机的任何文件夹下运行了。本教材建议安装 Python3.9 以上的版本。

3. Python 程序的运行

Python 语言的程序有很多种运行方式。

（1）运行 Python 解释器

在 Windows 10 的"任务栏"的"搜索框"中输入"cmd"，找到"命令提示符"，点击运行。

然后在命令行输入 python，会出现 Python 解释器的提示符＞＞＞，可以在解释器中直接输入 Python 语句，按回车键后，系统立即执行后直接输出结果，见图 6-9 所示。

```
▶ python
Python 3.8.5 (default, Sep  4 2020, 02:22:02)
[Clang 10.0.0 ] :: Anaconda, Inc. on darwin
Type "help", "copyright", "credits" or "license" for more information.
>>> a = 5
>>> b = 6
>>> a+b
11
>>> a-b
-1
```

图 6-9　Python 解释器

（2）用 Python 运行脚本程序

也可以执行 py 作为后缀的 Python 脚本文件。例如，首先在桌面（Desktop）上创建 my 文件夹，并在该文件下创建一个 test.py 的脚本文件，脚本文件内容如下：

```
#这是一个 python 程序
a＝5
b＝6
print(a＋b)
print("Your program is already running!")
```

通过 ls 命令可以查看当前文件夹下的文件，可以看到当前的文件夹下已经创建好一个 test.py。通过输入 python ＜脚本文件名＞的命令可以执行该脚本文件。如图 6-10 所示，可以看到 test.py 中的命令被执行。

```
~/Desktop/my
▶ ls
test.py

~/Desktop/my
▶ python test.py
11
Your program is already running!
```

图 6-10　在"命令提示符"窗口执行 Python 脚本文件

（3）运行 Python 集成开发环境

Python 有很多可用的集成开发环境 IDE（Integradted Development Environment），例如 PyCharm，Eric，PythonWin 以及 jupyter notebook 等。相对于 Python 解释命令行，集成开发环境 IDE 提供图形开发用户界面，可以提高 Python 程序的编写效率。

6.2.3　Python 程序基础

首先，在编写 Python 程序时需要注意以下事项：

（1）Python 的代码都是英文字符，严格区分大小写的，代码中用的标点要在英文输入状态下输入。

（2）Python 是一门对于格式较为严格的语言，语句前不能随意添加空格。

1. Python 语言要素

Python 程序由模块组成，模块对应于后缀为.py 的源程序，一个 Python 程序由一个或多个模块组成。而在一个模块中又包含输入语句、输出语句、赋值语句、变量、运算符以及表达式、注释等 Python 语言的要素。

【例 6-5】　编写程序，已知球体的半径，求球体的体积。

```
"""
本程序计算球体的体积
球体的体积为 3/4 乘以 pi，再乘半径的立方。♯备注
"""
import math                              ♯导入模块
r=float(input("请输入球体的半径："))        ♯输入语句
v=3/4 * math.pi * r * r * r;              ♯使用变量、赋值语句、表达式计算球体的体积
print("球体的体积为：%.2f"%v)
```

运行结果：

```
请输入球体的半径：2.6
球体的体积为：41.39
```

说明：在例 6-5 中，math 为内置模块，需要用 import math 语句导入模块，程序便可以调用 math 模块中的圆周率 pi 的值。

（1）输入输出语句

Python 可以用 input()函数来接受用户从键盘输入数据，用 print()函数输出变量或者字符串。

【例 6-6】　输入与输出语句的使用。

```
a=input("Please input a number：")
print("The number your input is ： ")
print(a)
```

运行结果：

Please input a number:123　　　　# 从键盘输入"123"按回车
The number your input is：
123

(2)运算符与表达式

Python 语言除了常用运算符,如算术运算符、关系运算符和逻辑运算符,还支持一些特有的运算符,如成员运算符、身份运算符。

表达式是由变量、常量、函数和运算符组成。表达式按运算符不同可以分为:算术表达式、关系表达式、逻辑表达式。例如 $4*a/8+y$ 是算术表达式,$x>=2+y$ 是关系表达式,$x>y$ and $y>z$ 是逻辑表达式。

①算术运算符与算术表达式

算术运算符用来对数字类型的数据进行数学运算,比如加(+)、减(-)、乘(*)、除(/)等。另外,Python 还支持整除(//)运算符,只保留结果的整数部分,舍掉小数部分。表 6-3 给出了 Python 的算术运算符列表,对不同算术运算符进行了说明。

表 6-3　算术运算符

运算符	描述	实例(设 a=2,b=3)
+	加—两个对象相加	a+b 运算结果为 5
-	减—得到负数或是一个数减去另一个数	a-b 运算结果为-1
*	乘—两个数相乘或是返回一个被重复若干次的字符串	a*b 运算结果为 6
/	除—x 除以 y	b/a 运算结果为 1.5
%	取模—返回除法的余数	b%a 运算结果为 1
**	幂—返回 x 的 y 次幂	a**b 运算结果为 8
//	取整除—向下取接近商的整数	9//2 运算结果为 4 -9//2 输出结果-5

【例 6-7】　算术运算符及表达式的运用。

```
a=3
b=2

print(a+b)
print(a/b)
```

运行结果：

```
5
1.5
```

②关系运算符与关系表达式

关系运算符又称比较运算符,其作用是对两个操作数的大小进行比较。使用关系运算符的一个前提是要求操作数之间必须是可以比较大小的。操作数可以是数值型或字符型。Python 的关系运算符包括:>(大于)、>=(大于等于)、<(小于)、<=(小于等于)、

＝＝(等于)、!＝(不等于)。具体说明见表6-4。

表6-4 关系运算符

运算符	描述
＝＝	等于—比较对象是否相等
!＝	不等于—比较两个对象是否不相等
＞	大于—返回 x 是否大于 y
＜	小于—返回 x 是否小于 y
＞＝	大于等于—返回 x 是否大于等于 y
＜＝	小于等于—返回 x 是否小于等于 y

注:所有比较运算符返回 1 表示真,返回 0 表示假。这分别与特殊的变量 True 和 False 等价。

【例6-8】 关系运算符及表达式的运用。

```
a＝1＜3
b＝"Ningbo"＜"Chengdu"

print(a)
print(b)
```

运行结果:

```
True
False
```

③逻辑运算符与逻辑表达式

逻辑运算符对"真"或"假"两种布尔值进行运算,运算后的结果仍是一个布尔值。常用的逻辑运算符有 and、or、not。具体说明见表6-5。

表6-5 逻辑运算符

运算	代码	A＝1 B＝1	A＝1 B＝0	A＝0 B＝1	A＝0 B＝0
与运算	A and B	1	0	0	0
或运算	A or B	1	1	1	0
非运算	notA	0	0	1	1

【例6-9】 逻辑运算符及表达式的运用。

```
a＝3
b＝5

print(a＞b and a＞0)
print(a＞b or a＞0)
```

运行结果:

False
True

④成员运算符和身份运算符

Python 的成员运算符主要应用在字符串或者集合操作中,用于判断某一个字符串是否包含另外一个字符串,或者判断一个元素是否包含在一个集合中。成员运算符有 in 和 not in,具体说明见表 6-6。

表 6-6　成员运算符

运算符	描述
in	如果在指定的序列中找到值返回 True,否则返回 False
not in	如果在指定的序列中没有找到值返回 True,否则返回 False

【例 6-10】　成员运算符及表达式的运用。

```
a＝10
b＝"Ningbo"

print(a in [1,2,3])
print(b in "Ningbo University")
```

运行结果:

```
False
True
```

Python 的身份运算符主要用于判断两个变量是否引用自同一个对象。如果两个对象是同一个,意味着二者具有相同的内存地址。身份运算符有 is 和 isnot,具体说明见表 6-7。

表 6-7　成员运算符

运算符	描述
is	判断两个标识符是否是同一个对象,若是同一个对象则返回 True,否则返回 False
is not	判断两个标识符是否是同一个对象,若不是同一个对象则返回 True,否则返回 False

【例 6-11】　身份运算符及表达式的运用。

```
x＝[1,2,1,3,5]

print(x[0] is x[1])
print(x[0] is x[2])
```

运行结果:

```
False
True
```

（3）变量与赋值语句

变量是程序中可变的量。在 Python 中，变量的名字和类型在使用前不需要事先声明，变量的类型随着赋值可以发生变化。

变量命名要遵循的规则是：

①变量名只能包括字母、数字和下换线。可以以字母和下划线开始，但是不能以数字开头。例如 msg_1 是合法的变量名，但是 1_msg 就不能作为变量名。

②变量名不能包含空格，但是可以用下划线来分割单词。例如 my_list，ori_data 是合法的变量名，如果使用 ori data 这样的变量名命名，程序会出现错误。

③不要将 Python 的关键词作为变量名，例如 print，len 等。如果使用的话，会在程序中造成不必要的错误。

④变量名应该简短并且具有描述性。例如 student_id 比 s_i 好，student_height 比 height_of_the_student 好。

赋值语句的作用是对变量进行赋值。赋值语句的语法格式为：

变量＝表达式

赋值语句中的"＝"为赋值运算符。赋值的规则是首先计算"＝"右边表达式的值，然后赋值给左边的变量。赋值运算除了一般的赋值运算＝外，还有复合赋值运算，如＋＝，－＝，＊＝，和/＝等。

【例 6-12】 对变量的赋值。

```
a＝123
print(a)
a="hello"
print(a)
```

运行结果：

```
123
hello
```

【例 6-12】程序中 a 是设定的变量，＝为赋值运算符，123 是程序通过"＝"赋值给 a 的数值。变量可以根据不同的赋值拥有不同类型的数据，例如字符串或列表等。

（4）注释

注释在程序执行时不起任何作用，其作用是增加程序可读性，方便别人的阅读或自己以后的回顾。Python 语言的两种注释方法：

①用三个双引号："""注释内容"""，或者用三个单引号：'''注释内容'''。适用于有多行注释的情况，"""和"""之间的内容即为注释。

②用♯：♯ 注释内容。适用于注释单行，"♯"后面的部分（行）即为注释。其中"注释内容"可以是汉字或西文字符。

2.数据类型

Python 数据类型分为基本数据类型以及组合数据类型。基本数据类型主要包括数字类型和字符串类型。数字类型又可以分为整数(int)、浮点数(float)、布尔值(bool)和复数。组合数据类型有列表（list）、元组（tuple）、字典（dict）、集合（set）等。

表 6-8　Python 常用的数据类型

类型	数据类型	说明
数字类型	int	Python 可以处理任意大小的整数，包括负整数，例如：1，100，−8080，0 等
	float	浮点数也就是小数，如 1.23，3.14，−9.01 等等。但是对于很大或很小的浮点数，就必须用科学记数法表示，Python 中用 e 来替代 10。例如：1.23×10⁹ 就是 1.23e9，0.000012 可以写成 1.2e−5
	bool	一个布尔值只有 True、False 两种值
	complex	复数与数学中复数形式一样，由实部与虚部组成，并且用 j 表示虚部。例如 a＋bj 被称为复数，其中 a 是实部，b 是虚部
字符串类型	str	Python 可以使用引号（′ 或 ″）来创建字符串
序列类型	list	列表（list）是 Python 语言内置的数据类型，是一种有序的集合，可以随时添加和删除其中的元素
	tuple	tuple 与 list 非常相似，但是 tuple 一旦初始化就不能修改
字典类型	dict	字典（dict）是 Python 内置的数据类型，在其他语言中也称为 map，使用键—值（key−value）存储，具有极快的查找速度
集合类型	set	set 与 dict 类似，也是一组 key 的集合，但不存储 value。由于 key 不能重复，所以在 set 中没有重复的 key

【例 6-13】　查看数据类型。

```
a＝123
b＝3.4
c＝"name"
d＝Ture
e＝[1,2,3]

print(' The type of a is '＋type(a))        ♯ type 函数可以用于查看变量的数据类型。
print(' The type of b is '＋type(b))
print(' The type of c is '＋type(c))
print(' The type of d is '＋type(d))
print(' The type of e is '＋type(e))
```

运行结果：

```
The type of a is int
The type of b is float
The type of c is string
The type of d is bool
The type of e is list
```

在 Python 中，字符串属于不可变序列，列表则是可变序列。下面以这两种数据类型为例，介绍 Python 不同数据类型的基本操作和使用方法。

（1）字符串

Python 中的字符串字面值是由单引号或双引号括起来，例如：'hello'等同于 "hello"。三个引号可以将多行字符串赋值给一个变量。字符串可以用加号运算符进行连接。

【例 6-14】 字符串的赋值。

```
a=' Hello World! '
b="WELCOME TO PYTHON WORLD!"
c='''
Python is a widely used general-purpose，high level programming language.
It was initially designed by Guido van Rossum in 1991
and developed by Python Software Foundation.
'''

print(a)
print(b)
Print(c)
```

运行结果：

```
Hello World!
WELCOME TO PYTHON WORLD!
Python is a widely used general-purpose，high level programming language.
It was initially designed by Guido van Rossum in 1991
and developed by Python Software Foundation.
```

【例 6-15】 字符串的运算。

```
a=' a '
b=' apple '

print(a+b)
print(a+' '+b)
print(a * 4)
print(a in b)     ♯    判断 a 是否是 b 的子串。
```

运行结果：

```
aapple
a apple
aaaa
True
```

【例 6-16】 特殊符号输出。

```
print('\')
print('\' ')
print('\ "' )
print('\n ')           # \n 表示换行
print(' end ')
```

运行结果：

```
\
'
"

end
```

Python 对字符串的访问的规则和列表(list)相同，可以使用方括号[]来截取字符串，索引值以 0 为开始值，—1 为从末尾作为开始位置，字符串截取的语法格式参见例 6-17。

【例 6-17】 字符串的引用。

```
a="Hello，World!"

print(a[0])           # 截取第一位字符
print(a[1:4])         # 截取第二位到第四位字符串
print(a[-1])          # 从末尾开始截取字符串
print(a[3:])          # 截取从第三位开始到末尾
print(a[:4])          # 截取从开始到第四位的字符串
```

运行结果：

```
H
ell
!
llo,World!
Hell
```

还有很多有关字符串的函数，可以获取字符串的属性或者对字符串进行操作。

【例 6-18】 字符串函数的使用。

```
a="Hello,World!"
print(len(a))            #len(a):用于查看字符串 a 的长度
print(a.upper())         #a.upper():把字符串 a 中的小写字母转化成大写字母
print(a.lower())         #a.lower():把字符串 a 中的大写字母转化成小写字母
print(a.replace('l','f'))  #a.replace('l','f'):把字符串 a 中字符'l'由'f'替代。
print(a.split(','))      #a.split(','):以字符','为分隔符,把 a 折成两部分。
```

运行结果：

12
HELLO,WORLD!
hello,world!
Heffo,Worfd!
['Hello','World!']

字符串还有很多其他操作,可以在 Python 的官网中进行查阅。官网地址:
https://docs. Python. org/3/tutorial/introduction. html♯strings.
（2）列表（list）

Python 的组合数据类型有列表（list）、元组（tuple）、字典（dict）、集合（set）。限于篇幅,这里仅介绍列表。列表（list）是 Python 最主要的数据结构,是按照特定顺序排列的元素组成。可以在列表中放任何东西,包括字母、数字等。列表是用方括号（[]）创建,元素和元素之间用逗号','进行隔开。

【例 6-19】 列表的创建和索引。

```
Mylist=["Mon","Tus","Wed","Thu","Fri","Sat","Sun"]
Mylist_2=[1,1,2,3,5,8,13,21,34]
print(Mylist)
print(Mylist_2)
```

运行结果:

```
["Mon", "Tus", "Wed","Thu","Fri","Sat","Sun"]
[1,1,2,3,5,8,13,21,34]
```

列表是一个有序的集合,访问任何元素时只需要访问的索引,即将访问的元素位置告诉 Python 即可。列表的访问索引是从 0 开始,Python 也支持反向索引,就是从序列的尾部开始进行索引,如图 6-16 所示。

Mylist= ["Mon", "Tus", "Web", "Thu", "Fri", "Sat", "Sun"]

索引	0	1	2	3	4	5	6
反向索引	−7	−6	−5	−4	−3	−2	−1

图 6-16　列表的索引及反向索引

【例 6-20】 列表元素的访问。

```
Mylist=["Mon","Tus","Wed","Thu","Fri","Sat","Sun"]
print(Mylist[0])
print(Mylist[3])
print(Mylist[2:5])
print(Mylist[4:])
print(Mylist[−1])
print(Mylist[−6:−2])
```

运行结果:

Mon
Thu
["Wed","Thu","Fri"]
["Fri","Sat","Sun"]
Sun
["Tus","Wed","Thu","Fri"]

【例 6-21】 列表基本操作。

```
Mylist=["Mon","Tus","Wed","Thu","Fri","Sat","Sun"]

#列表长度
print("列表长度")
print(len(Mylist))

#修改元素
print("修改元素")
Mylist[0]="Monday"
print(Mylist)

#添加元素
print("添加元素")
Mylist. append("Weekend")
print(Mylist)
Mylist. append("Weekday")
print(Mylist)

#删除元素
print("删除元素")
del Mylist[0]
print(Mylist)
del Mylist[-1]
print(Mylist)

#插入元素
print("插入元素")
Mylist. insert(0,"Mon")
print(Mylist)
Mylist. insert(4,"Happy")
print(Mylist)
```

运行结果：

```
列表长度
7
修改元素
["Monday","Tus","Wed","Thu","Fri","Sat","Sun"]
添加元素
["Monday","Tus","Wed","Thu","Fri","Sat","Sun","Weekend"]
["Monday","Tus","Wed","Thu","Fri","Sat","Sun","Weekend","Weekday"]
删除元素
["Tus","Wed","Thu","Fri","Sat","Sun","Weekend","Weekday"]
["Tus","Wed","Thu","Fri","Sat","Sun","Weekend"]
插入元素
["Mon","Tus","Wed","Thu","Fri","Sat","Sun","Weekend"]
["Mon","Tus","Wed","Thu","Happy","Fri","Sat","Sun","Weekend"]
```

还可以对 list 中的元素进行排序。

更多内容可以参考 Python 官网对于 list 的介绍。官网地址：

https://docs.Python.org/3/tutorial/introduction.html#lists.

3. 程序控制结构

Python 作为一种程序设计语言,提供了实现多种程序控制结构,包括了顺序结构、条件结构、循环结构的语句。本书中重点讲解以 if-else 为例的实现条件结构的语句,以 for 和 while 为例的两种实现循环结构的语句。Python 还提供了 break、continue、pass、return 等控制语句。下面将结合具体例子分别进行介绍。

(1)if 条件结构

条件结构语句的一般形式如下：

```
if 条件表达式 1：
    语句块 1
elif 条件表达式 2：
    语句块 2
else：
    语句块 3
```

上述 if 条件语句的执行过程如下：

如果条件表达式 1 为 True,则执行语句块 1；

如果条件表达式 1 为 False,则判断条件表达式 2；

如果条件表达式 2 为 True,则执行语句块 2；

如果条件表达式 2 为 False,则执行语句块 3；

根据实际使用中,可以对上述形式进行灵活的调整,可以省略 elif 或者 else 等结果,也可以根据条件的数量增加 elif 判断以及相应语句块。

注意事项：

①关键词 if 与条件表达式之间使用空格分隔，条件表达式后面接冒号。

②语句块中的语句可以是一条或者多条，语句块中的所有语句都缩进 4 个空格。

③表达式为真（非 0）时执行其后的语句块，否则不执行。

【例 6-22】 从键盘中输入两个数字比较他们的大小。

```python
a = int(input("a = "))          # 输入 a,b 的值。
b = int(input("b = "))

if a>b:
    print("a 大于 b")
elif a==b:
    print("a 等于 b")
else:
    print("a 小于 b")
```

运行结果：

```
a = 5
b = 4
a 大于 b
```

在进行条件判断时碰到的最基本运算就是比较运算。比较运算用来比较两个对象的关系，运算结果会以布尔值的形式输出。

【例 6-23】 从键盘中输入两个数字比较它们的大小。

```python
a = 5
b = 3
c = [1,2,3]
print(a == b)
print(a > b)
print(a in c)
print(b not in c)
```

运行结果：

```
False
Ture
False
False
```

当碰到复杂逻辑条件时，还可以用逻辑运算符进行逻辑运算（见表 6-5）。

【例 6-24】 已知 BMI 公式为体重（kg）/（身高（m）)^2，如果同学身高为 1.78m，体重为 90kg，要求计算这位同学的 BMI 值来判断他是否需要增强运动。男性健康的 BMI 指数小于 25，女性则是小于 23。

```
Weight=90
Height=1.78
Sex = 'Female'
BMI=weight/(height * height)
If BMI>25 andSex=='Male':
    print("Hi Boy, you need to exercise more !")
elif BMI>23 andSex=='Female':
    print("Hi Girl, you need to exercise more !")
else:
    print("You are very healthy!")
```

运行结果:

```
Hi Boy, you need to exercise more !
```

（2）while 循环结构

选择结构在符合一定条件下执行需要执行的语句,而循环结构在符合一定条件下重复多次执行一定的操作。循环结构有两种方式。

while 循环的一般形式如下:

```
while 条件表达式:
    语句块
```

如果条件表达式为 True,则执行语句块。

如果条件表达式为 False 则执行跳出循环,执行 while 循环结构后面的语句。

【例 6-25】 while 循环使用。

```
i = 1
while i<= 5:
    print(i)
    i = i+2
print("循环已结束")
```

运行结果:

```
1
3
5
循环已结束
```

（3）for 循环结构

for 循环结构的一般形式如下:

```
for 循环变量 in 序列:
    语句块
```

for 循环是把序列中的每个元素代入循环变量,然后执行缩进块的语句。

【例 6-26】 for 循环语句使用。

```
num_list = ["1", "3", "8", "32"]
for x in num_list：
    print ("The num is"＋x)
```

运行结果：

```
The num is 1
The num is 3
The num is 8
The num is 32
```

(4)break 和 continue 语句

在循环中,break 语句可以提前退出循环。

【例 6-27】 break 语句的使用。

```
i = 1
while i< 5：
    print(i)
    if i == 3：
        break
    i += 1
print(i)
```

运行结果：

```
1
2
3
```

在例 6-27 中,循环体内每次将 i 进行＋1 的操作,并进行 print i,即输出 i。接着,判断 i==3 的时候进行了 break 循环中断处理,即跳出了循环体,所以 3 后面的循环不再进行。

在循环过程中,也可以通过 continue 语句,跳过当前的这次循环,直接开始下一次循环。

【例 6-28】 continue 语句使用。

```
i = 1
while i< 5：
    i = i+1
    if i == 3：
        continue
    print(i)
print("循环已结束")
```

运行结果：

```
1
2
4
5
```

在【例 6-28】中，循环体内每次将 i 进行 +1 的操作，并进行 print i，即输出 i。接着，循环体内的 if 语句判断 i 是否等于 3，如果等于 3 则进行 continue，而不执行循环中的后续步骤（print 操作），即跳过输出数字 3 的操作，直接进入到下一轮循环。

4. 函数

（1）函数的调用

Python 有很多内置函数，可以直接供用户调用。例如调用 sort 可以对 list 进行操作，这个函数可以改变原有 list 内部的排序，在函数调用时并不会返回任何值。这个函数支持自动以升序的排序，key 这个参数表示可以按照自定义的方式进行排序，reverse 表示用倒序的方式进行排序。

【例 6-29】 list 排序函数的使用。

```
my_list=[1,-4,5,7,-3,5]
my_list. sort()
print(my_list)


my_list=[1,-4,5,7,-3,5]
my_list. sort(reverse=True)
print(my_list)


my_list=[1,-4,5,7,-3,5]
my_list. sort(key=abs)
# abs 是绝对值函数，表示按照元素的绝对值大小进行排序，此处 key 还可以是自定义
函数
print(my_list)
```

运行结果：

```
[-4,-3, 1, 5, 5, 7]
[7, 5, 5, 1,-3,-4]
[1,-3,-4, 5, 5, 7]
```

（2）自定义函数

在 Python 中，定义一个函数要使用 def 语句，依次写出函数名、括号、括号中的参数和冒号，然后在缩进块中编写函数体，函数的返回值用 return 语句返回。

```
def 函数名(参数列表):
    函数体
```

注意事项：

①函数名为自定义的函数名，不要和 Python 自有的关键词一样。

②参数列表可以有一个或者多个参数，可以提前对参数进行赋值。

③函数不一定要有 return 返回值。

【例 6-30】 计算一个数绝对值的函数。

```
#函数的定义
defmy_abs(x):
    if x >= 0:
        return x
    else:
        return -x
#函数的调用
print(my_abs(-5))
```

运行结果：

```
5
```

在本案例中，my_abs 是自定义函数名，x 为调用函数的时候传入的参数，通过 if 判断 x 是否大于 0 后，对 return 的值进行处理。在调用的过程中，输入 -5，输出的结果为 5。

5. 包的安装与调用

包的安装：在 cmd 或者终端中可以用 pip install <包名称>命令进行安装。例如：

```
pip install nltk
```

注意事项：

(1)如果在安装过程中遇到报错，可以仔细查看报错的内容，报错的原因一般都是缺少相关依赖的包，那么先进行缺少包的安装，然后可再次进行需要包的安装。

(2)如果安装速度过慢，可以使用 pip 在国内的镜像进行安装。

要调用一个包的时候需要 import <包名称>即可调用包中的各种函数或者类。

【例 6-31】 时间模块的使用。

```
import time    #引入 time 包
localtime = time.asctime( time.localtime(time.time()) )
print "本地时间为 :", localtime

# 格式化成 2021-05-0110:25:09 形式
print time.strftime("%Y-%m-%d %H:%M:%S", time.localtime())

# 格式化成 Sat May 01 10:25:09 2021 形式
print time.strftime("%a %m %d %H:%M:%S %Y", time.localtime())
```

运行结果：

6.3 习 题

一、选择题

1.下面的流程图属于(   )。

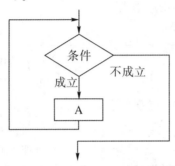

A. 顺序结构   B. while 型循环结构

C. until 型循环结构   D. 选择结构

2.下面有关算法的陈述错误的是(   )。

A.一个算法应具有一个以上的输出   B. 一个算法不能无止境地运行下去

C.算法可以用自然语言来描述   D. 一个算法不可以有零个输入

3.计算机能够直接执行的程序是(   )。

A.机器语言程序   B. 应用软件

C.源程序   D. 汇编语言程序

4.下面流程图的功能是(   )。

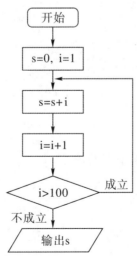

A. 求 1 到 100 之间的偶数之和　　　　B. 求 1 到 100 之间的奇数之和

C. 求 1 到 100 之间的自然数之和　　　D. 求 1 到 100 之间的自然数之积

5. 下面这段伪代码的功能是（　　）。

```
输入 10 个数存储到 x1,x2,…,x10 中
n 赋值为 x1
从 i＝2 到 10 作下列操作：
如果 xi＞n 那么 n 赋值为 xi
循环操作结束
输出 n
```

A. 求 10 个数中的最大值　　　　　　B. 求 9 个数中的最大值

C. 求 10 个数中的最小值　　　　　　D. 求 10 个数中正数的个数

6. 以下关于计算思维的说法错误的是（　　）。

A. 是一种计算机的思维　　　　　　　B. 是一种人类的思维

C. 是一种科学思维方法　　　　　　　D. 是一种抽象的思想

7. 计算思维是运用计算机科学的（　　）进行问题求解、系统设计以及人类行为理解等涵盖计算机科学之广度的一系列思维活动。

A. 思维方式　　　　B. 基础概念　　　　C. 程序设计原理　　　D. 算法

8. 汇编语言和机器语言同属于（　　）。

A. 高级语言　　　　B. 低级语言　　　　C. 编辑语言　　　　D. 二进制代码

9. 要使高级语言编写的程序能被计算机运行，必须由（　　）将其翻译成机器指令。

A. 系统软件和应用软件　　　　　　　B. 内部程序和外部程序

C. 解释程序或编译程序　　　　　　　D. 源程序或目的程序

10. 下面为一段 Python 的源程序，程序中的 while 循环执行了（　　）次。

```
k＝1000
while k＞1:
    print(k)
    k＝k/2
```

A. 9　　　　　　　　B. 10　　　　　　　C. 11　　　　　　　D. 100

二、简答题

1. 描述算法的方法有哪些？

2. 程序设计的三种基本控制结构是什么？

3. 阐述算法有哪些特点？

4. 计算思维的核心思维是什么？

5. 计算思维的三个要点是什么？

6. 计算思维有哪些特征？

7. 通过课程学习以及查阅相关资料，在形成对计算思维正确认知的基础上，谈谈如何

培养自己的计算思维。

8. 查看你电脑中的 Python 安装包,并挑你熟悉的 3 个包进行使用说明和找到对应的官网。

9. 用 Python 程序设计:输入一个球体的半径,计算其表面积。

10. 用 Python 程序设计:输入三个整数,输出这三个数的最大值。

11. 用 Python 程序设计:计算 $1+2+\cdots+100$。

第7章　计算机发展新技术

新的计算机技术,包括大数据、云计算、人工智能、区块链等的迅猛发展,对人类生活和社会发展正在产生着深远的影响。计算机在朝着巨型化、微型化、多媒体化、网络化和智能化方向发展的同时,人们也正在试图突破目前所有计算机所遵循的"冯·诺依曼"原理的限制,向着"非冯·诺依曼"结构模式发展。从目前的最新研究看,未来以光子、量子和分子计算机为代表的新技术,将推动新一轮超级计算机技术的革命。

7.1　大数据

7.1.1　大数据概述

伴随着互联网、物联网、云计算以及通信技术的迅猛发展,人类进入了"大数据时代"。大数据(Big Data)是指在一定时间范围内在获取、存储、管理、分析等方面的需求都远远超出了传统数据库软件工具能力范围的数据集合。

1.大数据的产生

大数据是互联网、物联网、通信技术、虚拟现实以及人工智能等现代高科技的产物,金融服务、制造业、医疗保健以及媒体娱乐等产业的飞速发展是数据增长的主要推动力。

(1)大数据与互联网

互联网无疑是大数据的主要来源之一。借助于社交网络、电子商务以及移动通信技术,人们之间的交流变得越来越密切,生活也变得越来越方便。大量的数据通过移动终端和网络终端得到即时存储,各种应用系统产生的数据呈现爆炸性增长。

(2)大数据与物联网

随着物联网的广泛应用,信息感知无处不在。例如,通过可穿戴设备或家居医疗检测仪器,可以跟踪监测患者的心率、睡眠模式、血压以及血糖水平等健康状况;智能手机中配置的各类传感器,如重力感应器、加速度感应器、距离感应器光线感应器、陀螺仪、电子罗盘、摄像头等;通过射频识别(RFID)以及二维码或条形码扫描,使得马路上的汽车、商场中的商品都具有电子身份,等等。不同类型的传感器产生的大量数据被持续地收集起来,成为大数据的重要来源之一。

(3)大数据与科学研究

在科研领域,从宏观到微观,从自然到社会,越来越多的观察、计算和传播等仪器设备正在产生着源源不断的海量、复杂的数据,这使得几乎每个学科领域都在面对着空前的数据爆炸。例如,欧洲核子中心的大型强子对撞机LHC,4个主要实验每秒钟采集到的数据量就会达到 PB 级。其他大规模国际合作科研项目,如基因测序、天文及空间科学都在产生天文级的数据。

2. 大数据的主要特征

与传统数据相比,大数据具有海量的数据规模、多样的数据类型、高速率的数据产生和收集、价值密度低等特征。

(1)海量的数据规模

大数据是实时在线生成的,数据量持续增长。国际数据公司(IDC)的研究结果表明,2008 年全球产生的新数据量为 0.49ZB,2018 年则达到 33ZB,其中仅中国产生的数据量约为 7.6ZB,美国约为 6.9ZB。可以肯定的是,数据量将继续增长。据 IDC 预测,到 2025 年,全世界产生的新数据可能会增至 175ZB,相当于 175 万亿 GB。

(2)多样的数据类型

大数据源源不断地产生于互联网、物联网中的各种移动终端和网络终端,这些数据的类型丰富、内容鲜活,包括网络日志、音频、视频、图片、地理位置信息、传感器数据等。与传统的数据库中的数据不同,这些数据不仅规模庞大,类型繁多,而且大多是不规则的半结构化或非结构化数据,远远超出了传统计算机硬件和软件的处理能力。

(3)高效率的数据产生和收集

这是大数据区分于传统数据最显著的特征。传统数据是被动产生、收集的,一旦进入信息系统,数据就会被长期保留,更新速度慢,数据的处理速度相对也慢。大数据是在线持续产生并更新的,不受地域、时间和空间的约束。大数据的产生是自发的、主动的,产生速度快,更新速度快,增长速度快,并被高效地收集和存储,实现实时处理。

(4)价值密度低

海量数据持续产生,但价值密度较低,这是大数据的核心特征。正如《大数据时代》作者维克托·迈尔·舍恩伯格教授所说,大数据的真实价值就像漂浮在海洋中的冰山,第一眼只能看到冰山的一角,绝大部分都隐藏在表面之下。如何通过机器学习方法、人工智能方法或数据挖掘方法高效、迅速地挖掘出对未来趋势与模式预测分析有价值的数据,发现新规律和新知识,并运用于农业、金融、医疗等各个领域,从而最终达到改善社会治理、提高生产效率、推进科学研究的效果,正是大数据技术需要解决的问题。

3. 大数据技术

海量数据的产生,远远超出了传统的计算技术和信息系统的处理能力,迫切需要有效的、高性能的大数据处理技术、方法和手段。大数据技术就是从各种类型的数据中快速获取有价值信息的技术,涵盖了从数据采集、存储、处理和呈现(可视化)的各类技术。大数据的应用系统往往会有实时性的要求,这些都给数据的采集、存储及管理提出了极大的挑战。

(1)大数据采集

产生自各种客户端(如 Web,APP 或者传感器等)的海量数据,首先需要将之采集并存储起来,再进行管理和调用,进而加以分析和利用。大数据采集,即对各种来源的结构化、半结构化和非结构化的海量数据所进行的数据获取过程。

大数据的信息来源包括企业系统、互联网系统、社交系统和机器系统等。大数据的内容又极为丰富，包括应用服务器日志、传感器数据、社交网络交互数据、用户行为数据等。对这些不同来源的巨量数据，大数据采集的方法主要有数据库采集、系统日志采集、网络数据采集、感知设备数据采集等。通过不同的采集方法获取，形成了业务数据、行业数据、内容数据、线上行为数据以及线下行为数据等不同类型的数据内容。

（2）大数据存储

大数据存储技术的难点在于数据规模大、数据来源广泛、数据类型多样化，而且，大数据还要求其传输及处理的响应速度快。因此，大数据对存储设备的容量、读写性能、可靠性、扩展性等都提出了更高的要求，同时，大数据还需要充分考虑功能集成度、数据安全性、数据稳定性、系统可扩展性、性能及成本等各方面因素。由于大数据的数据量巨大，用户访问和操作的并发数较高，对传统关系型数据库来说，硬盘读写性能、查询效率以及系统的扩展性能、负载能力上都是其瓶颈。在大数据时代，一些非关系型（NoSQL）数据库得到快速发展。

（3）大数据分析

大数据时代，更多的是关注如何从海量数据中挖掘、提取关键信息，使数据在不同领域、不同层面发挥最大价值。数据分析（DataAnalysis）是指使用适当的统计分析方法对收集来的大量数据进行分析、汇总和概括总结的过程。数据分析包括两个方面内容：一是预测分析，即通过分析采集的数据来预测未来的行为或趋势；二是关联分析，其目的是找出数据之间相关联系。数据分析的目的是最大化地开发数据的功能，发挥数据的作用。随着大数据时代的来临，大数据分析也应运而生。常见的大数据分析工具有 Hadoop 大数据平台、Python 和 R 语言等。

（4）大数据可视化

数据可视化就是运用计算机图形和图像处理技术，将原本枯燥、庞大且复杂的高维数据转化为形象的图形图像显示出来。借助于可视化的图形图像，我们能够深入洞察数据背后的有价值的信息。当前，在研究、教学和开发领域，数据可视化已经成为一门极为活跃而又关键的技术。常见的数据可视化工具包括有 Excel、GoogleCharts、百度旗下的 Echarts、Python 中包含很多通用的可视化库，也可以采用 Matlab、Mathematica、Maple 等科学计算软件进行数据处理并进行数据可视化。

图 7-1 所示为人脑磁共振图像（MRI，Magnetic Resonance Imaging）。磁共振成像是利用电磁信号重建人体信息的技术，以图像形式进行数据可视化，在现代医学诊断和辅助治疗中具有重要作用。

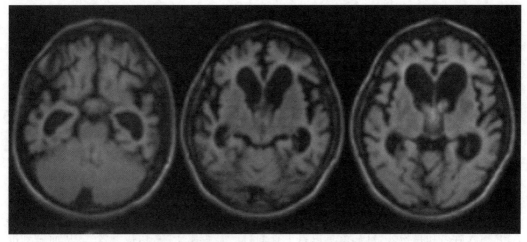

图 7-1　医学数据的可视化——人脑 MRI 图像

图 7-2 所示为科学研究中的数据可视化结果。利用 Python 等工具的强大数据分析和绘图功能,可以将高维数据的聚类、分布等以形象直观的方式展现出来。

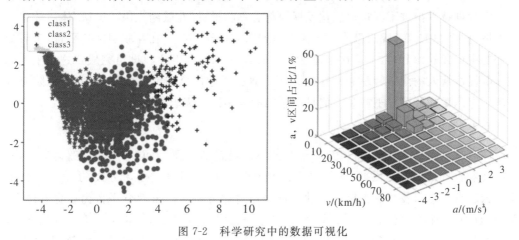

图 7-2　科学研究中的数据可视化

7.1.2　大数据的应用

大数据蕴藏着巨大的社会和经济价值,成为社会各领域关注的重要战略资源。在大数据时代,企业可以利用相关数据和分析降低成本、提高效率、开发新产品、做出更明智的业务决策;物流公司通过大数据分析,为快递车辆规划实时交通路线,躲避拥堵;电商平台通过大数据分析,可以根据客户的购买习惯,为客户推送可能感兴趣的优惠信息。

1. 大数据在商业及金融业的应用

亚马逊、京东、淘宝等电商平台都能够为用户推荐商品。这种基于用户行为分析的推荐系统是一种在海量数据中筛选信息的工具。推荐系统能够通过分析用户的行为,找到用户的个性化需求,向用户推荐用户感兴趣的信息和商品,从而实现销售商家和消费者的互利双赢。个性化推荐技术在微博、微信、QQ、抖音等社交网络平台上也有应用。近几年流行的网络直播剧、网络直播带货等都对传统商品市场营销产生了巨大冲击。

大数据在金融领域也发挥着重要的作用。如高频交易、社会情绪分析和信贷风险分析等。

2.大数据在城市管理中的应用

在大数据共享平台的支撑下,政府各部门的数据可以实现互联互通,极大地提高了政府各部门间协同办公能力,提高了办事效率,大幅降低了政府管理成本,为政府决策提供了有力支撑。利用大数据实现智能交通、环保监测、城市规划和智能安防,推动了更加科学、高效的智慧城市建设和发展。

COVID-19疫情防控期间,大数据在疫情防控中也发挥了重要作用。中国电科基于国家卫生健康委员会、交通运输部、铁路总公司和民用航空局等部门提供的数据,由其所属电科云公司为政府疫情防控部门研发了一款"密切接触者测量仪"。公众只要通过该APP输入姓名和身份证号码,就可以自主查询自己是否属于"密切接触者"。从而做到准确甄别,避免新冠病毒的二次扩散。

3.大数据在医疗行业的应用

大数据技术推进了医疗信息化发展。随着不断推进"互联网+医疗健康"体系的建立和发展,截至2019年,我国已有158家互联网医院(云医院)。在互联网医疗平台,患者如果需要咨询或复诊开药,不论在家还是在外地出差,只要打开手机即可完成。这对于如高血压等慢性病人的健康管理非常快捷方便。通过医疗信息和资源共享,互联网医院有效解决了中国医疗资源不平衡和人们日益增加的健康医疗需求之间的矛盾。

4.大数据在教育行业的应用

随着移动网络、智能手机以及其他智能终端设备的普及,人们可以随时随地学习,不受时间和空间的限制。因此,人们更乐于追求个性化、碎片化的学习方式,提高学习的效率。云教育是在云技术的支持下搭建的网络教育服务平台。云教育平台为教育管理者、学校、教师、学生及家长提供一个实用的、平等的、交互式的平台,并在平台上融入教学、管理、学习、娱乐、交流等多种应用,整合各类资源,实现云端管理,打破时空限制,提高资源利用和服务效率。随着在线教育资源的不断丰富,有效解决了传统教育中的教育资源不均衡、教育方式单调化等问题,改变了传统教育的思维模式。

7.2　云计算

7.2.1　云计算概述

广义上来说,云计算是分布式计算的一种,旨在通过网络为用户提供高效的计算、存储服务。传统计算体系下,个人用户为了满足大规模的计算、存储需求,需要不断地扩大计算节点的计算力和存储力。对大规模的企业来说,单个的计算节点所能提供的计算、存储显然有限,这种情况下,就需要购入更多的计算存储设备来满足这种需求。这种方式不仅需要个人和企业投入巨额的条件建设费用,且运营和维护费用通常也难以承受。更为致命的,这类大规模计算只出现在个别极端情况下,如电商平台的计算峰值常出现在各类打折活动,票务网站的计算峰值出现在节假日,个人用户的运算峰值出现在游戏或大规模科学计算。这导致人或者企业为了应对这类峰值计算所购买的计算资源在平时会处于闲置状态,显然,为此花费大量的维护成本是不可接受的。云计算的出现为这类计算场景提供了可能。云计算将海量的资源虚拟化,用户从购买硬件资源转化为购买计算服务,从而实现用户对资源的动态扩展。

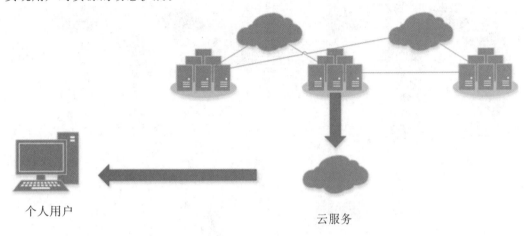

图 7-3　云计算系统

云计算主要技术如下:

(1)虚拟化技术,云计算打破了传统计算资源的时空限制,将单一设备的硬件资源、软件资源进行虚拟化,把所有硬件设备、软件应用和数据隔离开来,打破硬件配置、软件部署和数据分布的界限,实现系统架构的动态化,实现资源集中管理,使应用能够动态地使用虚拟资源和物理资源,提高系统适应需求和环境的能力。

(2)分布式资源管理技术,云计算由大量的服务器组成,虚拟化技术将这类服务器资源进行组合从而对大量的用户进行服务,因此云计算系统需要一个分布式系统对服务器中的软硬件资源进行管理,使得数据具有高度的冗余、可靠和一致性。同时为了对这类冗余数据进行快速准确操作,需要有高效的数据分布式存储、提取技术。

(3)并行编程技术,在并行编程模式下,系统具有处理并发、容错、数据分布、负载均衡等的能力,并行编程技术使得系统为用户提供统一接口,使得用户能将大尺度的计算任务自动分成多个子任务,并行地处理海量数据。

相较于常规的计算平台,云计算主要表现出如下的优势:

(1)按需部署、动态可扩展,平台可以根据用户的需求动态地扩展当前系统的资源满足用户在不同时段、不同应用环境下对计算资源、存储资源、软件资源等的动态需求。

(2)资源虚拟化,面向用户的计算资源在空间上可能是相互隔离的,在云计算平台上,用户的应用部署和物理部署相互隔离,计算平台通过虚拟化技术向用户提供统一的接口。

(3)可靠性高,当部分计算设备出现问题时,云计算可以通过虚拟化技术、分布式资源管理技术将分布在不同设备上的应用进行恢复或部署新的计算设备满足计算所需。

从图 7-4 中可以看出,云计算机在针对用户的服务中,资源在地理上相互隔离,数据相互备份。

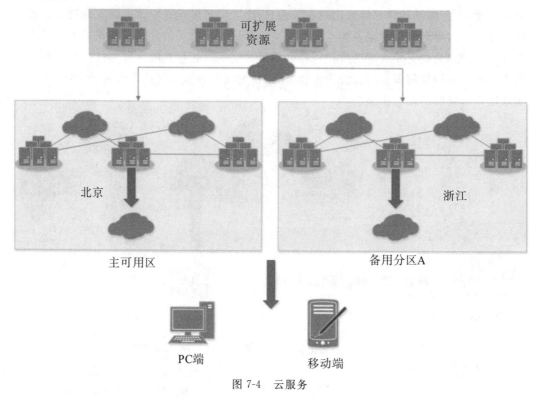

图 7-4 云服务

7.2.2 云计算的应用

伴随着云计算技术的成熟,大量的云平台应用开始争相涌现。

1.云存储

云存储是一个以数据存储和管理为核心的云计算系统。用户可以将本地的资源上传至云端上,可以在任何地方连入互联网来获取云上的资源。与生活中的存储方式不同,云存储技术通过虚拟化技术、并行资源管理技术大大地扩展了用户个人的数据存储空间以及数据的容灾能力。云存储中可以将系统分为如下几个层次:

(1)存储层,是云存储最基础的部分。存储设备可以是 FC 光纤通道存储设备,可以是 NAS 和 iSCSI 等 IP 存储设备,也可以是 SCSI 或 SAS 等 DAS 存储设备。云存储中的存储设备往往数量庞大且分布于不同地域。彼此之间通过广域网、互联网或者 FC 光纤通道网络连接在一起。

(2)基础管理层,是云存储最核心的部分,也是云存储中最难以实现的部分。基础管理层通过集群、分布式文件系统和网格计算等技术,实现云存储中多个存储设备之间的协同工作,使多个的存储设备可以对外提供同一种服务,并提供更大、更强、更好的数据访问性能。

(3)应用接口层,是云存储最灵活多变的部分。不同的云存储运营单位可以根据实际业务类型,开发不同的应用服务接口,提供不同的应用服务。比如视频监控应用平台、IPTV 和视频点播应用平台、网络硬盘应用平台,远程数据备份应用平台等。

(4)任何一个授权用户都可以通过标准的公用应用接口来登录云存储系统,享受云存储服务。云存储运营单位不同,云存储提供的访问类型和访问手段也不同。

2. 教育云

教育云将教育信息化中的一切软硬件资源虚拟化,通过云技术提供各种信息化的服务。这种方式的好处在于可以减少学校对软硬件设备的投入,从而打破传统教育的垄断和固有边界。

3. 游戏云

游戏云借助云计算强大的计算能力,将大型游戏或需要高配置的游戏虚拟到云端服务上。在这种模式下,本地用户不再需要为运算资源和软件资源而投入大量的成本,所有的高性能计算都交由云平台进行,本地用户只负责上传和解压视频文件。游戏云一般包括如下几个方面的功能:

(1)高并发、瞬时计算量大的场景,云服务将大量 GPU 服务器并发运行从而实现高计算性能与高图像渲染性能的需求

(2)负载均衡功能,实现用户的用户请求均衡化,从而实现流量的合理分配,使得云上资源不会过度闲置也不会过度使用。

(3)连接服务器、游戏服务器、缓存服务器等通过虚拟技术和分布式管理技术实现弹性伸缩按需创建或释放资源。

(4)通过备份系统实现客户数据,游戏数据的备份容灾能力。

7.3　人工智能

7.3.1　人工智能概述

人工智能是一种研究、开发用于模拟人类智能的技术科学。作为计算机学科的一个分支,人工智能已经在各行各业引起了巨大的变化。人工智能的概念最早由图灵提出,正式确立则在 1956 年,特茅斯学院举行的一次学术会议上,不同学科(数学、心理、工程等)的科学家正式将人工智能确立为一个研究学科。从 1956 年开始,人工智能一共经历了三次高潮,两次低谷。第一次高潮的主要标志是神经网络算法,贝尔曼公式,感知机等算法的提出。然而第一次高潮过后,计算机技术由于无法解决莫拉维克悖论,无法使计算机达到听懂、看懂的地步使得人工智能遇冷。第二次高潮以专家系统的兴起为标志,主要是1980 年到 1987 年,专家系统是一个智能计算机程序系统,其内部含有大量的某个领域专家水平的知识与经验,能够利用人类专家的知识和经验解决问题的方法来处理该领域问题。然而,专家的局限性在于其难以处理领域和知识外的问题,且维护成本过高,这也导致第二次人工智能研究低谷的到来。人工智能的第三次高潮是 1993 年至今,这次高潮的

兴起主要的动因是云计算、大数据、机器学习以及计算机算力的快速发展。一些主要的标志有，1997年深蓝首次战胜人类象棋冠军卡斯帕罗夫，2005年斯坦福的自动驾驶机器人，2006年的深度学习方法提出，2016年AlphaGO在围棋领域战胜围棋九段李世石。

当前研究人工智能的主要研究领域包括：

1. 机器学习

机器学习是一门多领域交叉学科，涉及概率论、统计学、逼近论、凸分析、算法复杂度理论等多门学科。专门研究计算机怎样模拟或实现人类的学习行为，以获取新的知识或技能。相关的技术包括深度学习、概率图模型、支持向量机、随机森林等。

2. 机器视觉

人们认识世界，91%是通过视觉来实现。同样，计算机视觉的最终目标就是让计算机能够像人一样通过视觉来认识和了解世界，它主要是通过算法对图像进行识别分析。相关技术具体包括目标跟踪、图像分割、图像分类等。

3. 自然语言处理

自然语言处理旨在让计算机拥有类似人类的语言理解处理能力，是语言学和人工智能的交叉学科，主要研究领域包括语义分析、文本挖掘、机器翻译、问答系统等。人工智能的主要算法及应用如图7-5所示。

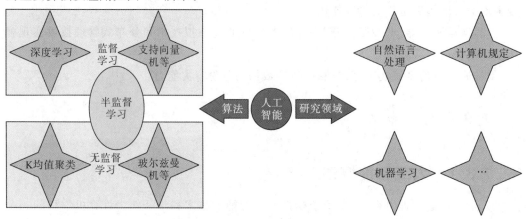

图 7-5　人工智能主要算法及应用

从算法的角度来说，一般而言，将人工智能算法分为三类，即监督学习，无监督学习，以及半监督学习，这三种学习的主要区别是训练样本的给出形式。通常而言学习问题可以归纳为学生和教师模型，即给定一个特定问题，教师给定相应的答案，学生根据教师的答案学习相应的问题的解答方案，并将其泛化到类似的一般问题上。监督学习，半监督学习和无监督学习的区别在于学习场景中教师的有无，监督学习在学习阶段教师的答案是始终存在的，无监督正好相反，半监督学习时教师会给定部分的答案。

7.3.2　人工智能的应用

人工智能被广泛地应用于现代信息社会的方方面面，用于减少人类在程式化的、重复性事务上所花费的工作时间的精力,去解放人类的双手和大脑,帮助人类实现更多有意义和有价值的事情。下面介绍一些人工智能的典型应用:

1. 推荐系统

传统的网络应用中,对不同的个体来说,呈现的内容都是相同的,显然这不能满足用户对于个性化内容的需求。推荐系统通过人工智能技术,识别不同个体的需求,针对不同用户推荐不同的内容,从而达到不同用户个性化定制的需求。一些主流的推荐方法如下:

(1)基于内容的推荐。该方法是信息过滤技术的延续与发展,它是建立在用户访问内容信息上作出推荐的。在基于内容的推荐系统中,系统通过用户相关的特征来定义用户,系统基于用户历史的访问信息,学习用户的兴趣,考察用户资料与待预测项目的相匹配程度。从而给出相应的推荐项目。

(2)协同过滤推荐技术,该算法是较早实用化的推荐方法之一。其采用最近邻技术,利用用户的历史喜好信息计算用户之间的距离。例如,当系统需要查询 A 用户对某商品的喜爱程度从而做出是否推荐该商品时,系统首先查询与 A 用户具有相似兴趣的用户,然后基于其他用户对该商品的评价从而对 A 用户判定是否推荐。

(3)基于关联规则的推荐,规则推荐是以关联规则为基础,把已购商品作为规则头,规则体为推荐对象。在规则推荐下,系统会分析用户购买行为的关联性,从而决定推荐内容,比如购买面包的用户在大多数情况下会购买牛奶、蔬菜等日用品。

2. 自动驾驶

自动驾驶是一种通过电脑控制从而实现无人驾驶的智能汽车系统。自动驾驶中,系统通过毫米波雷达、激光雷达、摄像等传感器系统感知外部环境,在此基础上,系统使用智能算法感知调度,从而实现无人环境下汽车的避障、路径规划、自动巡航等功能。如图 7-6 所示。

图 7-6　自动驾驶架构示意图

从自动驾驶的发展来看,可以将其分为三个阶段:

(1)辅助驾驶阶段:目的是为驾驶者提供协助,包括提供重要或有益的驾驶相关信息,以及在形势开始变得危急的时候发出明确而简洁的警告。如"车道偏离警告"系统,"疲劳驾驶警告"系统等。

(2)部分自动化阶段:在该阶段,系统会根据车载的系统对路况进行事实判断,同时给出相应的警告，在行车出现严重事故的情况下，系统会自动干预车辆运行。

（3）自动化阶段：在该阶段，系统完全自动化运行，不需要人为的干预，系统允许用户从事其他与驾驶不想关的事情。

3.智慧医疗

智慧医疗是通过打造健康档案区域医疗信息平台，利用先进的物联网、人工智能技术，实现患者与医务人员、医疗机构、医疗设备之间的互动，逐步达到信息化，从而减少患者的等待时间，为患者提供个性化智能化的医疗服务，如：

（1）远程探视。部分疾病具有传染性，近距离的探视不仅增加了交叉感染的风险也增加了医院的护理难度，远程探视可以避免探访者与病患的直接接触，从而减少交叉感染的风险。

（2）远程会诊、手术。医疗资源的不均是当前社会的重要问题，智慧医疗技术利用信息技术，支持优势医疗资源共享和跨地域优化配置，从而实现远程会诊，远程手术。

（3）自动报警、临床决策技术。智慧医疗中，系统会对病例的生命体征，过往病史进行综合分析，从而协助医生给出有效的诊疗方案。

7.4 区块链

7.4.1 区块链概述

区块链（blockchain）是一种数据以区块（block）为单位产生和储存，并按照时间顺序首尾相连形成链式（chain）结构，同时通过密码学保证不可篡改、不可伪造及数据传输访问安全的去中心化分布式账本。这种账本的作用与现实生活中的账本基本一致，按照一定的格式记录流水等交易信息，如对于数字货币，交易内容就是转账信息。区块链技术在很大程度上可以实现数据的统一存储，阻止外界随意进行数据篡改，并且可以防止赖账情况。

在传统的区块链系统中，信息存储规则会事先进行约定。为了防止数据存储时发生的信息篡改情况，区块链系统将存储单位设置为区块，区块与区块之间呈现出一种链式数据结构，这种数据结构由一定的时间顺序和密码学算法所构成。在此基础上，系统再以共识机制为依据将其中的相关记录节点筛选出来，从而确定出新的区块数据。其他节点会对新的区块数据进行相关验证、存储及维护，当新的区块数据被确定后，这些数据就无法再更改或删除，只能根据相关需求在得到授权后进行相关的查询操作。

区块链是多种已有技术的集成创新，其具有信息透明可信、防篡改可追溯、隐私安全保障和系统高可靠四大特性。

1.信息透明可信

在去中心化系统中，网络的所有节点都是对等节点，每个用户平等地发布和接收数据信息。系统中的每个节点都可以查看整个网络的节点行为，并对这些行为进行记录，即维护本地账本。因此,整个系统对于每个节点都是公开透明的。而中心化系统存在不同节点之间信息不对称的问题。中心节点通常能够接收到更多的信息,使其具有更高的决定权,成为一个不透明的黑盒,如图 7-7 所示。

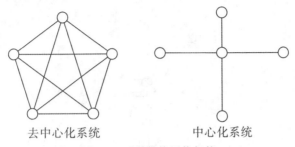

去中心化系统　　　　　中心化系统

图 7-7　两种系统网络架构

区块链是典型的去中心化系统,网络中的所有交易信息对所有节点公开透明可见,并且交易的最终确认也通过共识算法实现,从而保证交易信息在所有节点间是一致的。整个系统对所有节点是公平透明的,因此,交易信息是可信的。

2.防篡改可追溯

防篡改是指交易经过全网验证并添加到区块链中,就很难被修改或删除。各种共识算法保证了系统交易的难篡改或无法篡改。若是需要编辑区块链系统上记录的内容,整个编辑过程会以"日志"的方式记录,且这个"日志"不能被修改。可追溯是指任意一笔交易在区块链系统中都可以查询到。如图 7-8 所示,可以根据某个流程查询其在区块链上的完整交易信息。

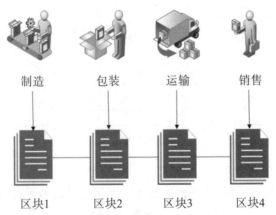

制造　　　　包装　　　　运输　　　　销售

区块1　　　区块2　　　区块3　　　区块4

图 7-8　区块链存储信息示意图

3.隐私安全保障

区块链系统中的任意节点都包含了完整的区块校验逻辑,所以任意节点都不需要依赖其他节点确认区块链中的交易过程。节点间不需要互相公开身份,因为任意节点都不需要根据其他节点的身份判断交易是否有效,这为保护用户隐私提供了前提条件。

如图 7-9 所示,在区块链系统中,用户通常以私钥作为唯一身份标识。只要用户拥有私钥即可参与区块链上的各种交易活动,而区块链系统不会关注私钥持有者是谁,也不会记录匹配对应关系，即区块链系统仅知道每个私钥持有者在区块链上进行了哪些交易，但并不知道具体是谁，从而保护了用户的隐私。另外，密码学的快速发展，如同态加密、零知识证明等，也为区块链中的用户隐私安全提供了更深层次的保障。

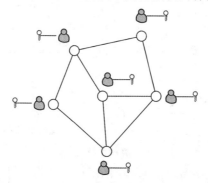

图 7-9　区块链中各节点用户拥有唯一私钥

4. 系统高可靠

在区块链系统中，每个节点对等地维护一个账本并参与整个网络的共识，即如果某一个节点出现故障，整个系统依旧能够正常运转。此外，区块链系统支持拜占庭容错。拜占庭错误来自著名的拜占庭将军问题，通常指系统中的节点不可控，可能存在崩溃、拒绝发送消息和发送异常消息等行为。区块链系统利用各种共识算法能够处理拜占庭错误，从而保证系统的高可靠性。

根据不同的应用场景和用户需求，区块链大致可以分为三类：公有链、私有链和联盟链，如图 7-10 所示。

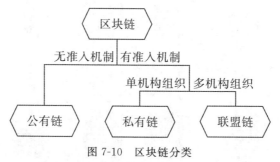

图 7-10　区块链分类

公有链是指无任何准入门槛，任何人都可以在任意时间参与、任意读取数据的区块链网络。在公有链网络中，每个用户都可以发布、验证和接收交易，交易经过全网的节点共识，每个用户都可以拥有全部账本数据。公有链的技术升级和维护完全由公共社区实现，公有链的代码一般都是开源的，接受公众监督。比特币就是一种公有链的代表，是一种任何人可记录和验证的去中心化难篡改的账本，不依赖于中央机构的点对点电子现金系统。

私有链是指私有不对外开放的区块链网络，其准入范围在单机构组织内部，所以通常用于企业、国家机构或独立个体。在私有链网络中，交易的发布、验证和接收完全由单机构组织制定，不对外开放读写权限。私有链网络通常规模小且为内部网络，具有极快的交易确认速度、更好的隐私保护和不容易受恶意攻击，常用于企业和政府的数据库管理和财务审计等。

联盟链是指具有准入机制和多机构组织的区块链网络。通常情况下,联盟链为多中心式,参与人员与交易确认节点预先设定并通过共识机制确认,根据联盟链内部的信任程度和相关需求,实行匿名或非匿名方式运行。在联盟链网络中,交易的发布、验证和接收在多机构组织间进行,交易数据仅对联盟内成员开放,联盟规则确定相关记账权,最终的账本数据由多机构组织共同维护。联盟内通过对交易数据多方共识,来保证业务数据的高效多方验证。各个机构组织构建自己的网络节点,使数据可以去中心化存储并通过多方冗余保管的方式,提高数据篡改难度,从而保证联盟链系统的稳定运行及数据的可信流转。联盟链主要应用于金融机构、商业协会和集团企业等,广泛服务于支付清算、票据和保险等金融领域以及供应链管理和工业互联网等实体经济领域。

7.4.2　区块链技术的应用

1. 区块链在供应链金融中的应用

供应链金融是通过金融机构,将围绕核心企业的各类企业联系起来,为其提供金融产品和服务的融资模式。在供应链金融中,提供金融服务的是银行等金融机构,核心主体是龙头企业,供应商、服务商和物流平台等是参与主体。

在传统的供应链金融中,存在着如下问题:①一些中小企业和二级供应商信用信息记录不全,导致传统的金融机构无法授信。②一些创新方案,如存货融资和预付款融资,在二级以上的供应商和经销商中难以运用。③人工信贷的审计过程烦琐,中小企业难以获得信贷。④信用额度、已用额度和剩余额度的变更延迟。⑤融资完成后,还存在未及时履行约定、清算滞后等问题。

利用区块链技术,可以有效地解决上述问题:①供应链中各项交易信息输入区块链作为银行信贷的基础,可以有效解决核心企业不愿提供信贷背书的问题。②在供应链中的所有参与者建立联盟平台,及时共享各方信息。③依据区块链记录的信用历史,可以智能调整剩余的可用信贷配额。④智能合约能够实现及时还款和结算。⑤区块链供应链金融平台可以为所有参与者提供基于区块链的交易服务。利用区块链技术解决传统供应链金融问题的过程如图 7-11 所示。

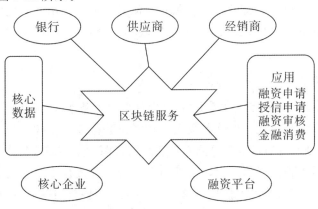

图 7-11　供应链金融与区块链服务

基于区块链技术的供应链金融平台能够具有以下功能：

(1)将供应链最核心的业务流、物流、信息流和资金流等数据整合到区块链中，既有利于保证数据安全，又有利于数据业务的真实有效。

(2)利用区块链技术的易分割、可追踪和难篡改的特点，核心企业签署并向区块链上的一级供应商发布数字支付承诺，一级供应商可以将上述承诺进行拆分，再转移给二级以后的供应商，实现服务对象扩展。

(3)利用区块链的共识机制，通过多方交叉验证，防止欺诈风险。利用区块链的可追溯特性，实现应收账款融资等业务的可追溯性，防止道德风险。

(4)利用区块链技术实现应收账款的数据化，由于数据不可篡改，所以使得应收账款权益的划分、流转和确认更加便捷，提升了业务流程和服务质量。

(5)利用区块链的多签名和智能合约技术，可以大大减少纸质操作，实现操作流程电子化。另外，各参与方可以使用公共账簿进行资金核算，从而强化资金流控制和归集控制，提高交易效率。

2. 区块链在能源领域中的应用

在能源领域，电力能源通常是通过电力公司提供，以净耗电量来计算电费，消费者没有任何选择权，导致公共事业费很高。虽然目前已经出现了多种新能源发电，如太阳能发电、风力发电等，但这些能源生产方法缺乏合适的基础设施和技术来存储多余的能源，多余能量只能卖回电网。消费者在电力价格方面没有真正发言权，因为他们无法选择所使用的能源来自何方，所以消费者的用电成本高。随着新能源发电的推广，各种分布式的小型发电端如屋顶光伏无法通过中心化电网控制，所以分布式电网的管理控制也困难。

运用区块链技术可以提供一个完全去中心化的能源系统，能源供应合同可以直接在生产者和消费者之间传达，还可以规定计量、计费和结算流程，有助于提高消费者直接购买和销售能源的高度自主权，即能源生产者如太阳能发电公司不需要通过电力公司也可以直接出售能源给社区，这为消费者提供了更多的电力选择权，价格可能也更加实惠。对于分布式电网的管理，利用区块链技术和智能合约，可以有效地控制能源网络。智能合约将基于预定义规则向系统发出信号，制定如何启动交易的规则，确保所有能量和存储流都是自动控制的。区块链可以将可再生能源和其他分布式能源添加到电力系统中，提高分布式能源的可视化和控制性。理论上，基于区块链的分布式电网管理控制可以创建更优的电力供需平衡。

3. 区块链在政务数据共享中的应用

近年来，我国电子政务建设发展迅猛，已经从部门单项业务系统建设进入信息资源共享和业务协同建设的新时代。但是各级政府在搭建数据共享交换平台，实现政府数据共享开放的过程中，还存在着政府和公众对政务信息资源共享的需求与共享的不充分、不平衡之间的矛盾。政务信息资源是指政务部门在履行职责过程中制作或获取的，以一定形式记录、保存的文件资料等各类信息资源。政府部门所拥有的信息数据过于庞杂，阻碍了政务信息共享。数据的多样性以及数据结构的复杂性导致政府部门在数据的有效整合、传输和应用上面临着巨大挑战。

　　在构建政务数据共享平台的过程中,政府数据安全是重点关注的问题。共享平台一旦遭受恶意攻击,将有可能造成政务信息的泄露、丢失和篡改等。另外,敏感数据和个人隐私随着数据挖掘技术的发展,增加了泄漏风险。政府数据与各种其他数据结合,可能导致敏感数据和隐私数据被挖掘出来,增加公众的不安全感和不信任感。

　　区块链技术可以对大量的政务信息数据进行科学管理和有效利用。区块链在不同主体间构建一个点对点的分布式数据系统,各主体通过访问数据系统,将各种社会活动记录到区块链中,使得社会事务活动及时快速地在全网传播。所有数据由政务节点共同维护,各种信息和记录以区块链式数据结构存储到数据库中,可以实现数据的有效分类分级。政府各部门节点可以根据信息资源的种类和共享需求,确定信息共享方式,从而实现各部门之间的信息共享。

　　此外,区块链技术利用其分布式存储和共识机制,可以保证单个节点不会影响系统的功能和安全,确保数据的真实性和有效性。并且,区块链构建的是一个去中心化、可共享的分布式交易系统,不需要依赖第三方管理机构对数据进行管理,降低了系统易被攻击和数据易泄露的风险。区块链所使用的密码学方法保护了用户的个人隐私,在整个区块链中进行的各种交易活动,都是公开透明的,有利于政府部门的监管,降低数据共享出错的风险。

7.5　虚拟现实

7.5.1　虚拟现实概述

　　虚拟现实是利用计算机技术来创建一个模拟的环境。相较于传统的用户界面,虚拟现实将用户置于体验之中。用户不再观看屏幕,而是沉浸其中,能够与 3D 世界互动。通过模拟尽可能多的感官,如视觉、听觉、触觉,甚至嗅觉,借助头盔显示器、数据手套、运动捕获装置等必要设备,与数字化环境中的对象进行交互,产生身临其境的感受和体验。20世纪 60 年代,虚拟现实的概念开始提出。八九十年代,虚拟现实应用于军事、制造、医疗等行业,取得令人瞩目的成绩。经过多年发展,虚拟现实新技术开始进入大众消费领域,给人们带来全新体验。区别于常规交互系统,虚拟现实的主要特点如下:

　　(1)沉浸性。虚拟现实中,系统通过各类显示,跟踪技术让用户感觉自身是计算所创造环境中的一部分。

　　(2)交互性。交互性是指计算机所创造的环境需要具有与用户交互的可能性。例如,虚拟环境中的物体应该随着用户的推拉出现位置、状态等的变化。反之,当虚拟环境中的物体出现状态发生变化时,用户也可以通过系统感受到相应变化。

　　虚拟现实关键技术如下:

　　(1)实时三维绘制技术。虚拟现实系统中,硬件随着用户的状态变化,所绘制的三维场景需要实时发生变化,如何实现快速的三维场景绘制是虚拟现实中的关键技术之一。

(2)传感技术。为了实现虚拟世界与现实世界的交互,需要系统感知用户的状态变化,计算机系统通过传感器感知用户手部姿态等的变化从而反馈到三维世界。

(3)跟踪技术。头部姿态跟踪、眼跟踪、动作跟踪等技术广泛应用于虚拟现实的交互显示中,用于跟踪用户的关注点变化。

虚拟现实系统如图 7-12 所示。

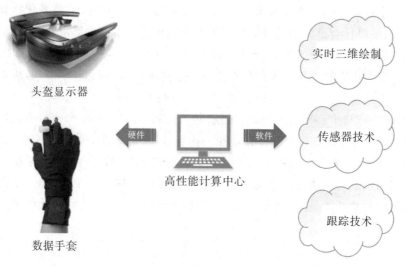

图 7-12　虚拟现实系统示意图

7.5.2　虚拟现实技术的应用

1.影音娱乐

影音娱乐本身就是一种特殊的虚拟现实系统,自产生以来,一直都在朝着虚拟现实的方向发展。从最初的文字,到二维游戏视频、三维游戏电影,电影游戏这类娱乐方式在保持其实时性和交互性的同时,逼真度和沉浸感一直在逐步地提高和加强。比较著名的应用如微软开发的 HoloLens 系统,在该系统中,用户可以交互式地进行 3D 建模,模拟游戏,收看视频以及天气信息。

2.虚拟现实在军事中的应用

由于虚拟现实的立体感和真实感,在军事方面,可以将地图上的山川地貌、海洋湖泊等数据通过计算机进行编写,利用虚拟现实技术,能将原本平面的地图变成一幅三维立体的地形图,通过这种方式,从而完成对士兵的训练目的。

3.虚拟现实在医疗方面的应用

早在 20 世纪 80 年代,美国医学研究工作者就开始了对人体虚拟图像的研究工作。他们分别对一具男性和女性的尸体做了解剖并对解剖部分做了数字化扫描,根据得到的数据进行压缩和整理,建立了世界上第一个"数字人"。操作者可以在电脑显示器上对"数字人"进行任意的解剖,并能将人体的图像进行局部缩放。20 世纪 90 年代,欧洲的汉堡大学的医学技术研究所创建了 3D 虚拟人体图谱进行 3D 可视化教学研究。进入到 21 世纪,虚拟现实更是广泛地被用于药物的研发,病人的术后恢复等领域。

7.6　新型计算技术

7.6.1　量子计算

量子计算是一种遵循量子力学规律调控量子信息单元进行计算的新型计算模式。经典计算使用二进制数字运算,即用 0 和 1 确定状态。量子计算利用量子力学的叠加性,能够实现计算状态的叠加,不仅包含 0 和 1,还包含 0 和 1 同时存在的叠加态。

在微观物理中,量子力学衍生出量子信息科学。量子信息科学是以量子力学为基础,将量子系统所带的物理信息,进行信息编码、计算和传输的全新技术。在量子信息科学中,量子比特是信息载体,对应经典信息里的 0 和 1,量子比特的两种状态一般表示为 $|0$ 和 $|1$。在二维复向量空间中,$|0$ 和 $|1$ 作为单位向量构成了这个向量空间的一组标准正交基,量子比特的状态用叠加态表示,如 $|\varphi=a|0+b|1$,其中,$a^2+b^2=1$。测量结果为 $|0$ 态的概率是 a^2,为 $|1$ 态的概率是 b^2。这表明一个量子比特能够处于既不是 $|0$ 又不是 $|1$ 的状态中,即处于一个和的线性组合的中间状态中。经典信息表示为 001100100…,而量子信息表示为 $\sum_i (\alpha_i|\varphi_1|\varphi_2\cdots|\varphi_n)$。

一个经典的二进制存储器只能存 0 或 1,而一个二进制量子存储器却可以同时存储 0 和 1。两个经典二进制存储器只能存 00、01、10 和 11 中的一个,而两个二进制量子存储器可以同时存储这四个数。因此,随着二进制存储器个数扩大至 N 个,则 N 个量子存储器和 N 个经典存储器分别能够存储 2^N 个数和 1 个数。量子存储器的存储能力呈指数级增长,与经典存储器相比,具有更强大的存储数据能力。作为量子信息科学的一个分支,量子计算主要研究量子计算机和适用于量子计算机的量子算法。由于量子计算的巨大潜在价值和重要的科学意义,其已经获得了世界各国的广泛关注和研究。

量子计算机是拥有量子芯片的运算机器。量子芯片是一块集成在基片表面的电路结构构建出包含各种量子比特的量子电路的芯片。量子计算机需要量子芯片支持系统和量子计算机控制系统保障量子芯片的运行环境及控制条件。量子芯片运行环境的最基本需求是接近绝对零度的极低温环境,以抑制热噪声、环境电磁辐射噪声和控制线路噪声。量子计算机控制系统主要实施量子逻辑门操作和读取量子比特。量子逻辑门操作是使一组量子比特经过指定的受控量子演化过程。例如,通过单量子比特 π 门实现量子比特从基态($|0$ 态)变为激发态($|1$ 态)。量子态的读取有多种方式,通常方法是在量子比特结构旁边额外设计一个对量子态敏感的探测器,间接地通过探测探测器的响应来推测量子比特的量子态。目前,量子计算机不是一个可以独立完成计算任务的设备,而是一个对特定问题有指数级加速的协处理器。量子计算本质上也是一种异构运算,即在经典计算机执行计算任务的同时,将需要加速的程序在量子芯片上执行。

量子算法是在量子计算模型上运行的算法。最常用的模型是计算的量子电路模型。量子算法是一个逐步的过程，每个步骤都可以在量子计算机上执行。虽然经典算法可以在量子计算机上实现，但量子算法通常用于具有量子特性的计算，如量子叠加和量子纠缠。相比于经典算法，量子算法能够更快地解决一些问题，因为量子算法所用的量子叠加和量子纠缠在经典计算机中难以有效模拟。最著名的算法是 Shor 分解算法和 Grover 搜索算法。Shor 算法运行速度比经典因式分解算法（数域筛选算法）快得多，Grover 算法运行速度也要比经典的线性搜索算法要快很多。

目前，量子计算在大数据检测、生化制药、金融风险、机器学习、云计算和网络安全等领域发挥了作用。随着量子计算理论的发展和技术的改进，量子计算将会在各个行业中得到越来越多的应用，解决传统计算效率低下以及难以优化的问题。

7.6.2　光子计算

光子是传递电磁相互作用的基本粒子，是一种规范玻色子。它是电磁辐射的载体，而在量子场论中，通常被认为是电磁相互作用的媒介子。光子具有极高的信息量和效率，作为信息的载体，光子频率为 10^{15} Hz 量级，比电子频率高出 5 个数量级，因此可以携带大量信息。光子具有极快的响应能力。电子脉冲宽度最窄限定在纳秒量级，而光子脉冲可以达到皮秒量级，因此信息传递的速率可以很高。光子具有很强的计算和存储能力。传统的电子计算机使用 0 和 1 比特存储和计算，而光子使用量子比特，因而能够携带更多的信息，具有更快的运算速度。光子比电子更有优势的是在信息传递过程中，光子之间没有相互作用，因此，光束可以任意穿梭且不受影响。

光子计算机是一种用光束代替电子进行信息存储、处理和运算的新型计算机。它与电子计算机在信息传递载体上有显著的不同，它利用激光传递信号，通过光互连代替导线互连，以光硬件代替电子硬件，以光运算代替电运算。光子计算机主要由激光器、光学反射镜、透镜、滤波器等光学元器件组成。它包括光模拟信号计算机、全光数字信号计算机和光智能计算机。光模拟信号计算机直接利用光学图像的二维性，结构简单，具有快速并行计算和信息容量大的特性，广泛用于卫星图片处理和模式识别等。全光数字信号计算机使用电子计算机结构，但用光学逻辑元件替代电子逻辑元件，用光互连替代导线互连。光智能计算机以光学神经网络为基础，是基于人工智能的新技术。

相比于传统的电子计算机，光子计算机具有以下优势：

(1)实现超高速运算。光子的传播速度是电子传播速度的千倍量级，因此，光子计算机有潜力实现比电子计算机快千倍的运算处理速度。

(2)实现并行处理。光子计算机利用波长、相位、偏振态等多维度并行处理，有潜力实现大容量处理器。

(3)光路可以交叉互连，不同的光信号间互不干扰。光子不带电荷，不存在电磁场相互作用，因此，光信号传输通畅，且互连密度高。

(4)光传输和交换时的能量消耗和发热量较低，具有低功耗的特性。

(5)处理精度高。光信号运算处理比电信号运算处理要快，且避免了光电之间相互转换时出现的错误。

　　光子计算机虽然有诸多优势,但也有其局限因素。首先,光学元器件一般体积较大,缩小光路比较困难,而要将其集成到芯片中更加困难。因此,光学元器件的微型化和集成化制约了光子计算机的发展。其次,光子元器件的材料难以完全满足生产需求。从功能角度看,应当选择对光非线性材料特性系数大、光损阈值高、开关能量损耗小的材料。从加工角度看,应当选择机械强度高、工作温度范围宽、不易变形和易加工的材料。最后,光子计算机的制造成本高,处理与封装十分复杂,难以用于单台计算机甚至区域网络。

　　光子计算机因其运行速度快、存储容量大、处理精度高等优点越发受到关注,一些关键技术仍在不断研究中。可以预期,未来的光子计算机将会在以下几个方面有所发展:

　　(1)未来的光子计算机有望实现低功耗、高性能,随着光电技术的发展,开启新的运算处理时代。

　　(2)光集成技术的发展将实现光学器件的微型化和性能稳定化,从而满足光子计算机高性能和低价格的市场需求,同时也能够实现电子器件的若干功能。

　　(3)光子计算机的功能更加全面和智能,其应用范围更加宽广。根据目前神经网络在机器学习等方面的发展,可以预期未来复杂的光学神经网络发展将进一步提升光子计算机的应用和性能。而随着光学、计算机和微电子等技术的发展,光子计算机的应用也会逐渐拓宽。

7.6.3　生物计算

　　仿生学是一门模拟自然界中各种生物特性,分析其内在本质和外在表现,并利用其特性创造各种新方法的科学技术。仿生学的出现为人类的生活带来了很大的变化,例如,根据鸟类在空中的飞行,人类发明了飞机;受蝙蝠通过超声波躲避障碍物的启发,人类发明了雷达;受植物表皮防水特性的启发,人类发明了防水新材料等。仿生学开辟了一条独特的技术发展道路,开拓了人类的眼界,展示出极强的生命力。

　　在仿生学和计算机科学等领域的共同推动下,以进化计算和群体智能为代表的,模拟生命体功能和特点的生物启发计算孕育而生。在解决大规模计算、NP 难等问题上,生物启发计算能够展示出很好的求解性能。生物启发计算既是人工智能的继承与发展,也是从新的角度理解和把握智能本质的方法。其核心内容是研究自然界中个体、群体以及生态系统的不同功能和特点,建立相应的仿真模型和计算方法,从而服务于人类社会的科学研究和工程应用。一方面,生物启发计算有利于揭示生命体现象,促进人类对自然界的认识。另一方面,生物启发计算在推动人类社会生产和发展中具有广阔的研究领域和应用前景。生物启发计算的主要研究分支如表 7-1 所示。

表 7-1　生物启发计算主要研究分支与自然界生命系统的对应关系

生物启发计算主要研究分支	对应的生命系统
生物分子计算	生物分子
人工神经网络	大脑系统
免疫计算	免疫系统
群体智能	生物种群
进化计算	生物进化
生态计算	生态系统

在生物启发计算方法中,经典的有遗传算法、粒子群优化算法和蚁群优化算法等。遗传算法(genetic algorithm, GA)是模拟达尔文生物进化论中的遗传学机理和自然选择的计算方法。其基本思想是在求解问题时,将解的搜索域看作是生物进化的遗传域,将每一个解当作一个染色体,所有的解组成一个种群。然后随机挑选部分解成为初始种群,确定判断准则,计算每个解的适应度值,舍弃小的适应度值,保留大的适应度值,再根据遗传算子进行选择、交叉和变异,从而生成新的种群替换原来的种群,进行下一次的进化。直到生成的新种群达到标准,将新种群中的最优个体作为问题的最优解。

粒子群优化算法(particle swarm optimization, PSO)是模拟鸟类捕食行为的智能方法。其基本思想是将问题的解抽象为一只鸟,即粒子。粒子有两个属性:位置和飞行速度。目标函数确定了每个粒子的适应度值,速度确定了其飞行方向和距离。每个粒子都记得自己曾经搜索过的最好位置以及整个群体中所发现的最优位置。粒子们根据自身经验和当前最优解在空间中搜索,在飞行过程中通过经验不断调整自己,直至达到最优解位置。

蚁群优化算法(ant colony optimization, ACO)是模拟蚂蚁觅食行为的算法。其基本原理是蚂蚁首先随机挑选路径进行移动,走过的路程越长,它释放的化学物质——信息素浓度就越少。这样,每当蚂蚁走最短路径时,路径上残留的信息素浓度很高,指引着后面的蚂蚁去选择这条最短路径,这种行为方式被称作正反馈,即信息素浓度越大,蚂蚁选择这条路径的概率越大。蚂蚁在释放信息素的同时,之前走过的路径上的信息素浓度也会发生变化,即随着时间的推移,信息素会挥发。经过蚂蚁们多次行走后,最短路径上的信息素会最多,从而蚂蚁们最终都会选择这条路径。

生物启发计算为解决非线性、多变量、不确定的复杂优化问题提供了有效的解决方案,但同时也存在着一定的局限性:

(1)生物多样性表现不足:在自然界中,各种生物及生态系统一直处于不断进化的过程。在此过程中,既有群体的竞争与合作,也有个体的优胜劣汰。群体规模的变化以及新旧种群的改变等都存在于自然系统中,而现有的生物启发计算还未充分展示出以上的生物多样性表现。

(2)系统结构相对简单:自然界的生态系统具有相对复杂的自适应系统结构,在此结构中,各种主体通常具有不同的属性特征。而生物启发计算的系统结构相对简单,且主体大部分为同构体。

（3）新的生物特性及群体协同进化仍需深入研究：自然界中的各种生物具有不同的行为特征，人类当前对其认识能力有限，许多智能行为还有待开发和利用。在种群中，个体间的协同进化保障了种群的稳定与发展，生物启发计算在群体协同进化方面还需进一步深入研究。

7.7 习　题

一、选择题

1.手机上"微信运动"的应用开发，利用了（　　）的数据采集技术。

A.微电子　　　　　　B.传感器　　　　　　C.数据可视化　　　　D.射频

2.（　　）是指无法在一定时间范围内用常规软件工具（IT 技术和软硬件工具）进行捕捉、管理、处理的数据集合。

A.大数据　　　　　　B.云计算　　　　　　C.移动互联网　　　　D.人工智能

3.以下哪一项（　　）不是大数据的特征。

A.海量的数据规模　　　　　　　　　　B.多样的数据类型

C.数据产生速率高　　　　　　　　　　D.价值密度高

4.以下哪种软件（　　）不能提供数据可视化处理功能。

A.Excel　　　　　　　B.Python　　　　　　C.Matlab　　　　　　D.AutoCAD

5.大数据的起源是（　　）。

A.互联网　　　　　　B.电子商务　　　　　C.金融业　　　　　　D.电信

6.下列不属于云计算特点的是（　　）。

A.高可扩展性　　　　B.按需服务　　　　　C.高可靠性　　　　　D.非网络化

7.1997 年 5 月，著名的"人机大战"，最终将世界国际象棋棋王卡斯帕罗夫击败的计算机被称为（　　）。

A.云河　　　　　　　B.顶点　　　　　　　C.富岳　　　　　　　D.深蓝

8.最早提出人工智能概念的科学家是（　　）。

A.图灵　　　　　　　B.冯·诺依曼　　　　C.麦肯锡　　　　　　D.杰弗里·辛顿

9.区块链的类型不包括（　　）。

A.公有链　　　　　　B.专有链　　　　　　C.联盟链　　　　　　D.私有链

10.区块链的应用领域不包括（　　）。

A.金融服务？　　　　B.能源系统？　　　　C.电子政务　　　　　D.工业自动化

11.以下不属于视觉感知设备的是（　　）。

A.头盔显示器　　　　B.数据手套　　　　　C.智能健康手环　　　D.运动捕获装置

二、简答题

1.什么是大数据？大数据具有哪些主要特征？

2.举例说明大数据的数据来源有哪些？

3.请简述云计算的与传统技术的主要区别，以及用到的主要技术：

4.从算法的角度来说，人工智能算法可以分为哪几个主要类型？

5.与常规显示技术相比，虚拟现实技术的主要特点是什么？

6.简述区块链的含义、特性和分类。

7.简述量子计算机、光子计算机和生物启发计算的基本概念。

参考文献

1. 埃尔，穆罕默德，普蒂尼. 云计算:概念、技术与架构[M]. 龚奕利,等,译. 北京:机械工业出版社,2014.

2. 布鲁诺·阿纳迪,帕斯卡·吉顿,纪尧姆·莫罗. 虚拟现实与增强现实:神话与现实[M]. 侯文军,蒋之阳,等,译. 北京:机械工业出版社,2019.

3. 蔡皖东. 网络信息安全技术[M]. 北京:清华大学出版社,2015.

4. 陈明阳,吴宗森,杨磊,陈毅华. 信息光子学[M]. 北京:科学出版社,2019.

5. 陈晓红,任剑,余绍黔,等. 区块链技术及应用发展[M]. 北京:清华大学出版社,2020.

6. 刁树民,郭吉平,李华. 大学计算机基础[M]. 5版. 北京:清华大学出版社,2014.

7. 丁世飞. 人工智能导论[M]. 北京:电子工业出版社,2020.

8. 龚沛曾,杨志强. 大学计算机基础[M]. 5版. 北京:高等教育出版社,2009.

9. 郭国平,陈昭昀,郭光灿. 量子计算与编程入门[M]. 北京:科学出版社,2020.

10. 何鹍,孙明玉,姚亦飞. 计算思维与大学计算机基础[M]. 北京:科学出版社,2019.

12. 华为区块链技术开发团队. 区块链技术及应用[M]. 北京:清华大学出版社,2019.

13. 江宝钏. 大学计算机基础[M]. 北京:电子工业出版社,2018.

14. 金光,江先亮. 无线网络技术:原理、应用与实验[M]. 4版. 北京:清华大学出版社,2020.

15. Kurose J F,Ross K W. 计算机网络:自顶向下方法[M]. 7版. 北京:机械工业出版社,2018.

16. 李丕贤,董雯. 大学计算机概论[M]. 北京:清华大学出版社,2019.

17. 刘云浩. 物联网导论[M]. 3版. 北京:科学出版社,2017.

18. 鲁特兹. Python学习手册编程语言与程序设计[M]. 北京:机械工业出版社,2016.

19. 李晓明. 跨学科计算思维教学的认识与实践浅谈[J]. 中国大学教学,2012(11):4—5.

20. Lecun Y,Bengio Y,Hinton G. Deep learning[J]. Nature, 2015, 521(7553):436.

21. 任炬,张尧学,彭许红. openEuler操作系统[M]. 北京:清华大学出版社,2020.

22. 王让定,朱莹,石守东,钱江波. 汇编语言与接口技术[M]. 4版. 北京:清华大学出版社,2017.

23. William Stallings. 操作系统——精髓与设计原理[M]. 8版. 北京:电子工业出版社,2017.

24.维克托·迈尔－舍恩伯格，肯尼思·库克耶.大数据时代[M].盛杨燕，周涛，译.杭州：浙江人民出版社，2013.

25.吴宗森，吴小山.计算光子学——MATLAB 导论[M].北京：科学出版社，2015.

26.谢希仁.计算机网络[M].版.北京：电子工业出版社，2017.

27.肖晓霞，彭荧荧.计算思维与算法设计基础[M].北京：人民邮电出版社，2020.

28.许子明，田杨锋.云计算的发展历史及其应用[J].信息记录材料，2018，19(8)：66－67.

29.谢禹庄.光子计算机的发展与应用[J].科技与创新，2020(1)：62－63.

30.朱海波，辛海涛，刘湛清.信息安全与技术[M].2 版.北京：清华大学出版社，2019.

31.张文晓.计算思维与程序设计基础[M].北京：中国铁道出版社，2020.

32.张尧学，胡春明.大数据导论[M].北京：机械工业出版社，2019.

33.朱晓峰.大数据分析概论[M].南京：南京大学出版社，2018.

34.周志华.机器学习[M].北京：清华大学出版社，2016.

35.张金钊，徐丽梅，高鹏，虚拟现实技术概论[M]，北京：机械工业出版社，2020

36.张惟玥，董文婵.关于光子计算机的发展概况及趋势[J].光电子，2019，9(1)：1－5.

37.朱云龙，陈瀚宁，申海.生物启发计算：个体、群体、群落演化模型与方法[M].北京：清华大学出版社，2013.38.2021－2027 年中国云计算行业深度调研及发展趋势分析报告[R].中国报告大厅，2021.